高等职业院校公共基础课系列教材

计算机信息技术

闫秀婧　主编

中国林业出版社
China Forestry Publishing House

内 容 简 介

《计算机信息技术》是一本立体化教材，介绍了计算机的发展、信息的表示与存储、多媒体技术与 Office 应用、计算机病毒及其特征、计算机软硬件系统组成及功能、计算机网络基本概念、因特网基础等基本原理和技术；结合具体应用案例将 Windows 10 系统操作、Word 操作、Excel 操作、PowerPoint 操作通过微课进行了讲解和演示，操作步骤简单明了，其内容涵盖了全国计算机等级考试二级 MS Office 考试的所有知识点，并对前沿知识进行了拓展。学习时扫描书中每个知识点的二维码就可以进入微课自主学习，使线上和线下有机结合，为学习者提供了便利，真正实现课堂翻转。

本教材可作为高等职业院校及其他各类计算机培训机构的教学用书，也可作为计算机爱好者的自学及参考用书。

图书在版编目(CIP)数据

计算机信息技术／闫秀婧主编．—北京：中国林业出版社，2023.6（2024.7 重印）
高等职业院校公共基础课系列教材
ISBN 978-7-5219-2220-2

Ⅰ.①计⋯　Ⅱ.①闫⋯　Ⅲ.①电子计算机-教材
Ⅳ.①TP3

中国国家版本馆 CIP 数据核字（2023）第 104225 号

策划编辑：田　苗
责任编辑：田　苗
责任校对：苏　梅
封面设计：时代澄宇

出版发行：中国林业出版社
　　　　　（100009，北京市西城区刘海胡同 7 号，电话 83223120）
电子邮箱：cfphzbs@163.com
网址：www.forestry.gov.cn/lycb.html
印刷：北京中科印刷有限公司
版次：2023 年 6 月第 1 版
印次：2024 年 7 月第 2 次
开本：787mm×1092mm　1/16
印张：22.25
字数：513 千字
定价：60.00 元

前 言

计算机作为办公普遍采用的高级管理工具，在各行各业发挥着重要作用。特别是文件归档、文字处理、数据处理、演示汇报、信息检索、信息传送、辅助决策等都与人们的工作生活密切相关，因此熟练掌握办公软件 MS Office 和网络操作是每个工作人员必须具备的基本技能。

本教材突出案例化、应用性，以全国计算机等级考试二级 MS Office 考试大纲为主线，重点培养学习者使用 MS Office 应用软件解决实际问题的能力。全书由 6 个单元组成，重点讲述了计算机基础知识、计算机系统、Word 应用、Excel 应用、PowerPoint 应用、因特网基础与简单应用，每个单元都配套了与教程相对应的授课微视频，通过扫描书中二维码即可学习。同时在拓展知识中融入了党的二十大精神，引领学生明确未来奋斗目标，激发学生的好奇心和创新意识，增强学生民族自豪感，强化学生爱国主义教育。

全教材由闫秀婧主编，具体分工如下：单元 1、单元 2 中 2.1~2.3 由丑晨编写；单元 2 中 2.4、单元 5 中 5.4~5.8 由张超编写；单元 3 由汪雁编写；单元 4 由黄伟编写；单元 5 中 5.1~5.3、拓展知识由闫秀婧编写；单元 6 由罗宏伟编写；所有习题由张旭鹏编写。闫秀婧负责总体设计和统稿。

由于编者水平有限，书中难免有不妥或疏漏之处，欢迎广大读者批评指正。

编者
2023 年 3 月

目 录

前 言

单元 1　计算机基础知识 ... 001

1.1　计算机的发展 ... 001
- 1.1.1　电子计算机简介 ... 001
- 1.1.2　计算机的特点和应用 ... 003
- 1.1.3　计算科学的研究 ... 006
- 1.1.4　未来计算机的发展趋势 ... 007
- 1.1.5　新一代信息技术概述 ... 010

1.2　信息的表示与存储 ... 013
- 1.2.1　数据与信息 ... 014
- 1.2.2　计算机中的数据 ... 014
- 1.2.3　计算机中数据的单位 ... 014

1.3　多媒体技术简介 ... 015
- 1.3.1　多媒体的特征 ... 015
- 1.3.2　媒体的数字化 ... 016
- 1.3.3　多媒体数据压缩 ... 018

1.4　计算机病毒 ... 020
- 1.4.1　计算机病毒概述 ... 020
- 1.4.2　计算机病毒特征 ... 021
- 1.4.3　计算机病毒分类 ... 022
- 1.4.4　计算机感染病毒的常见表现 ... 022
- 1.4.5　计算机病毒清除 ... 023
- 1.4.6　计算机病毒预防 ... 023

单元 2　计算机系统 ……… 028

2.1　计算机硬件系统 ……… 028
- 2.1.1　运算器 ……… 028
- 2.1.2　控制器 ……… 029
- 2.1.3　存储器 ……… 031
- 2.1.4　输入设备 ……… 036
- 2.1.5　输出设备 ……… 038
- 2.1.6　计算机的结构 ……… 040

2.2　计算机的软件系统 ……… 042
- 2.2.1　软件概念 ……… 043
- 2.2.2　软件系统及其组成 ……… 045

2.3　操作系统 ……… 046
- 2.3.1　操作系统概念 ……… 046
- 2.3.2　操作系统功能 ……… 048
- 2.3.3　操作系统发展 ……… 049
- 2.3.4　典型操作系统 ……… 050

2.4　Windows 10 操作系统 ……… 052
- 2.4.1　认识 Windows 10 操作系统 ……… 052
- 2.4.2　Windows 10 基本操作和设置 ……… 055
- 2.4.3　软件和硬件管理 ……… 060
- 2.4.4　Windows 10 网络配置与应用 ……… 064
- 2.4.5　系统维护与优化 ……… 065
- 2.4.6　文件及文件夹操作 ……… 073

单元 3　Word 应用 ……… 089

3.1　Word 基本操作 ……… 089
- 3.1.1　程序启动、退出及界面组成 ……… 089
- 3.1.2　文档新建、打开、保存及关闭 ……… 094
- 3.1.3　文本输入及基本编辑技术 ……… 095

3.2　Word 排版技术 ……… 100
- 3.2.1　文字格式设置 ……… 100
- 3.2.2　段落排版 ……… 106

3.2.3　项目符号与编号的应用 …………………………………………… 111
　　3.2.4　复制和清除格式 …………………………………………………… 112
3.3　图文混排 …………………………………………………………………… 114
　　3.3.1　绘制与编辑自选图形 ……………………………………………… 114
　　3.3.2　插入与编辑艺术字 ………………………………………………… 115
　　3.3.3　插入与编辑文本框 ………………………………………………… 116
　　3.3.4　插入与编辑联机图片和本地图片 ………………………………… 116
　　3.3.5　SmartArt 图形的应用 ……………………………………………… 119
　　3.3.6　插入公式 …………………………………………………………… 122
3.4　在 Word 文档中编辑表格 ………………………………………………… 137
　　3.4.1　插入表格 …………………………………………………………… 137
　　3.4.2　表格基本操作 ……………………………………………………… 138
　　3.4.3　计算表格数据 ……………………………………………………… 144
3.5　页面布局 …………………………………………………………………… 149
　　3.5.1　页面设置 …………………………………………………………… 149
　　3.5.2　设置页眉、页脚和页码 …………………………………………… 153
　　3.5.3　设置分栏 …………………………………………………………… 156
　　3.5.4　打印文档 …………………………………………………………… 156
　　3.5.5　添加水印 …………………………………………………………… 159
3.6　Word 高级应用 ……………………………………………………………… 161
　　3.6.1　引用选项卡中的其他命令 ………………………………………… 161
　　3.6.2　文档审阅与修订 …………………………………………………… 168
　　3.6.3　邮件合并 …………………………………………………………… 172

单元 4　Excel 应用 ………………………………………………………………… 178

4.1　Excel 基本操作 ……………………………………………………………… 178
　　4.1.1　Excel 的启动、退出及窗口组成 …………………………………… 178
　　4.1.2　工作簿创建、打开与保存 ………………………………………… 182
　　4.1.3　工作表数据输入和编辑 …………………………………………… 185
4.2　格式化工作表 ……………………………………………………………… 194
　　4.2.1　设置单元格格式 …………………………………………………… 194
　　4.2.2　设置列宽和行高 …………………………………………………… 197
　　4.2.3　条件格式 …………………………………………………………… 199

  4.2.4 样式与自动套用格式 ·· 204
4.3 公式与函数 ·· 209
  4.3.1 公式的基础知识 ·· 209
  4.3.2 快速计算 ·· 211
  4.3.3 输入公式 ·· 211
  4.3.4 复制公式 ·· 212
  4.3.5 函数基本概念及引用 ·· 214
4.4 数据库操作 ·· 227
  4.4.1 数据库操作相关概念 ·· 227
  4.4.2 数据排序 ·· 227
  4.4.3 数据筛选 ·· 229
  4.4.4 分类汇总 ·· 232
  4.4.5 数据合并 ·· 235
  4.4.6 建立数据透视表 ·· 239
4.5 图表及打印设置 ·· 241
  4.5.1 图表概述 ·· 241
  4.5.2 创建图表 ·· 244
  4.5.3 编辑和修改图表 ·· 246
  4.5.4 数据保护 ·· 251
  4.5.5 查看工作表数据 ·· 253
  4.5.6 工作表打印 ·· 255

单元5 PowerPoint 应用 ·· 263

5.1 PowerPoint 基本操作 ·· 263
  5.1.1 启动演示文稿 ·· 263
  5.1.2 窗口组成 ·· 263
  5.1.3 打开演示文稿 ·· 264
  5.1.4 退出及关闭演示文稿 ·· 265
5.2 演示文稿制作 ·· 265
  5.2.1 演示文稿创建与保存 ·· 265
  5.2.2 幻灯片制作和编辑 ·· 270
  5.2.3 打印演示文稿 ·· 276
5.3 演示文稿视图 ·· 278

- 5.3.1 普通视图 ·········· 278
- 5.3.2 大纲视图 ·········· 280
- 5.3.3 幻灯片浏览视图 ·········· 280
- 5.3.4 备注页视图 ·········· 281
- 5.3.5 阅读视图 ·········· 281
- 5.3.6 母版视图 ·········· 282

5.4 幻灯片外观修饰 ·········· 285
- 5.4.1 幻灯片内置主题应用 ·········· 285
- 5.4.2 幻灯片背景设置 ·········· 286

5.5 插入对象 ·········· 287
- 5.5.1 插入剪贴画、图片 ·········· 287
- 5.5.2 插入形状 ·········· 290
- 5.5.3 插入艺术字 ·········· 291
- 5.5.4 插入 SmartArt 图 ·········· 292
- 5.5.5 插入链接 ·········· 294
- 5.5.6 插入音频和视频 ·········· 296

5.6 插入表格 ·········· 299
- 5.6.1 创建表格 ·········· 299
- 5.6.2 编辑表格 ·········· 300
- 5.6.3 设置表格 ·········· 300

5.7 幻灯片放映设置 ·········· 303
- 5.7.1 演示文稿放映 ·········· 303
- 5.7.2 幻灯片对象动画设置 ·········· 304
- 5.7.3 幻灯片切换效果设置 ·········· 305
- 5.7.4 幻灯片放映方式设置 ·········· 306

5.8 演示文稿打包及自动放映方式设置 ·········· 308
- 5.8.1 演示文稿打包 ·········· 308
- 5.8.2 演示文稿自动放映方式设置 ·········· 309

单元 6 因特网基础与简单应用 ·········· 315

6.1 计算机网络基本概念 ·········· 315
- 6.1.1 计算机网络 ·········· 315
- 6.1.2 数据通信 ·········· 315

6.1.3 网络产生与分类 …………………………………………………… 318
　　　6.1.4 网络拓扑结构 ……………………………………………………… 320
　　　6.1.5 网络硬件 …………………………………………………………… 322
　　　6.1.6 网络软件 …………………………………………………………… 325
　　　6.1.7 无线局域网 ………………………………………………………… 326
　6.2 Internet 基础 …………………………………………………………………… 327
　　　6.2.1 Internet 概念 ……………………………………………………… 327
　　　6.2.2 Internet 客户机/服务器体系结构 ………………………………… 328
　　　6.2.3 IP 地址和域名 ……………………………………………………… 329
　　　6.2.4 下一代因特网及接入因特网 ……………………………………… 332
　6.3 Internet 简单应用 ……………………………………………………………… 334
　　　6.3.1 网上漫游 …………………………………………………………… 334
　　　6.3.2 信息搜索 …………………………………………………………… 337
　　　6.3.3 FTP 文件传输 ……………………………………………………… 340
　　　6.3.4 电子邮件 …………………………………………………………… 341

参考文献 ………………………………………………………………………………… 345

单元1 计算机基础知识

计算机是人类历史上的伟大发明，是 20 世纪最先进的科学技术发明之一。它的应用领域从最初的军事扩展到社会的各个领域，已形成了规模巨大的计算机产业，带动了全球范围内的技术进步，由此引发了深刻的社会变革。虽说迄今为止只有 70 多年的历程，但发展得非常迅速，对人类的生活、生产、学习和工作产生了巨大的影响。计算机已成为信息社会中必不可少的工具。

计算机是一种自动、高速、精确地对信息进行存储、传送与加工处理的电子工具。掌握以计算机为核心的信息技术基础知识和应用能力，是信息社会必备的基本素质。

1.1 计算机的发展

在人类文明发展的历史长河中，计算工具经历了从简单到复杂、从低级到高级的发展过程。例如，从"结绳记事"中的绳结到算筹、算盘、计算尺、机械计算机等。它们在不同的历史时期发挥了各自的作用，同时也启发了现代电子计算机的研制思想，孕育了电子计算机的设计思想和雏形。

计算机的发展

1.1.1 电子计算机简介

20 世纪初，电子技术得到了迅猛发展，第二次世界大战的爆发带来了巨大的计算需求。当时激战正酣，各国的武器装备还很差，占主要地位的战略武器是飞机和大炮，研制和开发新型大炮和导弹显得十分必要和迫切。为此美国陆军军械部在马里兰州的阿伯丁设立了"弹道研究实验室"。美国军方要求该实验室每天为陆军炮弹部队提供 6 张射表。事实上每张射表都要计算几百条弹道，而每条弹道的数学模型都是一组非常复杂的非线性方程组，这些方程组是没有办法求出准确解的，因此只能用数值方法近似地进行计算。

不过即使使用数值方法近似求解也不是一件容易的事，以当时的计算工具水平，实验室即使雇用 200 多名计算员，加班加点工作也需要两个多月的时间才能算完一张射表。在"时间就是胜利"的战争年代，这么慢的速度怎么能行呢？恐怕还没等先进的武器研制出来，败局已定。为了改变这种不利的状况，当时任职宾夕法尼亚大学莫尔电机工程学院的莫希利（John Mauchly）于 1942 年提出了试制第一台电子计算机的初始设想，期望用电子管代替继电器以提高机器的计算速度。美国军方得知这一设想，马上拨款大力支持，成立了一个以莫希利、埃克特（John Presper Eckert）为首的研制小组开始研制工作。

图 1-1　第一台电子数字积分计算机

莫希利和他的研究生埃克特计划采用真空管建造一台通用电子计算机，帮助军方计算弹道轨迹。1943 年，莫希利和埃克特开始研制电子数字积分计算机（electronic numerical integrator and calculator，ENIAC），并于 1946 年研制成功，如图 1-1 所示。

ENIAC 是美国阿伯丁武器试验场为了满足计算弹道需要而研制的，它的问世具有划时代的意义，表明电子计算机时代的到来。在以后 60 多年里，计算机技术以惊人的速度发展，除此之外，没有任何一门技术的性能价格比能在 30 年内增长 6 个数量级。

ENIAC 的主要元件是电子管，它使用的电子管数量达到 17 840 支，其大小为 80 英尺*×8 英尺，每秒能完成 5000 次加法运算、300 多次乘法运算，比当时最快的计算工具快 300 倍。该机器使用了 1500 个继电器，占地 170 平方米，重量达 30 多吨，耗电 150 千瓦，耗资超 40 万美元，真可谓是"庞然大物"。用 ENIAC 计算题目时，首先根据题目的计算步骤预先编好一条条指令，再按指令连接好外部线路，然后自动运行并计算出结果。当要计算另一个题目时，必须重复进行上述工作，所以只有少数专家才能使用。尽管这是 ENIAC 的明显弱点，但它使过去要借助机械分析机用 7~20 小时才能计算一条弹道的工作时间缩短到 30 秒，使科学家们从大量的计算中解放出来。

ENIAC 被广泛认为是世界上第一台现代意义上的计算机，但也有人认为，于 1943 年投入使用的，由著名的英国数学家图灵帮助设计的一台帮助英国政府破译截获密电的电子计算机 Colossus 才是世界上的第一台电子计算机，之所以 Colossus 没有获得"世界第一"的殊荣，是因为英国政府将它作为军事机密。事实上究竟谁是"世界第一"对于我们并不重要，重要的是因为他们卓越的研究而改变了这个世界。

ENIAC 证明电子真空管技术可以大大地提高计算速度，但 ENIAC 本身存在两大缺点：一是没有存储器；二是用布线接板进行控制，电路连线烦琐耗时，要花几个小时甚至几天时间，在很大程度上抵消了 ENIAC 的计算速度。为此，莫希利和埃克特不久后开始研制新的机

---

* 1 英尺 = 0.3048 米。

型——电子离散变量自动计算机(electronic discrete variable automatic computer，EDVAC)。几乎与此同时，ENIAC 项目组的研究人员冯·诺依曼来到了普林斯顿高级研究院(Institute for Advanced Study，IAS)开始研制工作。根据冯·诺依曼提出的原理和思想，计算机必须由输入、存储、运算、控制和输出 5 个部分组成，所以冯·诺依曼也被誉为现代电子计算机之父。从第一台电子计算机诞生至今的 70 多年中，计算机技术以前所未有的速度迅猛发展。电子计算机的发展阶段通常以构成计算机的电子器件来划分，至今经历了电子管、晶体管、中小规模集成电路及大规模、超大规模集成电路 4 个发展阶段(表 1-1)，正在向新的阶段过渡。

表 1-1 计算机发展的 4 个阶段

部件	阶段			
	第一阶段 (1946—1959 年)	第二阶段 (1959—1964 年)	第三阶段 (1964—1972 年)	第四阶段 (1972 年至今)
主机电子器件	电子管	晶体管	中小规模集成电路	大规模、超大规模集成电路
内存	汞延迟线	磁芯存储器	半导体存储器	半导体存储器
外存储器	穿孔卡片、纸带	磁带	磁带、磁盘	磁带、磁盘、光盘等大容量存储器
处理速度(条/秒)	几千	几万至几十万	几十万至几百万	上千万至万亿

1.1.2 计算机的特点和应用

计算机能够按照程序确定的步骤，对输入的数据进行加工处理、存储或传送，以获得期望的输出信息，从而利用这些信息来提高工作效率和社会生产率以及改善人们的生活质量，计算机之所以具有如此强大的功能，能够应用于各个领域，这是由它的特点所决定的。

1.1.2.1 计算机的特点

(1) 高速、精确的运算能力

目前世界上已经有超过每秒百亿亿次运算速度的计算机。2020 年 6 月公布的全球超级计算机 500 强排名显示我国入围的超级计算机数量为 226 台，超过 45%，总数位列世界第一。微型计算机也能达到每秒亿次以上，使大量、复杂的科学计算问题得以解决。随着新技术的开发，计算机的工作速度还在迅速提高。

(2) 准确的逻辑判断能力

计算机能够进行逻辑处理，也就是说它能够"思考"。电子计算机可以根据人们设定的条件对数据进行分类、比较、选择，进行逻辑运算和判断推理，这种"是非"判断功能，类似人脑的简单思维，这是计算机科学界一直想要努力实现的。虽然它现在的"思考"只局限在某一个专门的方面，还不具备人类思考的能力，但在信息查询等方面，已能够根据要求进行匹配检索，这已经是计算机的一个常规应用。

(3)强大的存储能力

计算机的存储性是计算机区别于其他计算工具的重要特征。计算机具有极强的数据存储能力，特别是通过外存储器，其存储容量理论上可达到无限大。计算机能存储大量数字、文字、图像视频、声音等各种信息，"记忆力"大到惊人。例如，它可以轻易地"记住"一个大型图书馆的所有资料。计算机强大的存储能力不但表现在容量大，还表现在永久性，无论是以文字形式还是以图像的形式，计算机都可以长期保存。

(4)自动功能

计算机可以将预先编好的一组指令记录下来，然后自动地逐条读取这些指令并执行，工作过程完全自动化，不需要人的干预，而且可以反复进行。

(5)网络与通信功能

计算机技术发展到今天，不仅可以将一个个城市的计算机连成一个网络，而且能将一个个国家的计算机连在一个网络上。目前最大、应用范围最广的国际互联网连接了全世界200多个国家和地区数亿台各种计算机。在网络上所有计算机用户可以共享网上资料、交流信息和互相学习，将世界变得越来越"小"，计算机的这个功能，改变了人们的交流方式和获取信息的途径。

1.1.2.2 计算机的应用

计算机问世之初主要用于数值计算，计算机也因此得名。如今的计算机几乎和所有的学科相结合，在经济社会各方面起着越来越重要的作用。我国的计算机虽然起步较晚，但在改革开放后得到很大发展，相关技术已达到世界领先水平，目前，计算机在交通、金融、企业管理、教育、通信等各个领域都得到了广泛应用。

(1)科学计算

科学计算是指应用计算机处理科学研究和工程技术中遇到的数学计算，它与理论研究、科学实验一起称为当代科学研究的3种重要方法。今天，计算机计算能力的提高推进了许多科学研究的发展，例如，计算机可以进行人类基因序列分析、人造卫星的轨道测算等；国家气象中心使用计算机，不但能够快速、及时地对气象卫星云图数据进行处理，而且可以根据对大量历史气象数据的计算进行天气预测；在网络应用越来越深入生活的今天，云计算也将发挥越来越重要的作用，所有这些在没有使用计算机之前是根本不可能实现的。

(2)数据和信息处理

数据和信息处理也称为非数值计算，是指以计算机技术为基础，对大量数据进行加工处理，形成有用的信息，被广泛应用于办公自动化、事务处理、情报检索、企业管理和知识系统等领域。随着计算机科学技术的发展，计算机处理的数据不仅包括"数"，而且包括更多的其他数据形式，如文字、图像、声音等。计算机在文字处理方面已经改变了纸和笔的传统应用，它所产生的数据不但可以被存储、打印，还可以进行编辑、复制等。

(3)过程控制

过程控制又称为实时控制，是指利用计算机对生产过程、制造过程或运行过程进行检测与控制，即通过实时监控目标对象的状态，及时调整被监控对象，使被监控对象能够正确地完成生产、制造或运行。

过程控制被广泛应用于各种工业环境中，其优点包括：第一，能够替代人在危险有害的环境中作业；第二，能在保证同样质量的前提下连续作业，不受疲劳、情感等因素的影响；第三，能够完成人所不能完成的对精度、速度、时间性、空间性等要求高的操作。

(4) 计算机辅助

计算机辅助是计算机应用的一个非常广泛的领域，几乎所有过去由人进行的具有设计性质的过程都可以让计算机帮助实现部分或全部工作。计算机辅助系统是指通过人机对话，使计算机辅助人们进行设计、加工、计划和学习等工作。计算机辅助(或称计算机辅助工程)主要有：计算机辅助设计(computer aided design，CAD)、计算机辅助制造(computer aided manufacturing，CAM)、计算机辅助教育(computer assisted/aided instruction，CAI)、计算机辅助技术(computer aided technology/test/translation/typesetting，CAT)、计算机仿真模拟(computer simulation)等。计算机仿真模拟是计算机辅助的重要方面，如在计算机中起着重要作用的集成电路，它的设计、测试之复杂是人工难以完成的，只有计算机才能够做到；再如地震灾害的模拟，也可以通过计算机实现，它能够帮助科学家进一步认识被模拟对象的特性。对一般应用来说，如设计一个电路，使用计算机仿真模拟就不需要使用电源、示波器和万用表等工具进行传统的预实验，只需要把电路图和使用的元器件通过软件输入计算机中，就可以得到所需的结果，并可以根据这个结果修改设计。

(5) 网络通信

计算机技术和数字通信技术的发展与融合产生了计算机网络，通过计算机网络，把多个独立的计算机系统联系在一起，实现了世界范围内的信息资源共享，并能交互式地交流信息，把不同地域、不同国家、不同行业、不同组织的人们联系在一起，缩短了人们之间的距离，改变了人们的生活和工作方式。通过网络，人们坐在家里通过计算机便可以预订机票、车票，可以购物，从而改变了传统服务业、商业单一的经营方式；通过网络，人们还可以与远在异国他乡的亲人朋友实时地传递信息。

(6) 人工智能

人工智能(artificial intelligence，AI)是用计算机模拟人类的某些智力活动，它是计算机科学的一个分支，企图了解智能的实质，并生产出一种新的能以与人类智能相似的方式做出反应的智能机器。人工智能的应用领域很广，主要包括计算机视觉、自然语言处理、智能机器人、深度学习、数据挖掘等几个方面。

(7) 多媒体应用

多媒体是包括文本(text)、图形(graphics)、图像(image)、音频(audio)、视频(video)、动画(animation)等多种信息类型的综合。多媒体技术是指人和计算机交互地进行上述多种媒介信息的捕捉、传输、转换、编辑、存储、管理，并由计算机综合处理为表格、文字、图形、动画、音频、视频等视听信息有机结合的表现形式。多媒体技术拓宽了计算机的应用领域，使计算机广泛应用于商业、服务业、教育、广告宣传、文化娱乐、家庭等方面。同时多媒体技术与人工智能技术的有机结合还促进了虚拟现实、虚拟制造技术的发展，使人们可以在计算机虚拟环境中感受真实的场景，通过计算机模拟制造零件和产品，让人们感受产品各方面的性能。

(8) 嵌入式系统

并不是所有计算机都是通用的，有许多特殊的计算机被用于不同的设备中，包括大量消费的电子产品和工业制造系统，都是把处理器芯片嵌入其中，完成特定的处理任务，这些系统称为嵌入式系统。嵌入式系统是用来控制或者监视机器、装置、工厂等大规模设备的系统，国内普遍认同的嵌入式系统定义为：以应用为中心，以计算机技术为基础，软硬件可裁剪，适应应用系统对功能、可靠性、成本、体积、功耗等严格要求的专用计算机系统。通常，嵌入式系统是一个控制程序存储在 ROM 中的嵌入式处理器控制板。事实上，所有带有数字接口的设备，如门禁、智能手表、微波炉、网络视频录像机、汽车等，都使用嵌入式系统，有些嵌入式系统还包含操作系统，但大多数嵌入式系统都是由单个程序实现整个控制逻辑。嵌入式系统的核心是由一个或几个预先编程用来执行少数几项任务的微处理器或者单片机组成。与通用计算机能够运行用户选择的软件不同，嵌入式系统上的软件通常是暂时不变的，所以经常称为固件。

1.1.3 计算科学的研究

(1) 人工智能

人工智能的主要内容是研究如何让计算机来完成过去只有人才能做的智能工作，让计算机更接近人类的思维和智能以实现人机交互，让计算机能够听懂人们说话，看懂人们的表情，能够进行人脑思维，核心目标是赋予计算机人脑一样的智能。人工智能涉及不同的领域，如机器学习、计算机视觉等。总的来说，人工智能研究的一个主要目标是使机器能够胜任一些通常需要人类智能才能完成的复杂工作，但不同的时代、不同的人对这种"复杂工作"的理解是不同的。

(2) 网格计算

网格计算是一种分布式计算，是一门计算机科学。一个非常复杂的大型计算任务通常需要用大量的计算机或巨型计算机来完成，网格计算研究如何把一个需要非常巨大的计算能力才能解决的问题分成许多小的部分，然后把这些部分分配给许多计算机进行处理，最后把这些计算结果综合起来得到最终结果，从而圆满完成一个大型计算任务。对于用户来讲，他们关心的是任务完成的结果，并不需要知道任务是如何切分以及哪台计算机执行了哪个小任务，这样，从用户的角度来看，就好像拥有了一台功能强大的虚拟计算机，这就是网格计算的思想。

随着计算机的普及，产生了计算机的利用率问题，越来越多的计算机处于闲置状态。分布式计算项目就可以解决计算机的闲置计算能力问题，互联网的出现使得连接调用所有这些拥有闲置计算资源的计算机系统成为现实。

(3) 中间件技术

中间件是介于应用软件和操作系统之间的系统软件。具体地说，中间件屏蔽了底层操作系统的复杂性，使程序开发人员面对一个简单而统一的开发环境，减少程序设计的复杂性，将注意力集中在自己的业务上，不必再为不同系统软件上的程序移植而做重复工作，从而大大减少了技术上的负担。中间件带给应用系统的不只是使开发简便、开发周期缩短,也减少了系统的维护、运行和管理的工作量,还减少了计算机总体费用的投入。在中间件诞生之前,企业多采用传统的客户机/服务器的模式,通常是一台计算机作为客户机,运行应用程序,另一台计算机作为服务器,运行服务器软件以提供各种不同的服务,这种模式的缺点是系统拓展性差。到了20世纪90年代初,出现了一种新的思想:在客户机和服务器之间增加一组服务,提供这种服务(应用服务器)的就是中间件。这些组件是通用的,其他应用程序可以使用它们提供的应用程序接口调用组件,完成所需的操作。

随着互联网(internet)的发展,一种基于Web数据库的中间件技术开始得到广泛应用。在这种模式中,浏览器若要访问数据库,则将请求发给Web服务器,再被转移给中间件,最后送到数据库系统,得到结果后通过中间件、Web服务器返回给浏览器。

目前,中间件技术已经发展成为企业应用的主流技术并形成各种不同类别,如交易中间件、消息中间件、专有系统中间件、面向对象的数据存取中间件、远程调用中间件等。

(4)云计算

云计算(cloud computing)是分布式计算、网格计算、并行计算、网络存储及虚拟化计算机和网络技术发展融合的产物,或者说是它们的商业实现,基于互联网相关服务的增加、使用和交互模式,通常涉及通过互联网来提供动态易扩展且经常是虚拟化的资源。云计算具有很强的扩展性,可以为用户提供一种全新的体验。云计算的核心是可以将很多的计算机资源协调在一起,使用户通过网络就可以获取无限的资源,同时获取的资源不受时间和空间的限制。

从狭义上讲,云计算就是一种提供资源的网络,使用者可以随时获取"云"上的资源,按需求量使用,并且可以看成是无限扩展的,只要按使用量付费就可以。从广义上讲,云计算是与信息技术、软件、互联网相关的一种服务,这种计算资源共享池叫作"云"。云计算把许多计算资源集合起来,通过软件实现自动化管理,只需要很少的人参与,就能让资源被快速提供。也就是说,计算能力作为一种商品,可以在互联网上流通,就像水、电、煤气一样可以方便地取用,且价格较为低廉。

总之,云计算不是一种全新的网络技术,而是一种全新的网络应用概念。

1.1.4 未来计算机的发展趋势

1.1.4.1 未来计算机的发展方向

(1)巨型化

巨型化是指计算机的计算速度更快、存储容量更大、功能更完善、可靠性更高。巨型机的应用范围如今已日趋广泛,在航空航天、军事工业、气象、电子、人工智能等领域发挥着巨大作用。

(2)微型化

随着微型处理器的出现,计算机中开始使用微型处理器,使计算机体积缩小,成本降低。同时,软件行业的飞速发展提高了计算机内部操作系统的便捷度,计算机外部设备也趋于完善。计算机理论和技术上的不断完善促使微型计算机很快渗透到全社会的各个行业和部门中,并成为人们生活和学习的必需品。

近年来,计算机的体积不断缩小,台式计算机、笔记本电脑、平板电脑等逐步微型化,为人们提供便捷的服务。未来计算机仍会不断趋于微型化,体积将越来越小。

(3) 网络化

网络化指利用现代通信技术和计算机技术,使分布在不同地点的计算机互联,按照网络协议互相通信以共享软件、硬件和数据资源。目前,计算机网络在交通、金融、管理、教育、通信、商业、娱乐等各行各业中得到了应用。

(4) 智能化

智能指计算机模拟人的感觉和思维过程的能力,智能化是计算机发展的一个重要方向。智能计算机具有解决问题和逻辑推理的功能以及知识处理和知识库管理的功能,未来的计算机将能接受自然语言的命令,有视觉、听觉和触觉,但可能不再有现在计算机的外形,体系结构也会不同。目前已研制出的机器人有的可以代替人从事危险环境中的劳动,有的能与人进行下棋等各种比赛,这都从本质上扩充了计算机的能力,使计算机可以越来越多地替代人的思维活动和脑力劳动。

1.1.4.2 未来新一代计算机

(1) 模糊计算机

1956 年,英国人查德创立了模糊信息理论。依照模糊理论,判断问题不是以是和非两种绝对的值或 0 和 1 两种数码来表示,而是取许多值,如接近、几乎、差不多及差得远等模糊值来表示,用这种模糊的、不确切的判断进行工程处理的计算机就是模糊计算机。模糊计算机是建立在模糊数学基础上的计算机,除具有一般计算机的功能外,还具有学习、思考、判断和对话的能力,可以立即辨识外界物体的形状和特征,甚至可以帮助人从事复杂的脑力劳动。一些国家正积极研究、试制具有智能化的模糊计算机。1988 年,我国汪培庄教授指导的博士也研制成功一台模糊推理机——分立元件样机,它的推理速度为 1500 万次/秒,这表明我国在突破模糊信息处理难关方面迈出了重要的一步。日本仙台市的地铁列车在模糊计算机的控制下,自 1986 年以来一直安全、平稳地行驶着,车上的乘客可以不必攀扶拉手吊带,这是因为在列车行进中模糊逻辑"司机"判断行车情况的错误几乎比人类司机要少 70%。1990 年,日本松下公司把模糊计算机装在洗衣机里能根据衣服的肮脏程度、衣服的质料调节洗衣程序,我国有些品牌的洗衣机也装上了模糊逻辑芯片。人们还把模糊计算机装在吸尘器里,可以根据灰尘量以及地毯的厚实程度调整吸尘器的功率。模糊计算机还能用于地震灾情判断、疾病医疗诊断、发酵工程控制和海空导航巡视等多个方面。

(2) 生物计算机

微电子技术和生物工程这两项高科技的互相渗透为研制生物计算机提供了可能。20 世纪 70 年代以来,人们发现脱氧核糖核酸(DNA)处在不同的状态下可产生有信息和无信息的变化,联想到逻辑电路中的 0 与 1、晶体管的导通或截止、电压的高或低、脉冲信号的有或无等,科学家产生了研制生物元件的灵感。1995 年,来自各国的 200 多位有关专家共同探讨了 DNA 计算机的可行性,认为生物计算机是以生物电子模仿生物大脑和神经系统中的信息传递。根据蛋白质具有的开关特性，用蛋白质分子制成集成电处理等相关原理来设计的生物计算机也称仿生计算机，主要原材料是生物工程技术产生的蛋白质分子，并以此作为生物芯片来代替半导体硅片，利用有机化合物存储数据，信息以波的形式进行传播，当波沿着蛋白质分子链传播时，会引起蛋白质分子链中单键、双键结构顺序的变化，运算速度要比当今最新一代计算机快10万倍。它具有很强的抗电磁干扰能力，并能彻底消除电路间的干扰，能量消耗仅相当于普通计算机的十亿分之一，且具有巨大的存储能力。生物计算机具有生物体的一些特点，例如，能发挥生物本身的调节机能，自动修复芯片上发生的故障，还能模仿人脑的机制等。

（3）光子计算机

光子计算机是一种由光信号进行数字运算、逻辑操作、信息存贮和处理的新型计算机。它由激光器、光学反射镜、透镜、滤波器等光学元件和设备构成，靠激光束进入反射镜和透镜组成的阵列进行信息处理，以光子代替电子，光运算代替电运算。光的并行、高速决定了光子计算机的并行处理能力很强，具有超高运算速度。光子计算机还具有与人脑相似的容错性，系统中某一元件损坏或出错时，并不影响最终的计算结果。光子在光介质中传输所造成的信息畸变和失真极小，光传输、转换时能量消耗和散发热量极低，对环境条件的要求比电子计算机低得多。随着现代光学与计算机技术、微电子技术相结合，在不久的将来，光子计算机将成为人类普遍的工具。近30年来只读光盘(compact disc read-only memory，CD-ROM)、可视光盘(video compact disc，VCD)和数字通用光盘(digital versatile disc，DVD)的接踵出现，是光存储研究的巨大进展。光子计算机的关键技术，即光存储技术、光互联技术、光集成器件等方面的研究都已取得突破性的进展，为光子计算机的研制、开发和应用奠定了基础。现在日本和德国的一些公司都投入巨资研制光子计算机，预计未来将会出现更加先进的光子计算机。

（4）超导计算机

什么是超导？这是一个迷人的自然现象，在1911年被荷兰物理学家昂内斯发现。有一些材料，当它们冷却到接近-273.15℃时，会失去电阻，流入它们中的电流会畅通无阻，不会白白消耗掉。这种情况就好比一群人拥入广场，如果大家不听招呼，各行其是，就会造成相互碰撞，使行进受阻；但如果有人喊口令，大家服从命令听指挥，列队前进，就能顺利进入广场，超导体的情况就像这样。

在20世纪80年代后期，研究超导热突然席卷全世界，科学家发现了一种陶瓷合金在-238℃时，出现了超导现象；我国物理学家找到一种材料，在-141℃出现超导现象。目前，科学家还在为此奋斗，企图寻找出一种高温超导材料，甚至一种室温超导材料。一旦找到这些材料，人们可以利用它们制成超导开关器件和超导存储器，再利用这些器件制成超导计算机。

在计算机诞生之后，超导技术的发展使科学家想到用超导材料来替代半导体制造计算机。早期的工作主要是延续传统的半导体计算机的设计思路，只不过是将半导体材料制备的逻辑门电路改为用超导材料制备的逻辑门电路，从本质上讲并没有突破传统计算机的设计架构。而且，在20世纪80年代中期以前，超导材料的超导临界温度仅在液氦温区，实施超导计算机的计划费用昂贵。然而，研究在1986年左右出现重大转机，高温超导体的发现使人们可以在液氮温区外获得新型超导材料，于是超导计算机的研究又获得了各方面的广泛重视。超导计算机具有超导逻辑电路和超导存储器，其能耗小，运算速度是传统计算机无法比拟的，所以，世界各国的科学家都在研究超导计算机，但还有许多技术难点有待突破。

(5) 量子计算机

量子计算机是一类遵循量子力学规律进行高速数学和逻辑运算、存储及处理量子信息的物理装置。当某个装置处理和计算的是量子信息，运行的是量子算法时，它就是量子计算机。量子计算机的概念源于对可逆计算机的研究，研究可逆计算机的目的是解决计算机中的能耗问题。

量子计算机的特点主要有运行速度较快、处置信息能力较强、应用范围较广等，与一般计算机相比，信息处理量越多，对于量子计算机实施运算也就越有利，也就越能确保运算的精准性。

传统计算机与量子计算机之间的区别是传统计算机遵循众所周知的经典物理规律，而量子计算机则是遵循独一无二的量子动力学规律，是一种信息处理的新模式。在量子计算机中，用"量子位"来代替传统电子计算机的二进制位，二进制位只能用"0"和"1"两个状态表示信息，而量子位则用粒子的量子力学状态来表示信息，两个状态可以在一个"量子位"中并存，量子位既可以用于表示二进制位的"0"和"1"，也可以用这两个状态的组合来表示信息，正因为如此，量子计算机被认为可以完成传统电子计算机无法完成的复杂计算，其运算速度将是传统电子计算机无法比拟的。

1.1.5 新一代信息技术概述

信息技术(IT)的飞速发展促进了信息社会的到来。半个多世纪以来，人类社会正由工业社会全面进入信息社会，其主要动力就是以计算机技术、通信技术和控制技术为核心的现代信息技术的飞速发展和广泛应用，纵观人类社会发展史和科学技术史，信息技术在众多的科学技术群体中越来越显示出强大的生命力，随着科学技术的飞速发展，各种高新技术层出不穷，日新月异，但是最主要、发展最快的仍然是信息技术。新一代信息技术产业是国民经济的战略性、基础性和先导性产业。党的十八大以来，在以习近平同志为核心的党中央坚强领导下，我国新一代信息技术产业规模效益稳步增长，创新能力持续增强，企业实力不断提升，行业应用持续深入，为经济社会发展提供了重要保障。党的二十大报告指出，"推动战略性新兴产业融合集群发展，构建新一代信息技术、人工智能、生物技术、新能源、新材料、高端装备、绿色环保等一批新的增长引擎"。因此，新一代信息技术是"十四五"期间非常重要的一个领域，是国家支持和扶持的新兴产业，它会让多个领域受益，如信息技术、新能源领域、新材料、生物、高端设备、环保等领域。

1.1.5.1 信息技术的内容

一般来说，信息技术包含3个层次的内容：信息基础技术、信息系统技术和信息应用技术。

(1) 信息基础技术

信息基础技术是信息技术的基础，包括新材料、新能源、新器件的开发和制造技术。

近几十年来，发展最快、应用最广泛、对信息技术以及整个高科技领域的发展影响最大的是微电子技术和光电子技术。微电子技术是随着集成电路，尤其是超大规模集成电路而发展起来的一门新的技术。微电子技术包括系统电路设计、器件物理、工艺技术、材料制备、自动测试以及封装、组装等一系列专门的技术，是微电子学中各项工艺技术的总和。光电子技术是由光子技术和电子技术结合而成的新技术，涉及光显示、光存储、激光等领域，是未来信息产业的核心技术。

（2）信息系统技术

信息系统技术是指有关信息的获取、传输、处理、控制的设备和系统的技术，感测技术、现代通信技术、计算机与智能技术和控制技术是它的核心和支撑技术。感测技术就是获取信息的技术，主要是对信息进行提取、识别或检测并能通过一定的计算方式显示计量结果；现代通信技术一般是指电信技术，国际上称为远程通信技术；计算机与智能技术是以人工智能理论和方法为核心，研究如何用计算机去模拟、延伸和扩展人的智能；控制技术是指对组织行为进行控制的技术，控制技术是多种多样的，常用的控制技术有信息控制技术和网络控制技术两种。

（3）信息应用技术

信息应用技术是针对各种实用目的如信息管理、信息控制及信息决策而发展起来的具体技术，如企业生产自动化、办公自动化、家庭自动化、大数据、云计算、物联网技术、人工智能等，它们是信息技术开发的根本目的所在，信息技术在社会的各个领域得到广泛的应用，显示出强大的生命力。

1.1.5.2 新一代信息技术相关领域

（1）信息安全

国际标准化组织（ISO）对信息安全的定义为：为数据处理系统建立和采用的技术、管理上的安全保护，为的是保护计算机硬件、软件、数据不因偶然和恶意的原因而遭到破坏、更改和泄露。中国企业在信息安全方面始终保持着良好记录。例如，中国华为早就坦坦荡荡地向世界公开宣布，愿意签署无后门协议，也愿意在任何国家建立网络安全评估中心，接受外方检测。

现阶段，虽然生活方式呈现出简单和快捷性，但其背后也伴有诸多信息安全隐患，如诈骗电话、大学生"裸贷"问题、推销信息以及人肉搜索信息等均对个人信息安全造成影响。不法分子通过各类软件或者程序盗取个人信息，并利用信息来获利，严重影响了公民生命、财产安全。除了政府和得到批准的企业外，还有部分未经批准的商家或者个人对个人信息实施非法采集，甚至部分调查机构建立调查公司，并肆意兜售个人信息。上述问题使得个人信息安全遭到极大影响，严重侵犯公民的隐私权。作为公民，在保证国家信息安全的基础上，也要做好个人信息安全的保护工作。

（2）大数据

现在的社会是一个高速发展的社会，科技发达，信息流通，人们之间的交流越来越密切，生活也越来越方便，大数据就是这个高科技时代的产物。

大数据(big data)，或称巨量资料，指的是所涉及的资料量规模巨大到无法通过主流软件工具，在合理时间内达到撷取、管理、处理并整理成为帮助企业经营决策等积极目的的资讯。

2015年8月，国务院印发《促进大数据发展行动纲要》(以下简称《纲要》)，系统部署大数据发展工作。《纲要》明确，推动大数据发展和应用，在未来5~10年打造精准治理、多方协作的社会治理新模式，建立运行平稳、安全高效的经济运行新机制，构建以人为本、惠及全民的民生服务新体系，开启大众创业、万众创新的创新驱动新格局，培育高端智能、新兴繁荣的产业发展新生态。

(3)人工智能

人工智能从诞生以来，理论和技术日益成熟，应用领域也不断扩大，可以设想，未来人工智能带来的科技产品，将会是人类智慧的"容器"。人工智能可以对人的意识、思维的信息过程进行模拟。人工智能不是人的智能，但能像人那样思考，也可能超过人的智能。

(4)云计算

云计算是继互联网、计算机之后信息时代的又一革新，是信息时代的一个大飞跃，未来可能是云计算的时代。云计算的出现使社会的工作方式和商业模式发生巨大的改变。

(5)物联网

物联网(internet of things, IoT)即"万物相连的互联网"，是互联网基础上延伸和扩展的网络，将各种信息传感设备与网络结合起来而形成的一个巨大网络，可实现任何时间、任何地点，人、机、物的互联互通。物联网是新一代信息技术的重要组成部分。

物联网的应用领域涉及方方面面，在工业、农业、环境、交通、物流、安保等基础设施领域的应用，有效地推动了这些方面的智能化发展，使得有限的资源得到更加合理的使用分配，从而提高了行业效率、效益。在家居、医疗健康、教育、金融与服务业、旅游业等与生活息息相关的领域的应用，从服务范围、服务方式到服务质量等方面都有了极大的改进，大大提高了人们的生活质量；在涉及国防军事领域方面，虽然还处在研究探索阶段，但物联网应用带来的影响也不可小觑，大到卫星、导弹、飞机、潜艇等装备系统，小到单兵作战装备，物联网技术的嵌入有效提升了军事智能化、信息化、精准化，极大提升了军事战斗力，是未来军事变革的关键。

(6)现代通信技术

现代通信技术是20世纪80年代以来发展最快的领域之一。无论在国际还是在国内都是如此，这是人类进入信息社会的重要标志之一。通信就是互通信息。从这个意义上来说，通信在远古时代就已存在。人之间的对话是通信，用手势表达情绪是通信，用烽火传递战事情况是通信，快马与驿站传送文件也是通信。现代通信一般是指电信，国际上称为远程通信。

所谓通信，最简单也是最基本的理解，就是人与人沟通的方法。无论是电话还是网络，解决的基本问题，实际还是人与人的沟通。现代通信技术，就是随着科技的不断发展，如何采用最新技术来不断优化通信的各种方式，让人与人的沟通变得更为便捷、有效。这是一门系统的学科，5G就是其中的重要课题。

(7) 数字媒体

数字媒体是指以二进制数的形式记录、处理、传播、获取过程的信息载体。这些载体包括数字化的文字、图形、图像、声音、视频影像和动画等感觉媒体，以及表示这些感觉媒体的表示媒体(编码)等(通称为逻辑媒体)，以及存储、传输、显示逻辑媒体的实物媒体。

数字媒体的发展不再是互联网和 IT 行业的事情，而将成为全产业未来发展的驱动力和不可或缺的能量。数字媒体的发展通过影响消费者行为深刻地影响着各个领域的发展，消费业、制造业等都受到来自数字媒体的强烈冲击。在我国，数字媒体技术及产业同样得到了各部门的高度关注，国家 863 计划率先支持了网络游戏引擎、协同式动画制作、三维运动捕捉、人机交互等关键技术研发以及动漫网游公共服务平台的建设，并分别在北京、上海、长沙和成都建设了 4 个国家级数字媒体技术产业化基地，对数字媒体产业积聚效应的形成和数字媒体技术的发展起到了重要的示范和引领作用。

(8) 区块链

区块链，就是一个又一个区块组成的链条。每一个区块中保存了一定的信息，它们按照各自产生的时间顺序连接成链条。这个链条被保存在所有的服务器中，只要整个系统中有一台服务器可以工作，整条区块链就是安全的。这些服务器在区块链系统中被称为节点，它们为整个区块链系统提供存储空间和算力支持。如果要修改区块链中的信息，必须征得半数以上节点的同意并修改所有节点中的信息，而这些节点通常掌握在不同的主体手中，因此篡改区块链中的信息是一件极其困难的事。相比于传统网络，区块链具有两大核心特点：一是数据难以篡改；二是去中心化。基于这两个特点，区块链所记录的信息更加真实可靠，可以帮助解决人们互不信任的问题。

区块链在金融领域、物流网领域、公共服务领域、保险领域、司法领域等方面都有着极其重要的作用。

(9) 虚拟现实

所谓虚拟现实(VR)，顾名思义，就是虚拟和现实相互结合。从理论上来讲，虚拟现实技术是一种可以创建和体验虚拟世界的计算机仿真系统，它利用计算机生成一种模拟环境，使用户沉浸到该环境中。虚拟现实技术就是利用现实生活中的数据，通过计算机技术产生的电子信号，将其与各种输出设备结合，使其转化为能够让人们感受到的现象，这些现象可以是现实中真真切切的物体，也可以是肉眼所看不到的物质，通过三维模型表现出来。因为这些现象不是人们能直接看到的，而是通过计算机技术模拟出来的现实中的世界，故称为虚拟现实。

1.2 信息的表示与存储

计算机科学的研究主要包括信息的采集、存储、处理和传输，而这些都与信息的量化表示密切相关。本节从信息的定义出发，对数据的表示、转换、处理、存储方法等进行讲述。

信息的表示与存储

1.2.1 数据与信息

数据是对客观事物的符号表示，数值、文字、语言、图形、图像等都是不同形式的数据。信息是现代生活和计算机科学中非常流行的词汇，一般来说，信息既是对各种事物变化和特征的反映，又是事物之间相互作用、相互联系的表征。计算机科学中的信息通常被认为是能够用计算机处理的有意义的内容或信息，它们以数据的形式出现，数据是信息的载体。

数据与信息的区别是：数据处理之后产生的结果为信息，信息具有针对性、时效性，信息有意义，而数据没有。例如，当测量一个人的体重时，假定测量出体重是 75 千克，则写在测量表上的 75 千克实际上是数据。75 千克这个数据本身是没有意义的，但是当数据以某种形式经过处理描述或与其他数据比较时，便被赋予了意义。例如，这个人的体重是 75 千克，这才是信息，这个信息是有意义的，75 千克表示此人的体重。

信息同物质和能源一样重要，是人类生存和社会发展的三大基本资源之一。可以说信息不仅维系着社会的生存和发展，而且在不断地推动着社会和经济的发展。

1.2.2 计算机中的数据

ENIAC 是一台十进制的计算机，它采用十个真空管来表示每位十进制数。冯·诺依曼在研制 IAS 计算机时，感觉这种十进制的表示和实现方式十分麻烦，故提出了二进制的表示方法，从此改变了整个计算机的发展历史。

二进制只有"0"和"1"两个数码，相对十进制而言，采用二进制表示不仅运算简单、易于物理实现、通用性强，更明显的优点是所占用的空间和所消耗的能量小得多，机器可靠性高。

计算机内部均用二进制来表示各种信息，但计算机与外部的交往仍采用人们熟悉和便于阅读的形式，如十进制数据、文字显示以及图形描述等。其间的转换，则由计算机系统的硬件和软件来实现。

1.2.3 计算机中数据的单位

计算机中数据的最小单位是位，存储容量的基本单位是字节。8 个二进制位称为 1 个字节，此外还有千字节(kB)、兆字节(MB)、吉字节(GB)、太字节(TB)等。

(1) 位(bit)

位是度量数据的最小单位，在计算机技术中用二进制表示数据，1 位数据只能用 0 和 1 中的任意一个代码表示。

(2) 字节(Byte，B)

一个字节由 8 位二进制数字组成。早期的计算机并无字节的概念，20 世纪 50 年代中期，随着计算机逐渐从单纯用于科学计算扩展到数据处理领域，为了在体系结构上兼顾表示"数"和"字符"，就出现了"字节"。IBM 公司在设计其第一台超级计算机 STRETCH 时，根据数值运算的需要，定义机器字长为 64 位。对于字符而言，STRETCH 的打印机只有 120 个字符，本来每个字符用 7 位二进制数表示即可（因为 $2^7=128$，所以最多可表示 128 个字符），但其设计人员考虑到以后字符集扩充的可能决定用 8 位表示一个字符，这样 64 位字长可容纳 8 个字符，设计人员把它叫作 8 个"字节"，这就是字节的来历。为了便于衡量存储器的大小，存储容量统一以字节为基本单位。

$$千字节 \quad 1kB = 1024B = 2^{10}B$$
$$兆字节 \quad 1MB = 1024KB = 2^{20}B$$
$$吉字节 \quad 1GB = 1024MB = 2^{30}B$$
$$太字节 \quad 1TB = 1024GB = 2^{40}B$$

(3) 字长

字长是指计算机一次能够同时处理的二进制位数，即 CPU 在一个机器周期中最多能够并行处理的二进制位数。

字长是中央处理器(CPU)的一个重要指标，直接反映一台计算机的计算能力和运算精度，字长越长，计算机的处理能力通常越强。

计算机字长常常是字节的整倍数，如 8 位、16 位、32 位。发展到今天，微型机的字长已达到 64 位，大型机/巨型机已达 128 位。

1.3 多媒体技术简介

多媒体技术(multimedia technology)是利用计算机对文本、图形、图像、声音、动画、视频等多种信息综合处理、建立逻辑关系和人机交互作用的技术。

通常所说的多媒体技术涉及的对象是计算机技术的产物，而其他的单纯事物，如电影、电视、音响等，均不属于多媒体技术的范畴。

媒体是指表示和传播信息的载体。媒体可分为 5 类：一是感觉媒体，指使人产生直接感觉的媒体；二是表示媒体，指传输感觉媒体的中介媒体；三是表现媒体，指用于信息输入和输出的媒体；四是存储媒体，指用于存储表示媒体的物理介质；五是传输媒体。

1.3.1 多媒体的特征

(1) 交互性

人们日常可以通过看电视、读报纸等形式单向地、被动地接收信息，而不能够双向地、主动地编辑处理这些媒体的信息。在多媒体系统中用户可以主动地编辑、处理各种信息，具有人机交互功能。交互性是多媒体技术的关键特征，没有交互性的系统就不是多媒体系统。交互性是指多媒体系统向用户提供交互式使用、加工和控制信息的手段，从而为应用开辟了更加广阔的领域，也为用户提供了更加自然的信息存取手段，交互可以增加对信息的注意力和理解力，延长信息的保留时间。

(2) 集成性

多媒体技术中集成了许多单一的技术，如图像处理技术、声音处理技术等。多媒体能够同时表示和处理多种信息，但对用户而言，它们是集成一体的，这种集成包括信息的统一获取、存储组织和合成等方面。

(3) 多样性

多媒体信息是多样化的，同时也指媒体输入、传播、再现和展示手段的多样化。多媒体技术使人们的思维不再局限于单调的顺序和狭小的范围，这些信息媒体包括文字声音、图像、动画等，它扩大了计算机所能处理的信息空间，使计算机不再局限于处理数值、文本等，使人们能得心应手地处理更多的信息。

(4) 实时性

实时性是指在多媒体系统中声音及活动的视频图像是强实时的(hard realtime)。多媒体系统提供了对这些媒体实时处理和控制的能力，除了像一般计算机一样能够处理离散媒体，如文本、图像外，它的一个基本特征就是能够综合地处理带有时间关系的媒体，如音频、视频和动画，甚至是实况信息媒体，这就意味着多媒体系统在处理信息时有着严格的时序要求和很高的速度要求。当系统应用扩大到网络范围之后，这个问题将会更加突出，会对系统结构、媒体同步、多媒体操作系统及应用服务提出相应的实时性要求，在许多方面，实时性已经成为多媒体系统的关键技术。

1.3.2 媒体的数字化

多媒体信息可以从计算机输出界面向人们展示丰富多彩的文、图、声信息，而这些信息在计算机内部都是转换成 0 和 1 的数字化信息后进行处理，并以不同文件类型进行存储的。

1.3.2.1 声音

声音是一种重要的媒体，其种类繁多，如人的语音、动物的声音、乐器声、机器声等。

(1) 声音的数字化

声音的主要物理特征包括频率和振幅。声音用电表示时，声音信号在时间上和幅度上都是连续的模拟信号，而计算机只能存储和处理离散的数字信号，将连续的模拟信号变成离散的数字信号就是数字化。数字化的基本技术是脉冲编码调制，主要包括采样、量化、编码 3 个基本过程。

(2) 声音文件格式

声音信息的文件格式有很多种，常用的有 WAV、MP3、VOC 文件格式等。WAV 为微软公司开发的一种声音文件格式，它符合 RIFF(resource interchange file format)文件规范，用于保存 Windows 平台的音频信息资源，被 Windows 平台及其应用程序广泛支持。该格式也支持 MS ADPCM、CCITT A-Law 等多种压缩运算法，支持多种音频数字、取样频率和声道，标准格式化的 WAV 文件和 CD 格式一样，也是 44.1K 的取样频率，16 位量化数字，因此声音文件质量和 CD 相差无几，WAV 的打开工具是 Windows 的媒体播放器。

WAV 通常使用 3 个参数来表示声音，量化位数、取样频率和采样点振幅。量化位数分为 8 位、16 位、24 位 3 种，声道有单声道和立体声之分，单声道振幅数据为 $n×1$ 矩阵点，立体声为 $n×2$ 矩阵点，取样频率一般有 11 025Hz(11kHz)、22 050Hz(22kHz)和 44 100Hz(44kHz)3 种。不过尽管音质出色，但在压缩后的文件体积过大，相对其他音频格式而言是一个缺点，其文件大小的计算方式为：WAV 格式文件所占容量(B)= 取样频率×量化位数×声道×时间/8(1B=8bit)。每一分钟 WAV 格式的音频文件的大小为 10MB，其大小不随音量大小及清晰度的变化而变化。

①WAV 是最接近无损的音乐格式，所以文件比较大。

②MPEG 是指采用 MPEG(.mp1/.mp2/.mp3)音频压缩标准进行压缩的文件。MPEG 音频文件的压缩是一种有损压缩，其中 MP3 文件因为其压缩比高、音质接近 CD、制作简单、便于交换等优点，非常适合在网上传播，是目前使用最多的音频格式文件，其音质稍差于 WAV 文件。

③RealAudio 文件是由 RealNetworks 公司推出的一种网络音频文件格式，采用了"音频流"技术，其最大的特点就是可以实时传输音频信息，尤其是在网速较慢的情况下，仍然可以较为流畅地传送数据，因此 RealAudio 主要适用于网络上的在线播放。现在的 RealAudio 文件格式主要有 RA(RealAudio)、RM(RealMedia、RealAudio G2)、RMX(RealAudio Secured) 3 种，这些文件的共性在于可以随着网络带宽的不同而改变声音的质量，在保证大多数人听到流畅声音的前提下，使带宽较宽的听众获得较好的音质。

④乐器数字接口(musical instrument digital interface，MIDI)文件规定了乐器、计算机、音乐合成器以及其他电子设备之间交换音乐信息的一组标准规定。MIDI 文件中的数据记录的是一些关于乐曲演奏的内容，而不是实际的声音，因此 MIDI 文件要比 WAV 文件小很多，而且易于编辑、处理。MIDI 文件的缺点是播放声音的效果依赖于播放 MIDI 的硬件质量，但整体效果都不如 WAV 文件。产生 MIDI 音乐的方法有很多种，常用的有 FM 合成法和波表合成法。MIDI 文件的扩展名有".mid"".rmi"等。

⑤VOC 文件是声霸卡使用的音频文件格式，它以".voc"作为文件的扩展名。

⑥其他的音频文件格式还有很多，例如，AU 文件主要用在 Unix 工作站上，它以".au"作为文扩展名；AIF 文件是苹果机的音频文件格式，它以".aif"作为文件的扩展名。

1.3.2.2 图像

所谓图像，一般是指自然界中的客观景物通过某种系统的映射，使人们产生的视觉感受，是多媒体中最基本、最重要的数据。图像有黑白图像、灰度图像、彩色图像、摄影图像等，如照片、图片和印刷品等。在自然界中，景和物有两种形态，即动和静。静止的图像称为静态图像，活动的图像称为动态图像。静态图像根据其在计算机中生成的原理不同，分为矢量图形和位图图像两种。动态图像又分为视频和动画，习惯上将通过摄像机拍摄得到的动态图像称为视频，而用计算机或绘画的方法生成的动态图像称为动画。图像是多媒体中最基本、最重要的数据。

(1) 静态图像的数字化

一幅图像可以近似地看成是由许许多多的点组成的，因此它的数字化通过采样和量化就可以得到。图像的采样就是采集组成一幅图像的点，量化就是将采集到的信息转换成相应的数值，组成一幅图像的每个点称为一个像素，每个像素的值表示其颜色、属性等信息。存储图像颜色的二进制数的位数，称为颜色深度，如 3 位二进制数可以表示 8 种不同的颜色，因此 8 色图的颜色深度是 3，真彩色图的颜色深度是 24，可以表示 16 777 412 种颜色。

(2) 动态图像的数字化

人眼看到的一幅图像消失后，还将在视网膜上滞留几毫秒，动态图像正是根据这样的原理而产生的。动态图像是将静态图像以每秒 n 幅的速度播放，当 $n \geqslant 25$ 时，显示在人眼中的就是连续的画面。

(3) 点位图法和矢量图法

表达或生成图像通常有两种方法，点位图法和矢量图法。点位图法就是将一幅图像分成很多小像素，每个像素用若干二进制位表示像素的颜色属性等信息；矢量图法就是用一些指令来表示一幅图，如画一条 200 像素长的红色直线、画一个半径为 100 个像素的圆等。

(4) 图像文件格式

①BMP 格式　Windows 采用的图像文件存储格式。

②GIF 格式　供联机图形交换使用的一种图像文件格式，目前在网络上被广泛采用。

③TIFF 格式　二进制文件格式，广泛用于桌面出版系统、图形系统和广告制作系统，也可以用于一种平台到另一种平台间图形的转换。

④PNG 格式　图像文件格式，其开发的目的是替代 GIF 文件和 TIFF 文件格式。

⑤WMF 格式　绝大多数 Windows 应用程序都可以有效处理的格式，其应用很广泛，是桌面出版系统中常用的图形格式。

⑥DXF 格式　一种向量格式，绝大多数绘图软件都支持这种格式。

(5) 视频文件格式

①AVI 格式　Windows 操作系统中数字视频文件的标准格式。

②MOV 格式　QuickTime for Windows 视频处理软件所采用的视频文件格式，其图像画面的质量比 AVI 格式要好。

③ASF 格式　ASF(advanced stream format)是高级流格式，主要优点包括：可本地或网络回访、媒体类型可扩充、部件下载以及扩展性好等。

④WMV 格式　WMV(Windows media video)是微软推出的视频文件格式。

1.3.3　多媒体数据压缩

多媒体信息数字化之后，其数据量往往非常庞大，为了存储处理和传输多媒体信息，人们考虑采用压缩的方法来减少数据量。通常是将原始数据压缩后存放在磁盘上或是以压缩形式来传输，仅当用到它时才把数据解压缩以还原，以此来满足实际的需要。数据压缩可以分为两种类型：无损压缩和有损压缩。

1.3.3.1　无损压缩

无损压缩是利用数据的统计冗余进行压缩，又称可逆编码，其原理是统计被压缩数据中重复数据的出现次数来进行编码。解压缩是对压缩的数据进行重构，重构后的数据与原来的数据完全相同。无损压缩能够确保解压后的数据不失真，是对原始对象的完整复制。

无损压缩的主要特点是压缩比较低，一般为 2∶1~5∶1，通常广泛应用于文本数据、程序以及重要图形和图像(如指纹图像、医学图像)的压缩。如压缩软件 WinZip、WinRAR 就是基于无损压缩原理设计的，可用来压缩任何类型的文件，但由于压缩比的限制，仅使用无损压缩技术不可能解决多媒体信息存储和传输的所有问题，常用的无损压缩算法包括行程编码、熵编码等。

(1) 行程编码

行程编码(run-length encoding, RLE)简单直观,编码和解码速度快,适于计算机绘制的图像如BMP、AVI格式文件,如彩色照片,由于色彩丰富,采用行程编码压缩比会较小。

(2) 熵编码

根据信源符号出现概率的分布特性进行码率压缩的编码方式称为熵编码,也叫统计编码,其目的在于在信源符号和码字之间建立明确的一一对应关系,以便在恢复时能准确地再现原信号,同时要使平均码长或码率尽量小。熵编码包括霍夫曼编码和算术编码。其中,算术编码的优点是每个传输符号不需要被编码成整数"比特"。虽然算术编码实现方法复杂一些,但通常算术编码的性能优于霍夫曼编码。

1.3.3.2 有损压缩

有损压缩又称不可逆编码,有损压缩是指压缩后的数据不能够完全还原成压缩前的数据,与原始数据不同但是非常接近的压缩方法。有损压缩也称破坏性压缩,以损失文件中某些信息为代价来换取较高的压缩比,其损失的信息多是对视觉和听觉感知不重要的信息,但压缩比通常较高,一般为几十到几百,常用于音频、图像和视频的压缩。典型的有损压缩编码方法有预测编码、变换编码、基于模型编码、分形编码及矢量量化编码等。

(1) 预测编码

预测编码是根据离散信号之间存在着一定相关性的特点,利用前面一个或多个信号对下一个信号进行预测,然后对实际值和预测值之差进行编码和传输,在接收端把差值与实际值相加,恢复原始值,在同等精度下,就可以用比较少的"比特"进行编码,达到压缩的目的。

(2) 变换编码

变换编码是指先对信号进行某种函数变换,从一种信号空间变换到另一种信号空间,然后对信号进行编码。例如,将时域信号变换到频域,因为在频域中声音、图像信号的能量相对集中在直流及低频部分,高频部分则只包含少量的细节,如果去除这些细节,并不影响人类对声音或图像的感知效果,所以对变换后的信号进行编码,能够大大压缩数据。

(3) 基于模型编码

如果把以预测编码和变换编码为核心的基于波形的编码称作第一代编码技术,则基于模型的编码就是第二代编码技术。

基于模型编码的基本思想是:在发送端,利用图像分析模块对输入图像提取紧凑和必要的描述信息,得到一些数据量不大的模型参数;在接收端,利用图像综合模块重建原图像,这是对图像信息的合成过程。

(4) 分形编码

分形编码法的目的是发掘自然物体(如天空、云雾、森林等)在结构上的自相似形,这种自相似形是图像整体与局部相关性的表现。分形编码正是利用分形几何中的自相似的原理来实现的,即先对图像进行分块,然后寻找各块之间的相似性。

(5) 矢量量化编码

矢量量化编码也是在图像、语音信号编码技术中研究得较多的新型量化编码方法之一。在传统的预测和变换编码中,是将信号经某种映射变换变成一个数的序列,然后对其逐个地进行标量量化编码;而在矢量量化编码中,则是把输入数据几个一组地分成许多组,成组地量化编码,即将这些数看作一个 k 维矢量,然后以矢量为单位逐个矢量进行量化。矢量量化是一种限失真编码,其原理仍可用信息论中的信息率失真函数理论来分析。

1.4 计算机病毒

计算机病毒

20世纪60年代,被称为计算机之父的数学家冯·诺依曼在其遗著《计算机与人脑》中,详细论述了程序能够在内存中进行繁殖活动的理论,计算机病毒的出现和发展是计算机软件技术发展的必然结果。

1.4.1 计算机病毒概述

1.4.1.1 计算机病毒的含义

当前,计算机安全的最大威胁是计算机病毒(computer virus)。计算机病毒实质上是一种特殊的计算机程序,这种程序具有自我复制能力,可以非法入侵并隐藏在存储媒体中的引导部分、可执行程序或数据文件中。当病毒被激活时,源病毒能把自身复制到其他程序中,影响和破坏程序的正常执行和数据的正确性。有些恶性病毒对计算机系统具有极大的破坏性,计算机一旦感染病毒,病毒就可能迅速扩散,这种现象和生物病毒侵入生物体并在生物体内传染一样。

在《中华人民共和国计算机信息系统安全保护条例》中,计算机病毒被明确定义为:"计算机病毒,是指编制或者在计算机程序中插入的破坏计算机功能或者破坏数据,影响计算机使用并且能够自我复制的一组计算机指令或者程序代码。"

1.4.1.2 计算机病毒的发展

第一项关于计算机病毒理论的学术工作("病毒"一词当时并未使用)是1949年冯·诺伊曼以"Theory and Organization of Complicated Automata"为题的一场在伊利诺伊大学的演讲,后以"Theory of Self-reproducing Automata"为题出版,冯·诺依曼在他的论文中描述了一个计算机程序如何复制其自身。

1980年,Jürgen Kraus 于多特蒙德大学撰写他的学位论文 *Self-reproduction of Programs*,论文中假设计算机程序可以表现出如同病毒的行为。

1983年11月,在一次国际计算机安全学术会议上,美国学者弗雷德·科恩(Fred Cohen)第一次明确提出计算机病毒的概念,并进行了演示。

1984年,弗雷德·科恩在论文《电脑病毒实验》中提出"病毒"一词。

1987年,第一个计算机病毒 C-BRAIN 诞生,由巴基斯坦兄弟巴斯特(Basit)和阿姆捷特(Amjad)编写,当时计算机病毒主要是引导型病毒,具有代表性的是"小球"和"石头"病毒。

1988年,在我国财政部的计算机上发现最早入侵我国的计算机病毒。

1989年,引导型病毒发展为可以感染硬盘的病毒,典型代表有"石头2"。

1990年，发展为复合型病毒，可感染COM和EXE文件。

1992年，发展为可利用DOS加载文件的优先顺序进行工作，具有代表性的是"金蝉"病毒。

1995年，当生成器的生成结果为病毒时，就产生了复杂的"病毒生成器"，幽灵病毒流行中国。典型病毒代表是"病毒制造机""VCL"。

1998年，中国台湾大同工学院学生陈盈豪编制了CIH病毒。

2000年，最具破坏力的10种病毒分别是：Kakworm、爱虫、Apology-B、Marker、Pretty、Stages-A、Navidad、Ska-Happy99、WM97/Thus、XM97/Jin。

2003年，中国大陆地区发作最多的10种病毒分别是：红色结束符、爱情后门、FUN-LOVE、QQ传送者、冲击波杀手、罗拉、求职信、尼姆达Ⅱ、QQ木马、CIH。

2005年1~10月，金山反病毒监测中心共截获或监测到的病毒达到50 179个，其中木马、蠕虫、黑客病毒占91%，以盗取用户有价账号的木马病毒(如网银、QQ、网游)为主，病毒达2000多种。

2007年1月，病毒累计感染了中国80%的用户，其中78%以上的病毒为木马、后门病毒，"熊猫烧香"肆虐全球。

2010年，越南全国计算机数量已达500万台，其中93%受过病毒感染，感染计算机病毒共损失59 000万亿越南盾。

2017年5月，一种名为"想哭"的勒索病毒席卷全球，在短短一周时间里，上百个国家和地区受到影响。据美国有线新闻网报道，截至2017年5月15日，大约有150个国家受到影响，至少30万台计算机被病毒感染。

1.4.2 计算机病毒特征

计算机病毒一般具有寄生性、破坏性、传染性、潜伏性和隐蔽性的特征。

(1)寄生性

计算机病毒是一种特殊的寄生程序，不是一个通常意义下的完整的计算机程序，而是寄生在其他可执行的程序中，因此，它能享有被寄生的程序所能得到的一切权利。

(2)破坏性

计算机病毒的破坏是广义的，不仅包括破坏系统、删除或修改数据甚至格式化整个磁盘，还包括破坏系统，或是破坏数据并使之无法恢复，从而给用户带来极大的损失。

(3)传染性

传染性是病毒的基本特性，计算机病毒往往能够主动地将自身的复制品或变种传染到其他未染毒的程序上，计算机病毒只有在运行时才具有传染性。此时，病毒寻找符合传染条件的程序或文件然后将病毒代码嵌入其中，达到不断传染的目的。判断一个程序是不是计算机病毒的最重要因素就是其是否具有传染性。

(4)潜伏性

病毒程序通常短小精悍，寄生在别的程序上使得其难以被发现，在外界激发条件出现之前，病毒可以在计算机内的程序中潜伏、传播。

(5)隐蔽性

计算机病毒是一段寄生在其他程序中的可执行程序，具有很强的隐蔽性。当运行受感染的程序时，病毒程序能首先获得计算机系统的监控权，进而能监视计算机的运行，并传染其他程序。但不到发作时机，整个计算机系统看上去一切如常，很难被察觉，其隐蔽性使广大计算机用户对病毒失去应有的警惕性。

1.4.3 计算机病毒分类

计算机病毒的分类方法很多，按计算机病毒的感染方式，分为如下 5 类。

(1)引导区型病毒

通过读取 U 盘、光盘及各种移动存储介质感染引导区型病毒，感染硬盘的主引导记录。当硬盘主引导记录感染病毒后，病毒就企图感染每个插入计算机进行读写的移动介质的引导区。这类病毒常常将其病毒程序替代主引导区中的系统程序。引导区型病毒总是先于系统文件装入内存储器，获得控制权并进行传染和破坏。

(2)文件型病毒

文件型病毒主要感染扩展名为".com"".exe"".drv"".bin"".ovl"".sys"等的可执行文件，通常寄生在文件的首部或尾部，并修改程序的第一条指令，当病毒程序执行时就先跳转执行病毒程序进行传染和破坏。这类病毒只有当带毒程序执行时才能进入内存，一旦符合激发条件，它就会发作。

(3)混合型病毒

这类病毒既传染磁盘的引导区，也传染可执行文件，兼有上述两类病毒的特点。混合型病毒综合引导区型和文件型病毒的特性，比引导区型和文件型病毒的破坏性更强。这种病毒通过这两种方式来传染，更增加了病毒的传染性以及存活率，此种病毒也是最难杀灭的。

(4)宏病毒

宏病毒是一种寄存在文档或模板的宏中的计算机病毒，一旦打开这样的文档，其中的宏就会被执行，宏病毒就会被激活，转移到计算机上，并驻留在 Normal 模板上，从此以后，所有自动保存的文档都会感染这种宏病毒，而且如果其他用户打开了感染病毒的文档，宏病毒又会转移到该计算机上。

(5)网络病毒

网络病毒又称 Internet 病毒，广义上讲，可以通过网络传播，同时破坏某些网络组件(服务器、客户端、交换和路由设备)的病毒就是网络病毒。狭义上讲，局限于网络范围的病毒就是网络病毒，即网络病毒应该是充分利用网络协议及网络体系结构作为其传播途径或机制，同时网络病毒的破坏也应是针对网络的。

1.4.4 计算机感染病毒的常见表现

计算机病毒虽然很难检测，但是只要细心留意计算机的运行状况，还是可以发现计算机感染病毒的一些异常情况，比如：

①磁盘文件数目无故增多。

②系统的内存空间明显变小。

③文件的日期/时间值被修改成最近的日期或时间(用户自己并没有修改)。
④感染病毒后的可执行文件的长度明显增加。
⑤正常情况下可以运行的程序突然因内存区不足而不能载入。
⑥程序加载时间或程序执行时间比正常时明显变长。
⑦计算机经常出现死机现象或不能正常启动。
⑧显示器上经常出现一些莫名其妙的信息或异常现象。

1.4.5　计算机病毒清除

如果计算机染上了病毒，文件被破坏，最好立即关闭系统，如果继续使用，会使更多的文件遭受破坏。针对已经感染病毒的计算机，专家建议立即升级系统中的防病毒软件，进行全面杀毒，一般的杀毒软件都具有清除、删除病毒的功能。清除病毒是指把病毒从原有的文件中清除，恢复原有文件的内容；删除是指把整个文件删除。经过杀毒，被破坏的文件有可能恢复成正常的文件。

用反病毒软件消除病毒是当前比较流行的做法，它既方便又安全，一般不会破坏系统中的正常数据，特别是优秀的反病毒软件都有较好的界面和提示，使用相当方便。通常，反病毒软件只能检测出已知的病毒并消除它们，不能检测出新的病毒或病毒的变种，所以各种反病毒软件的开发都不是一劳永逸的，要随着新病毒的出现而不断升级。目前常用的反病毒软件都具有实时检测系统驻留在内存中，随时检测是否有病毒入侵的功能。目前较流行的杀毒软件有360安全卫士、卡巴斯基、腾讯电脑管家、诺顿、金山毒霸等。

1.4.6　计算机病毒预防

计算机感染病毒后用反病毒软件检测和消除病毒是被迫的处理措施，况且已经发现相当多的病毒在感染之后会永久性地破坏被感染程序，如果没有备份将不易恢复。所以，我们要进行针对性的预防，通过合理有效的防范体系及时发现计算机病毒的侵入，并能采取有效的手段阻止病毒的破坏和传播，保护系统和数据安全。

计算机病毒主要通过移动存储介质(如U盘、移动硬盘)和计算机网络两大途径进行传播，人们从工作实践中总结出一些预防计算机病毒的简易可行的措施，这些措施实际上是要求用户养成良好的使用计算机的习惯。具体归纳如下：

①安装有效的杀毒软件并根据实际需求进行安全设置，同时，定期升级杀毒软件并经常全盘查毒、杀毒。
②扫描系统漏洞，及时更新系统补丁。
③未经检测是否感染病毒的文件、光盘、U盘及移动硬盘等移动存储设备，在使用前应用杀毒软件查毒再使用。
④分类管理数据，对各类数据、文档和程序应分类备份保存。
⑤尽量使用具有查毒功能的电子邮箱，尽量不要打开陌生的可疑邮件。
⑥浏览网页、下载文件时要选择正规的网站。
⑦关注目前流行病毒的感染途径、发作形式及防范方法，做到预先防范，感染后及时查毒以避免遭受更大损失。

⑧有效管理系统内建的 Administrator 账户、Guest 账户以及用户创建的账户，包括密码管理、权限管理等。

⑨禁止远程功能，关闭不需要的服务。

⑩修改浏览器中与安全相关的设置。

拓展知识

信息素养与社会责任

信息素养(information literacy)的本质是全球信息化需要人们具备的一种综合能力，涉及各方面的知识。信息素养的重点是内容、传播、分析，包括信息检索以及评价，涉及更多的方面。它是一种了解、搜集、评估和利用信息的知识结构，既需要通过熟练的信息技术，也需要通过完善的调查方法、鉴别和推理来完成。是一种特殊的、涵盖面很广的能力，它包含人文、技术、经济、法律诸多因素，与许多学科有着紧密的联系。

随着人工智能时代的来临，人类社会结构、经济秩序也会重新调整，未来中国共产党的奋斗目标是什么？党的二十大报告主题"高举中国特色社会主义伟大旗帜，全面贯彻习近平新时代中国特色社会主义思想，弘扬伟大建党精神，自信自强、守正创新，踔厉奋发、勇毅前行，为全面建设社会主义现代化国家、全面推进中华民族伟大复兴而团结奋斗"就是根本遵循，实现这个伟大目标，"教育、科技、人才是全面建设社会主义现代化国家的基础性、战略性支撑。必须坚持科技是第一生产力、人才是第一资源、创新是第一动力，深入实施科教兴国战略、人才强国战略、创新驱动发展战略，开辟发展新领域新赛道，不断塑造发展新动能新优势"，这就需要未来的人才必须具备对信息社会的适应能力，即信息素养。

1. 信息素养的由来

1974 年，美国信息产业协会主席 Paul Zurkowski 率先提出了信息素养这一全新概念，并解释为：利用大量的信息工具及主要信息源，使问题得到解答的技能。1987 年信息学家 Patrieia Breivik 将信息素养概括为一种"了解提供信息的系统并能鉴别信息价值、选择获取信息的最佳渠道、掌握获取和存储信息的基本技能"。1989 年美国图书馆协会(ALA)下设的"信息素养总统委员会"在其年度报告中对信息素养的含义进行了重新概括："要成为一个有信息素养的人，就必须能够确定何时需要信息并且能够有效地查寻、评价和使用所需要的信息。"1992 年，Doyle 在《信息素养全美论坛的总结报告》中将信息素养定义为：一个具有信息素养的人，他能够认识到精确的和完整的信息是做出合理决策的基础，确定对信息的需求，形成基于信息需求的问题，确定潜在的信息源，制订成功的检索方案，从计算机和其他信息源中获取信息、评价信息、组织信息并应用于实际，将新信息与原有的知识体系进行融合以及在批判性思考和问题解决的过程中使用信息。

信息素养的研究在我国起步较晚，从 20 世纪 90 年代开始，随着信息素养概念的引进，国内相关领域的研究急剧增多，2000 年开始进入高潮。然而研究的方式基本处于翻译、评述国外相关的文献，很少有人能提出自己的见解。国内关于信息素养比较有影响的定义有以下 5 种。

①1997年，马海群在《论信息素质教育》一文中将信息素养定义为："在信息化社会中个体成员具有的各种信息品质，包括信息智慧（涉及信息知识与技能）、信息道德、信息意识、信息觉悟、信息观念、信息潜能、信息心理等。"这是对信息素养讨论较早的一篇文献，文中提出的定义被广泛引用，它基本确定了国内信息素养概念的框架。

②2000年，谢立虹提出："信息素养是在各种信息交叉渗透、技术高度发展的社会人们所具有的信息意识、信息处理的各种能力或技能，包括信息搜集、开发鉴别、综合分析的能力，信息技术运用能力，以及积极的信息心理和良好的信息道德。"

③2001年，孙建军等人认为："信息素质是属于人文素质的一部分，是人文社会的知识、信息意识、接受教育、环境影响等所形成的一种稳定的、基本的个性心理品质，它具有明显的外在表现性。信息素质主要包括两个层面，一是信息知识能力，它标志着信息专业知识水平；二是信息认识和意识，它标志着信息认识水平，主要包括信息收集、整序、利用和评价方面的素养。"

④2001年，张贵荣将信息素质分为自然性信息素质和社会性信息素质两方面。其中，社会性信息素质是人类在信息活动中逐渐形成的一系列与信息有关的心理品质、知识技能、行为习惯和文化涵养等方面的特征。它是人们在信息环境影响和训练中获得的、稳定的、长期发挥作用的基本品质，是人们认识信息社会、改造信息环境、学习信息科学知识、掌握信息科学技术、操控信息设备、适应社会信息需求、鉴别和创新知识信息、获取和利用信息资源的各种信息能力。

⑤2003年，皮介郑提出："信息素养是信息主体在信息行为中认识和表达信息需求，利用适当的信息工具从各种信息源查找、获取、组织和利用信息的技能。"

2. 信息素养主要内容

信息素养包括关于信息和信息技术的基本知识和基本技能，运用信息技术进行学习、合作、交流和解决问题的能力，以及信息的意识和社会伦理道德问题。具体而言，信息素养应包括以下5个方面的内容：

①热爱生活，有获取新信息的意愿，能够主动地从生活实践中不断地查找、探究新信息。

②具有基本的科学和文化常识，能够较为自如地对获得的信息进行辨别和分析，正确地加以评估。

③可灵活地支配信息，较好地掌握选择信息、拒绝信息的技能。

④能够有效地利用信息，表达个人的思想和观念，并乐意与他人分享不同的见解或资讯。

⑤无论面对何种情况，能够充满自信地运用各类信息解决问题，有较强的创新意识和进取精神。

3. 信息素养主要特性

①捕捉信息的敏锐性。

②筛选信息的果断性。

③评估信息的准确性。
④交流信息的自如性。
⑤应用信息的独创性。

4. 信息素养基本标准

信息素养标准可以从信息素养、独立学习和社区责任3个方面表述，包括以下9个评判标准：

(1)信息素养
①能高效地获取信息。
②能熟练地、批判性地评价信息。
③能精确地、创造性地使用信息。

(2)独立学习
①能探求与个人兴趣有关的信息。
②能欣赏作品和其他对信息进行创造性表达的内容。
③能力争在信息查询和知识创新中做得更好。

(3)社会责任
①能认识信息对社会的重要性。
②能实行与信息和信息技术相关的符合伦理道德的行为。
③能积极参与活动来探求和创建信息。

5. 信息素养内涵

(1)信息系统

信息系统是由硬件、软件与人3个要素组成的一个整体，3个要素之间必须十分协调，才能充分发挥信息系统的效能，达到预期目标。

(2)信息硬件分类

硬件是对信息系统的所有物理的实际设施的通称，包括信息处理设备、信息存储设备、信息传输设备、信息输入、输出设备等几类。

(3)信息应用软件

应用软件指各种专门用来从事不同工作的信息系统软件。信息系统的协调是一项非常重要的工作，作为信息素养的重要部分，信息知识是不可缺的内容。一个有信息素养的人应了解：信息技术的基本常识(各种术语、各种技术、信息技术的特点、信息技术的发展历史与趋势等)；信息系统的工作原理(数字化原理、程序、算法与数据、信息传播原理)；信息系统的结构与各个组成部分(硬件、软件、系统)；信息技术的作用与影响(使用信息技术的利弊、局限性等)；与信息技术有关的法律与道德常识。

6. 我们该做什么

党的二十大报告中指出："坚持教育优先发展、科技自立自强、人才引领驱动，加快建设教育强国、科技强国、人才强国，坚持为党育人、为国育才，全面提高人才自主培养质量，着力造就拔尖创新人才，聚天下英才而用之。"习近平总书记的重要论述，为新时代我国教育发展、科技进步、人才培养指明了前进方向，提供了根本遵循。我们必须通过信息技术推进教育数字化，建设全民终身学习的学习型社会、学习型大国，培养具备信息素养，具有信息意识、信息技能的青年一代。

(1) 信息意识

要具备信息素养，必须要学会运用信息技术。现代人信息素养的高低，首先取决于其信息意识和情感。信息意识与情感主要包括：积极面对信息技术的挑战，不畏惧信息技术；以积极的态度学习操作各种信息工具；了解信息源并经常使用信息工具；能迅速而敏锐地捕捉各种信息，并乐于把信息技术作为基本的工作工具；相信信息技术的价值与作用，了解信息技术的局限及负面效应，从而正确对待各种信息；认同与遵守信息交往中的各种道德规范和约定。

(2) 信息技能

根据教育信息专家的建议，现代社会中的师生应该具备六大信息技能：

①确定信息任务　确切地判断问题所在，并确定与问题相关的具体信息。

②决定信息策略　在可能需要的信息范围内决定哪些是有用的信息资源。

③检索信息策略　使用信息获取工具，组织安排信息材料和课本内容的各个部分，以及决定搜索网上资源的策略。

④选择利用信息　在查获信息后，能够通过听、看、读等行为与信息发生相互作用，以决定哪些信息有助于问题解决，并能够摘录所需要的记录，拷贝和引用信息。

⑤综合信息　把信息重新组合和打包成不同形式以满足不同的任务需求。

⑥评价信息　通过回答问题确定实施信息问题解决过程的效果和效率。在评价效率方面还需要考虑花费的时间，以及对完成任务所需时间的估计是否正确等。

信息素养教育要以培养学生的核心竞争力、创新精神、实干精神和实践能力为核心。党的二十大报告指出，当代中国青年生逢其时，施展才干的舞台无比广阔，实现梦想的前景无比光明。……广大青年要坚定不移听党话、跟党走，怀抱梦想又脚踏实地，敢想敢为又善作善成，立志做有理想、敢担当、能吃苦、肯奋斗的新时代好青年，让青春在全面建设社会主义现代化国家的火热实践中绽放绚丽之花。

信息素养的培养引起世界各国越来越广泛的重视，并逐渐列入从小学到大学的教育目标与评价体系之中，成为评价人才综合素质的一项重要指标。信息素养的培养既是新世纪实施创新教育、素质教育的重要内容，也是实施国家信息化战略、参与国际市场人才竞争的一项基础工程。21世纪的现代化信息社会需要青少年乃至全社会都具有良好的信息素养。

单元2 计算机系统

计算机系统是按人的要求接收和存储信息,自动进行数据处理和计算,并输出结果信息的机器系统,计算机系统是脑力的延伸和扩充,是近代科学的重大成就之一。计算机系统由硬件(子)系统和软件(子)系统组成,前者是借助电、磁、光、机械等原理构成的各种物理部件的有机组合,是系统赖以工作的实体;后者是用于指挥全系统按指定的要求进行工作的各种程序和文件。全面系统地掌握计算机软硬件组成和原理是后续学习的关键。

2.1 计算机硬件系统

计算机硬件(computer hardware)是指计算机系统中由电子、机械和光电元件等组成的各种物理装置的总称。这些物理装置按系统结构的要求构成一个有机整体,为计算机软件运行提供物质基础。简而言之,计算机硬件

计算机硬件系统

的功能是输入并存储程序和数据,以及执行程序,把数据加工成可以利用的形式,在用户需要的情况下,以用户要求的方式进行数据的输出。硬件是计算机的物质基础,没有硬件就不能称其为计算机。尽管各种计算机在性能、用途和规模上有所不同,但其基本结构都遵循冯·诺依曼型体系结构,人们称符合这种设计的计算机是冯·诺依曼计算机。冯·诺依曼型计算机由运算器、控制器、存储器、输入设备和输出设备5个主要部分组成。

2.1.1 运算器

运算器(arithmetic unit,AU)是计算机处理数据和形成信息的加工厂,它的主要功能是对二进制数进行算术运算或逻辑运算,所以,也称其为算术逻辑部件(arithmetic and logic unit,ALU)。所谓算术运算,就是数的加、减、乘、除以及乘方、开方等数学运算,而逻辑运算则是指逻辑变量之间的运算,即通过与、或、非等基本操作对二进制数进行逻辑判断。

计算机之所以能完成各种复杂操作，最根本的原因是运算器的运行。参加运算的数全部是在控制器的统一指挥下从内存储读到运算器，由运算器完成运算任务。

由于在计算机内，各种运算均可归结为相加和移位这两个基本操作，所以运算器的核心是加法器(adder)。为了将操作数暂时存放，将每次运算的中间结果暂时保留，运算器还需要若干个寄存数据的寄存器(register)。若一个寄存器既保存本次运算的结果又参与下次的运算，它的内容就是多次累加的和，这样的寄存器又叫作累加器(accumulator，ACC)。

运算器的处理对象是数据，处理的数据来自存储器，处理后的结果通常送回存储器或暂存在运算器中。数据长度和表示方法对运算器的性能影响极大。

以"1+2=?"为例来看计算机工作的全过程。在控制器的作用下，计算机分别从内存中读取操作数(01)1和(10)2，并将其暂存在寄存器A和寄存器B中。运算时，两个操作数同时传送至ALU，在ALU中完成加法操作。执行后的结果根据需要被传送至存储器的指定单元或运算器的某个寄存器中。

运算的性能指标是衡量整个计算机性能的重要因素之一，与运算器相关的性能指标包括计算机的字长和运算速度。

(1) 字长

字长是指计算机运算部件一次能同时处理的二进制数据的位数。作为存储数据，字长越长，则计算机的运算精度就越高，作为存储指令，字长越长，则计算机的处理能力就越强。目前普遍使用的Intel和AMD微处理器大多是32位字长的，也有64位的，意味着该类型的微处理器可以并行处理32位或64位二进制数的算术运算和逻辑运算。

(2) 运算速度

计算机的运算速度通常是指每秒所能执行加法指令的数目，常用百万次/秒(million instructions per second，MIPS)表示，这个指标更能直观地反映机器的速度。

2.1.2 控制器

控制器(control unit，CU)是计算机的心脏，由它指挥全机各个部件自动、协调地工作。控制器的基本功能是根据指令计数器中指定的地址从内存取出一条指令，对指令进行译码，再由操作控制部件有序地控制各部件完成操作码规定的功能。控制器也记录操作中各部件的状态，使计算机能有条不紊地自动完成程序规定的任务。

从宏观上来看，控制器的作用是控制计算机各部件协调工作；从微观上看，控制器的作用是按一定顺序产生机器指令，以获得执行过程中所需要的全部控制信号。这些控制信号作用于计算机的各个部件以使其完成某种功能，从而达到执行指令的目的。所以，对控制器而言，真正的作用是对机器指令执行过程的控制。

控制器由指令寄存器(instruction register，IR)、指令译码器(instruction decoder，ID)、程序计数器(program counter，PC)和操作控制器(operation controller，OC)4个部件组成。

2.1.2.1 机器指令

为了让计算机按照人的意识和思维正确运行，必须设计一系列计算机可以真正识别和执行的语言——机器指令。机器指令是一个按照一定格式构成的二进制代码串，它用来描述计算机可以理解并执行的基本操作。计算机只能执行指令,并被指令所控制。机器指令通常由操作码和操作数两部分组成。

(1)操作码

操作码指明指令所要完成操作的性质和功能。

(2)操作数

操作数指明操作码执行时的操作对象。操作数的形式既可以是数据本身,也可以是存放数据的内存单元地址或寄存器名称。操作数又分为源操作数和目的操作数,源操作数指明参加运算的操作数来源,目的操作数指明保存运算结果的存储单元地址或寄存器名称。

指令的基本格式由操作码、源操作数(或地址)、目的操作数地址组成。

2.1.2.2 指令的执行过程

计算机的工作过程就是按照控制器的控制信号自动、有序地执行指令的过程。指令是计算机正常工作的前提。所有程序都是由一条条指令序列组成的,一条机器指令的执行需要获取指令、分析指令、生成控制信号、执行指令,大致过程如图 2-1 所示。

图 2-1 指令执行过程

(1)获取指令

获取指令是将一条指令从主存中取到指令寄存器 IR 中的过程。程序计数器 PC 中的数值用来指示当前指令在主存中的位置。当一条指令被取出后,PC 中的数值将根据指令字长度而自动递增。

(2)分析指令

分析指令是指指令译码器按照预定的指令格式,对取回的指令进行拆分和解释,识别区分出不同的指令类别以及各种获取操作数。

(3)生成控制信号

操作控制器根据指令译码器 ID 的输出(译码结果),按一定的顺序产生执行该指令所需的所有控制信号。

(4)执行指令

在控制信号的作用下,计算机各部分完成相应的操作,实现数据的处理和结果的保存。

计算机根据 PC 中新的指令地址,重复执行上述 4 个过程,直至指令结束。

控制器和运算器是计算机的核心部件,这两部分合称为中央处理器(central processing unit, CPU),在微型计算机中通常也称作微处理器(micro processing unit, MPU)。微型计算机的发展与微处理器的发展是同步的。

时钟主频是指 CPU 的时钟频率,是微型计算机性能的一个重要指标,它的高低一定程度上决定了计算机处理速度的快慢。主频以吉赫兹(GHz)为单位,一般来说,主频越高,速度越快。由于微处理器发展迅速,微型计算机的主频也在不断地提高。

2.1.3 存储器

存储器是用来存储数据和程序的"记忆"装置，相当于存放资料的仓库。计算机中的全部信息，包括数据、程序、指令以及运算的中间数据和最后的结果都要存放在存储器中。存储器分为内存(又称主存)和外存(又称辅存)两大类。内存是主板上的存储部件，用来存储当前正在执行的数据、程序和结果，内存容量小，存取速度快，但断电后其中的信息全部丢失；外存是磁性介质或光盘等部件，用来存放各种数据文件和程序文件等需要长期保存的信息，外存容量大，存取速度慢，但断电后所保存的内容不会丢失。计算机之所以能够反复执行程序或数据，就是由于有存储器的存在。

2.1.3.1 内存

(1) 内存分类

内存储器按功能可分为随机存储器(random access memory，RAM)和只读存储器(read only memory，ROM)，见表 2-1 所列。

表 2-1 内存的分类和特点

分类	特点
随机存储器	可读可写，掉电消失
只读存储器	只读不写，掉电不消失

① 随机存储器　通常所说的计算机内存容量均指 RAM 容量，即计算机的主存。RAM 有两个特点：一是可读/写性，是指对 RAM 既可以进行读操作，又可以进行写操作。读操作时不破坏内存已有的内容，写操作时才改变原来已有的内容。二是易失性，即电源断开(关机或异常断电)时，RAM 中的内容立即丢失，因此微型计算机每次启动时都要对 RAM 进行重新装配。

RAM 又可分为静态随机存储器(static RAM，SRAM)和动态随机存储器(dynamic RAM，DRAM)两种。计算机内存条采用的是 DRAM，如图 2-2 所示。DRAM 中"动态"的含义是指每隔一个固定的时间必须对存储信息刷新一次。DRAM 是用电容来存储信息的，由于电容存在漏电现象，存储的信息不可能永远保持不变，为了解决这个问题，需要设计一个额外电路对内存进行不断的刷新。

图 2-2　内存条

DRAM 的功耗低，集成度高，成本低。SRAM 是用触发器的状态来存储信息的，只要电源正常供电，触发器就能稳定地存储信息，无须刷新，所以 SRAM 的存取速度比 DRAM 快。但 SRAM 具有集成度低、功耗大、价格高的缺陷。

几种常用 RAM 简介如下：

同步动态随机存储器(synchronous dynamic random-access memory，SDRAM)：是目前奔

腾计算机系统普遍使用的内存形式，它的刷新周期与系统时钟保持同步，使 RAM 和 CPU 以相同的速度同步工作，减少了数据存取时间。

双倍速率 SDRAM(double data rate SDRAM，DDRSDRAM)：使用了更多、更先进的同步电路，它的速度是标准 SDRAM 的两倍。

存储器总线式动态随机存储器(rambus DRAM，RDRAM)：广泛应用于多媒体领域。

②只读存储器　CPU 对只读存储器(ROM)只取不存，ROM 里面存放的信息一般由计算机制造商写入并经固化处理，用户是无法修改的，即使断电，ROM 中的信息也不会丢失。因此，ROM 中一般存放计算机系统管理程序，如监控程序、基本输入/输出系统模块 BIOS 等。

几种常用 ROM 简介如下：

可编程只读存储器(programmable ROM，PROM)：可实现对 ROM 的写操作，但只能写一次，其内部有行列式的熔丝，视需要利用电流将其烧断，写入所需信息。

可擦除可编程只读存储器(erasable PROM，EPROM)：可实现数据的反复擦写。使用时，利用高电压将信息编程写入，擦除时将线路曝光于紫外线下，即可将信息清空，EPROM 通常会在封装外壳上预留一个石英透明窗以方便曝光。

电可擦可编程只读存储器(electrically EPROM，EEPROM)：可实现数据的反复擦写，其使用原理类似 EPROM，只是擦除方式是使用高电场完成，因此不需要透明窗曝光。

(2)高速缓冲存储器

内存包括主存和高速缓存两部分，一般的微型计算机中都配置了高速缓冲存储器(cache)。高速缓冲存储器主要是为了解决 CPU 和主存速度不匹配，为提高存储器速度而设计的。高速缓冲存储器一般用 SRAM 存储芯片实现，因为 SRAM 比 DRAM 存取速度快而容量有限。

高速缓冲存储器产生的理论依据是局部性原理。局部性原理是指计算机程序从时间和空间都表现出"局部性"：

①时间的局部性(temporal locality)　最近被访问的内存内容(指令或数据)很快还会被访问。

②空间的局部性(spatial locality)　靠近当前正在被访问的内存内容很快也会被访问。

内存读写速度制约了 CPU 执行指令的效率，那么如何既能缓解速度间的矛盾又节约成本？可设计一款小型存储器即高速缓冲存储器，使其存取速度接近 CPU，存储容量小于内存，在其中存放 CPU 最经常访问的指令和数据。根据局部性原理，当 CPU 存取某一内存单元时，计算机硬件自动地将包括该单元在内的临近单元内容都调入高速缓冲存储器，这样当 CPU 存取信息时，可先从高速缓冲存储器中进行查找，若有，则将信息直接传送给 CPU；若无，则再从内存中查找，同时把含有该信息的整个数据块从内存复制到高速缓冲存储器中。高速缓冲存储器中内容命中率越高，CPU 执行效率越高。可以采用各种高速缓冲存储器替换算法(高速缓冲存储器内容和内存内容的替换算法)来提高高速缓冲存储器命中率。

高速缓冲存储器按功能通常分为两类：CPU 内部的高速缓冲存储器和 CPU 外部的高速缓冲存储器。CPU 内部的高速缓冲存储器称为一级高速缓冲存储器，它是 CPU 内核的一部分，负责在 CPU 内部的寄存器与外部的高速缓冲存储器之间的缓冲；CPU 外部的高速缓冲存储器称为二级高速缓冲存储器，它相对 CPU 是独立的部件，主要用于弥补 CPU 内部高速缓冲存储器容量过小的缺陷，负责整个 CPU 与内存之间的缓冲。少数高端存储器还集成了三级高速缓冲存储器，三级高速缓冲存储器是为读取二级缓存中的数据而设计的一种缓存，具有三级高速缓冲存储器的 CPU 中，只有很少的数据从内存中调用，这样大大地提高了 CPU 的效率。

（3）内存储器的性能指标

内存储器的主要性能指标有两个：存储容量和存取速度。

①存储容量　指一个存储器包含的存储单元总数，这一概念反映了存储空间的大小。

②存取速度　一般用存储周期（也称读写周期）来表示。存取周期就是 CPU 从内存储器中存取数据所需的时间（读出或写入）。

2.1.3.2 外存

内存容量毕竟有限，这就需要配置另一类存储器——外部存储器（简称外存）。CPU 不能像访问内存那样直接访问外存，当需要某一程序或数据时，应先将其调入内存，然后运行。外存可存放大量程序和数据，且断电后数据不会丢失。常见的外部储存器有硬盘、闪速存储器和光盘等。

（1）硬盘

硬盘（hard disk）是微型计算机上主要的外部存储设备，它由磁盘片、读写控制电路和驱动机构组成。硬盘具有容量大、存取速度快等优点，操作系统、可运行的程序文件和用户的数据文件一般都保存在硬盘上。

①内部结构　一个硬盘内部包含多个盘片，这些盘片被安装在一个同心轴上，每个盘片有上下两个盘面，每个盘面被划分为磁道和扇区。磁盘的读写物理单位是按扇区进行读写，硬盘的每个盘面有一个读写磁头，所有磁头保持同步工作状态，即在任何时刻所有的磁头都保持在不同盘面的同一磁道。硬盘读写数据时，磁头与磁盘表面始终保持一个很小的间隙，实现非接触式读写。维持这种微小的间隙，靠的不是驱动器的控制电路，而是硬盘高速旋转时带动的气流。由于磁头很轻，硬盘旋转时，气流使磁头漂浮在磁盘表面，硬盘及其内部结构如图 2-3 所示。其主要特点是将盘片、磁头、电机驱动部件乃至读/写电路等做成一个不可随意拆卸的整体并密封起来，所以防尘性能好，可靠性高，对环境要求不高。

②硬盘容量　一个硬盘的容量是由以下几个参数决定的，即磁头数 H（heads）、柱面数 C（cylinders）、每个磁道的扇区数 S（sector）和每个扇区的字节数 B。将以上几个参数相乘即硬盘容量：

图 2-3　硬盘及其内部结构示意图

硬盘总容量=磁头数(H)×柱面数(C)×磁道扇区数(S)×每扇区字节数(B)

③硬盘接口　硬盘与主板的连接部分就是硬盘接口。常见的有高级技术附件(advanced technology attachment,ATA)、串行高级技术附件(serial ATA,SATA)和小型计算机系统接口(small computer system interface,SCSI)。ATA 和 SATA 接口的硬盘主要应用在个人计算机上,SCSI 接口的硬盘主要应用于中高端服务器中。硬盘接口的性能指标主要是传输率,也就是硬盘支持的外部传输速率。以前常用的 ATA 接口采用传统的 40 引脚并口数据线连接主板和硬盘,外部接口速度最大为 133MB/s,ATA 并口线的抗干扰性太差,且排线占空间,不利于计算机散热,故其逐渐被 SATA 取代。SATA 又称串口硬盘,它采用串行连接方式,传输率为 150MB/s,SATA 总线使用嵌入式时钟信号,具备更强的纠错能力。目前最新的 SATA 标准是 SATA3.0,传输率为 6GB/s。SCSI 是一种广泛应用于小型计算机上的高速数据传输技术,SCSI 接口具有应用范围广、带宽大、CPU 占用率低以及支持热插拔等优点。

④硬盘转速　是硬盘内电机主轴的旋转速度,也就是硬盘盘片在一分钟内所能完成的最大转数。转速快慢是标志硬盘档次的重要参数之一,也是决定硬盘内部传输率的关键因素之一,在很大程度上直接影响硬盘的传输速度,硬盘转速单位为 rpm(revolutions per minute)。

普通硬盘转速一般有 5400rpm、7200rpm 等几种。其中,7200rpm 高转速硬盘是台式机首选,笔记本电脑则以 4200rpm 和 5400rpm 为主。虽然已经发布了 7200rpm 的笔记本电脑硬盘,但由于噪声和散热等问题,尚未广泛使用。服务器中使用的 SCSI 盘转速大多为 10 000rpm,最快为 15 000rpm,性能远超普通硬盘。

硬盘的容量有 320GB、500GB、750GB、1TB、2TB、3TB 等。主流硬盘各参数为 SATA 接口、500GB 容量、7200rpm 转速和 150MB/s 传输率。

(2)闪速存储器

闪速存储器(flash memory)是一种新型非易失性半导体存储器(通常称 U 盘),如图 2-4 所示。它是 EEPROM 的变种,闪速存储器与 EEPROM 不同的是,它能以固定区块为单位进行删除和重写,而不是整个芯片擦写。它既继承了 RAM 存储器速度快的优点,又具备了 ROM 的非易失性,即在无电源状态仍能保持片内信息,不需要特殊的高电压就可实现片内信息的擦除和重写。

图 2-4　闪速存储器

目前的计算机都配有 USB 接口,在 Windows XP 及以上版本的操作系统下,无须驱动程序,通过 USB 接口即插即用,使用非常方便。近年来,更多小巧、轻便、价格低廉、存储量大的移动存储产品不断涌现并得到普及。

USB 接口的传输率有:USB 1.1 为 12MB/s,USB 2.0 为 480MB/s,USB 3.0 为 5.0GB/s。

(3)光盘

光盘(optical disc)是以光信息作为存储信息的载体来存储数据。光盘通常分为两类:一类是只读型光盘(CD-ROM);另一类是可记录型光盘,包括 CD-R、CD-RW(CDrewritable)、DVD-R、DVD-R、DVD-RW 等各种类型。

CD-ROM 是用一张母盘压制而成，上面的数据只能被读取而不能被写入或修改，记录在母盘上的数据呈螺旋状，由中心向外散开，盘中的信息存储在螺旋形光道中。光道内部排列着一个个蚀刻的"凹坑"，这些"凹坑"和"平地"用来记录二进制 0 和 1。读 CD-ROM 上的数据时，利用激光束扫描光盘，根据激光在小坑上的反射变化得到数字信息。

CD-R（一次写入型光盘）的特点是只能写一次，写完后的数据无法被改写，但可以被多次读取，可用于重要数据的长期保存。在刻录 CD-R 盘片时，使用大功率激光照射 CD-R 盘片的染料层，通过染料层发生的化学变化产生"凹坑"和"平地"两种状态，用来记录二进制 0 和 1。由于这种变化是一次性的，不能恢复，所以 CD-R 只允许写入一次。

CD-RW（可擦写型光盘）的盘片上镀有银、铟、硒或碲材质以形成记录层，这种材质能够呈现出结晶和非结晶两种状态用来表示数字信息 0 和 1。CD-RW 的刻录原理与 CD-R 大致相同，通过激光束的照射，材质可以在结晶和非结晶两种状态之间相互转换，这种晶体材料状态的相互转换，形成了信息的写入和擦除，从而达到可重复擦除的目的。

CD-ROM 的后续产品为 DVD-ROM。DVD 采用波长更短的红色激光、更有效的调制方式和更强的纠错方法，具有更高的密度，并支持双面双层结构。在与 CD 大小相同的盘片上，DVD 可提供相当于普通 CD 片 8~25 倍的存储容量及 9 倍以上的读取速度。

蓝光光盘（blue-ray disc，BD）是 DVD 之后的下一代光盘格式之一，用以存储高品质的影音以及高容量的数据存储。蓝光的命名是由于其采用波长为 405nm 的蓝色激光光束来进行读写操作。通常来说，波长越短的激光能够在单位面积上记录或读取的信息越多，因此蓝光极大地提高了光盘的存储容量。

光盘容量：CD 光盘内最大容量大约是 700MB，DVD 光盘单面最大容量为 4.7GB、双面为 8.5GB，蓝光光盘单面单层为 25GB、双面为 50GB。

倍速：衡量光盘驱动器传输速率的指标是倍速。光驱的读取速度以 150kB/s 的单倍速为基准。

2.1.3.3 层次结构

上面介绍的各种存储器各有优劣，但都不能同时满足存取速度快、存储容量大和存储价位低的要求。为了解决这 3 个相互制约的矛盾，在计算机系统中通常采用多级存储结构，即将速度、容量和价位各不相同的多种存储器按照一定体系结构连接起来，构成存储器系统。若只单独使用一种或孤立使用若干种存储器，会大大影响计算机的性能。如图 2-5 所示，存储器层次结构由上至下，速度越来越慢，容量越来越大，价位越来越低。

现代计算机系统基本都采用高速缓冲存储器、主存和辅存 3 级存储系统，该系统分为"高速缓冲存储器—主存"层次和"主存—辅存"层次。前者主要解决 CPU 和主存速度不匹配问题，后者主要解决存储器系

图 2-5　存储器系统结构

统容量问题。在存储系统中，CPU 可以直接访问高速缓冲存储器和主存，辅存则通过主存与 CPU 交换信息。

2.1.4 输入设备

输入设备(input device)用来向计算机输入数据和信息，其主要作用是把人们可读的信息(命令、程序、数据、文本、图形、图像、音频和视频等)转换为计算机能识别的二进制代码输入计算机，供计算机处理，是人与计算机系统之间进行信息交换的主要装置之一。例如，用键盘输入信息，敲击键盘上的每个键都能产生相应的电信号，再由电路板转换成相应的二进制代码送入计算机。目前常用的输入设备有键盘、鼠标器、扫描仪、光笔、语音或手写笔输入设备等，使用越来越方便。

2.1.4.1 键盘

键盘(key board)是迄今为止最常用的输入设备，它是人与计算机之间进行联系和对话的工具，主要用于输入字符信息。自 IBM PC 推出以来，键盘有了很大的发展。键盘的种类繁多，目前常见的键盘有 101 键、102 键、104 键、多媒体键盘、手写键盘、人体工程学键盘、红外线遥感键盘、光标跟踪球的多功能键盘和无线键盘等。键盘接口规格有两种：PS/2 和 USB。

传统的键盘是机械式的，通过导线连接到计算机。每个按键为独立的微动开关，每个开关产生一个信号，由键盘电路进行编码输入计算机进行处理。虽然键盘在计算机发展过程中的变化不大，看似平凡，但是它在操作计算机中所扮演的角色功不可没，现在不论在外形、接口、内部构造和外形区分上均有不同的设计。

键盘上的字符分布是根据字符的使用频度确定的。人的 10 根手指的灵活程度是不一样的，灵活的手指分管使用频率较高的键位，反之，不太灵活的手指分管使用频率较低的键位。将键盘一分为二，左右手分管两边，分别先按在基本键上，键位的指法分布如图 2-6 所示。

图 2-6 键盘手指分工

2.1.4.2 鼠标器

鼠标器(mouse)简称鼠标，通常有两个按键和一个滚轮，当它在平板上滑动时，屏幕上的鼠标指针也跟着移动，鼠标器正是由此得名。它不仅可用于光标定位，还可用来选择菜单、命令和文件，是多窗口环境下必不可少的输入设备。

常见的鼠标有光电鼠标、激光鼠标、无线鼠标。

2.1.4.3 其他输入设备

输入设备除了最常用的键盘、鼠标外,现在已有很多种类,如图形扫描仪、条形码阅读器、光学字符阅读器、触摸屏、语音或手写笔输入设备、光笔和图像输入设备(数码相机、数码摄像机)等都属于输入设备。

(1) 图形扫描仪

图形扫描仪是一种图形、图像输入设备,它可以直接将图形、图像、照片或文本输入计算机中。如果是文本文件,扫描后经文字识别软件进行识别,便可保存文字。利用扫描仪输入图片在多媒体计算机中广泛使用,现已进入家庭。扫描仪通常采用 USB 接口,支持热插拔,使用便利。

(2) 条形码阅读器

条形码阅读器是一种能够识别条形码的扫描装置,连接在计算机上使用。当阅读器从左向右扫描条形码时,就把不同宽窄的黑白条纹翻译成相应的编码供计算机使用。许多自选商场和图书馆都用它来帮助管理商品和图书。

(3) 光学字符阅读器

光学字符阅读器(OCR)是一种快速字符阅读装置。它用许许多多的光电管排成一个矩阵,当光源照射被扫描的页文件时,文件中空白的白色部分会反射光线,使光电管产生一定的电压,而有字的黑色部分则把光线吸收,光电管不产生电压,这些有、无电压的信息组形成一个图案,并与 OCR 系统中预先存储的模板匹配,若匹配成功就可确认该图案是何字符。有些机器一次可阅读一整页的文件,称为读页机,有的则一次只能读一行。

(4) 触摸屏

触摸屏由安装在显示器屏幕前面的检测部件和触摸屏控制器组成。当手指或其他物体触摸安装在显示器前端的触摸屏时,所触摸的位置由触摸屏控制器检测,并通过接口(RS-232 串行口或 USB 接口)送到主机。触摸屏将输入和输出集中到一个设备上,简化了交互过程。与传统的键盘和鼠标输入方式相比,触摸屏输入更直观。配合识别软件,触摸屏还可以实现手写输入,它在公共场所或展示、查询等场合应用比较广泛。其缺点,一是价格高,一个性能较好的触摸屏比一台主机的价格还要昂贵;二是对环境有一定要求,抗干扰的能力受限制;三是由于用户一般使用手指点击,所以显示的分辨率不高。

触摸屏有很多种类,按安装方式可分为外挂式、内置式、整体式、投影仪式;按结构和技术可分为红外技术触摸屏、电容技术触摸屏、电阻技术触摸屏、表面声波触摸屏、压感触摸屏、电磁感应触摸屏。

(5) 语音或手写笔输入设备

语音或手写笔输入设备使汉字输入变得更为方便、容易,免去了计算机用户学习使用键盘输入汉字的烦恼。语音或手写笔汉字输入设备在经过训练后,系统的语言输入正确率在 90% 以上,但语音或手写笔汉字输入设备的输入速度还有待提高。

(6) 光笔

光笔(light pen)是专门用来在显示屏幕上作图的输入设备。配合相应的软件和硬件，可以实现在屏幕上作图、改图和图形放大等操作。

(7) 图像输入设备

图像输入设备是指将数字处理和摄影、摄像技术结合的数码相机、数码摄像机。能够将所拍摄的照片、视频图像以数字文件的形式传送给计算机，通过专门的处理软件进行编辑、保存、浏览和输出。

2.1.5 输出设备

输出设备(output device)是把计算结果、数据或信息以数字、字符、图像、声音等形式表示出来。

输出设备的主要功能是将计算机处理后的各种内部格式的信息转换为人们能识别的形式(文字、图形、图像和声音等)表达出来。例如，在纸上打印出印刷符号或在屏幕上显示字符、图形等。输出设备是人与计算机交互的部件，除常用的输出设备，如显示器、打印机外，还有绘图仪、影像输出、语音输出、磁记录设备等。

2.1.5.1 显示器

显示器也称监视器，是微型计算机中最重要的输出设备之一，也是人机交互必不可少的设备。显示器显示的信息不再是单一的文本和数字，也可以是图形、图像和视频等多种不同类型的信息。

(1) 显示器的分类

可用于计算机的显示器有许多种，常用的有阴极射线管(CRT)显示器和液晶显示器(LCD)。CRT显示器又有球面和纯平之分。纯平显示器大大改善了视觉效果，已取代球面显示器，成为PC的主流显示器。液晶显示器为平板式、体积小、重量轻、功耗少、辐射少，现用于移动PC和笔记本电脑及中、高档台式机。

CRT显示器的扫描方式有两种，即逐行扫描和隔行扫描。逐行扫描指的是获取图像信号或在重现图像时，一行接着一行扫描，其优点是图像细腻、无行间闪烁。隔行扫描指的是先扫描1、3、5、7等奇数行信号，后扫描2、4、6、8等偶数行信号，存在行间闪烁，隔行扫描的优点是可以用一半的数据量实现较高的刷新率，但采用逐行扫描技术的图像更清晰稳定，相比之下，长时间观看眼睛不易产生疲劳感。

(2) 显示器的主要性能

在选择和使用显示器时，应了解显示器的主要特性。

①像素(pixel)与点距(pitch) 屏幕上图像的分辨率或清晰度取决于能在屏幕上独立显示点的直径，这种独立显示的点称作像素。屏幕上两个像素之间的距离叫点距，点距直接影响显示效果，点距越小，在同一个字符面积下像素数就越多，则显示的字符就越清晰。目前微型计算机常见的点距有0.31mm、0.28mm、0.25mm等。

②分辨率 每帧的线数和每线的点数的乘积即整个屏幕上像素的数目(列数×行数)就是显示器的分辨率，这个乘积数大，分辨率就越高，它是衡量显示器的一个常用指标。常

用的分辨率是：640×480、1024×768、1280×1024 等，如 640×480 的分辨率是指在水平方向上有 640 个像素，在垂直方向上有 480 个像素。

③显示存储器(简称显存)　显存与系统内存一样，显存越大，可以储存的图像数据就越多，支持的分辨率也就越高，颜色数越多。计算显存容量与分辨率关系的公式如下：

$$所需显存 = 图形分辨率 \times 色彩精度 / 8$$

每个像素需要 8 位(一个字节)，当显示真彩色时，每个像素要用 3 个字节。能达到较高分辨率的显示器的性能越好，显示的图像质量越高。

④显示器的尺寸　它以显示屏的对角线长度来度量。

(3)显示卡

微型计算机的显示系统由显示器和显示卡组成，如图 2-7 所示。显示卡又称显卡或显示适配器(display adapter)。显示器是通过显示器接口(即显示卡)与主机连接的，所以显示器必须与显示卡匹配，不同类型的显示器要配用不同的显示卡，显示卡主要由显示控制器、显示存储器和接口电路组成。显示卡的作用是在显示驱动程序的控制下接收 CPU 输出的显示数据，按照显示格式进行变换并存储在显存中，再把显存中的数据以显示器所要求的方式输出到显示器。

图 2-7　显示器和显示卡

2.1.5.2　打印机

打印机是把文字或图形在纸上输出以供阅读和保存的计算机外部设备，是计算机目前最常用的输出设备之一，如图 2-8 所示。

图 2-8　打印机

一般微型计算机使用的打印机有点阵式打印机、喷墨打印机和激光打印机 3 种。

(1)点阵式打印机

点阵式打印机(dot-matrix printer)是利用打印钢针按字符的点阵打印出字符，每一个字

符可由 m 行×n 列的点阵组成，一般字符由 7×8 点阵组成，汉字由 24×24 点阵组成。点阵式打印机常用打印头的针数来命名，如 9 针打印机、24 针打印机等。点阵式打印机主要由打印头、运载打印头、运载打印头的小车机构、色彩机构、输纸机构和控制电路等部分组成，打印头是点阵式打印机的核心部分，其中 24 针打印机可以打印出质量较高的汉字，是使用较多的点阵式打印机。

点阵式打印机在脉冲电流信号的控制下，由打印针击打的针点形成字符或汉字的点阵，这类打印机最大的优点是耗材（包括色带和打印纸）便宜，缺点是依靠机械动作实现印字，打印速度慢、噪声大、打印质量差、字符的轮廓不光滑、有锯齿。

(2) 喷墨打印机

喷墨打印机属于非击打式打印机，其工作原理是，喷嘴朝着打印纸不断喷出极细小的带电的墨水雾点，当它们穿过两个带电的偏转板时接受控制，然后落在打印纸的指定位置，形成正确的字符，无机械击打动作。喷墨打印机的优点是设备价格低廉、打印质量高于点阵式打印机、能彩色打印、无噪声；缺点是打印速度慢、耗材（墨盒）贵。

(3) 激光打印机

激光打印机属于非击打式打印机，其工作原理与复印机相似，涉及光学、电磁、化学等。简单地说，它将来自计算机的数据转换成光，射向一个充有正电的旋转的鼓上，鼓上被照射的部分便带上负电，并能吸引带色粉末，鼓与纸接触，再把粉末印在纸上，接着在一定的压力和温度作用下熔固在纸的表面。激光打印机的优点是无噪声、打印速度快、打印质量最好，常用来打印正式公文及图表；缺点是设备价格高、耗材贵，打印成本是 3 种打印机中最高的。

2.1.5.3 其他输出设备

在微型计算机上使用的其他输出设备有绘图仪、音频输出设备、视频投影仪等。

绘图仪有平板绘图仪和滚动绘图仪两类，通常采用"增量法"在 x 和 y 方向产生位移来绘制图形。视频投影仪是微型计算机输出视频的重要设备，目前有 CRT 和 LCD 投影仪。LCD 投影仪具有体积小、重量轻、价格低且色彩丰富的特点。

2.1.5.4 其他输入/输出设备

目前，还有不少设备同时集成了输入/输出两种功能，如调制解调器（modem），它是数字信号和模拟信号之间的桥梁。一台调制解调器能将计算机的数字信号转换成模拟信号，通过电话线传送到另一台调制解调器上，经过解调，再将模拟信号转换成数字信号送入计算机，实现两台计算机之间的数据通信。又如光盘刻录机可作为输入设备，将光盘上的数据读入计算机内存，也可作为输出设备将数据刻录到 CD-R 或 CD-RW 光盘中。

总之，计算机的输入/输出系统实际上包含输入/输出设备和输入/输出接口两部分。输入/输出设备简称 I/O 设备，也称外部设备，既是计算机系统不可缺少的组成部分，也是计算机与外部世界进行信息交换的中介，还是人与计算机联系的桥梁。

2.1.6 计算机的结构

计算机硬件系统的五大部件并不是孤立存在的，它们在处理信息的过程中需要相互连接和传输。计算机的结构反映了计算机各个组成部件之间的连接方式。

2.1.6.1 直接连接

最早的计算机基本上采用直接连接的方式，运算器、存储器、控制器和外部设备等组成部件之间基本上都有单独的连接线路，这样的结构可以获得最高的连接速度，但不易扩展，如由冯·诺依曼在 1952 年研制的计算机 IAS 基本上就采用了直接连接的结构。

IAS 是计算机发展史上最重要的发明之一，它是世界上第一台采用二进制的存储程序计算机，也是第一台将计算机分成运算器、控制器、存储器输入设备和输出设备等组成部分的计算机，后来把符合这种设计的计算机称为冯·诺依曼机。IAS 是现代计算机的原型，大多数现代计算机仍采用这样的设计。

2.1.6.2 总线结构

现代计算机普遍采用总线结构。所谓总线（bus）就是系统部件之间传送信息的公共通道，各部件由总线连接并通过它传递数据和控制信号。总线经常被比喻为"高速公路"，它包含了运算器、控制器、存储器和 I/O 部件之间进行信息交换和控制传递所需要的全部信号。按照传输信号的性质划分，总线一般又分为如下 3 类：

（1）数据总线

数据总线是一组用来在存储器、运算器控制器和 I/O 部件之间传输数据信号的公共通路。一方面是用于 CPU 向主存储器和 I/O 接口传送数据；另一方面是用于主存储器和 I/O 接口向 CPU 传送数据，它是双向的总线。数据总线的位数是计算机的一个重要指标，它体现了传输数据的能力，通常与 CPU 的位数相对应。

（2）地址总线

地址总线是 CPU 向主存储器和 I/O 接口传送地址信息的公共通路。地址总线传送地址信息，地址是识别信息存放位置的编号，地址信息可能是存储器的地址，也可能是 I/O 接口的地址，它是自 CPU 向外传输的单向总线。由于地址总线传输地址信息，所以地址总线的位数决定了 CPU 可以直接寻址的内存范围。

（3）控制总线

控制总线是一组用来在存储器、运算器、控制器和 I/O 部件之间传输控制信号的公共通路。控制总线是 CPU 向主存储器和 I/O 接口发出命令信号的通道，又是外界向 CPU 传送状态信息的通道。

总线在发展过程中已标准化，常见的总线标准有 ISA 总线、PCI 总线、AGP 总线和 EISA 总线等，分别简要介绍如下：

- ISA 是采用 16 位的总线结构，适用范围广，有一些接口卡就是根据 ISA 标准生产的。
- PCI 是采用 32 位的高性能总线结构，可扩展到 64 位，与 ISA 总线兼容。目前，高性能微型计算机主板上都设有 PCI 总线，该总线标准性能先进、成本较低、可扩充性好，现已成为奔腾级以上计算机普遍采用的外设接插总线。
- AGP 总线是随着三维图形的应用面发展起来的一种总线标准，AGP 总线在图形显示卡与内存之间提供了一条直接的访问途径。
- EISA 总线是对 ISA 总线的扩展。

总线结构是当今计算机普遍采用的结构，其特点是结构简单清晰、易于扩展，尤其是在 I/O 接口的扩展能力方面，由于采用了总线结构和 I/O 接口标准，用户几乎可以随心所欲地在计算机中加入新的 I/O 接口卡。

为什么外设一定要通过设备接口与 CPU 相连，而不是如同内存那样直接挂在总线上呢？主要有以下几点原因：

- 由于 CPU 只能处理数字信号，而外设的输入/输出信号有数字的，也有模拟的，所以需要由接口设备进行转换。
- 由于 CPU 只能接收/发送并行数据，而外设的数据有些是并行的，有些是串行的，所以存在串/并信息转换的问题，这也需要接口来实现。
- 外设的工作速度远低于 CPU，需要接口在 CPU 和外设之间起到缓冲和联络作用。外设的工作速度大多是机械级的，而不是电子级的。

所以，每个外设都要通过接口与主机系统相连，接口技术就是专门研究 CPU 与外部设备之间的数据传递方式的技术。

2.1.6.3 主板

主板（main board）是配置计算机时的主要硬件之一。主板上配有插 CPU、内存条、显示卡、声卡、网卡、鼠标器和键盘等的各类扩展槽或接口，而光盘驱动器和硬盘驱动器则通过电缆与主板相连。主板的主要指标是：所用芯片组工作的稳定性和速度、提供插槽的种类和数量等。

在计算机维修中，人们把 CPU、主板、内存、显示卡以及电源所组成的系统叫最小化系统。在检修中，经常用到最小化系统，一台计算机性能的好坏就是由最小化系统加上硬盘所决定的，最小化系统工作正常后，就可以在显示器上看到一些提示信息，并对后面的工作进行操作。

2.2　计算机的软件系统

软件系统是为运行管理和维护计算机而编制的各种程序、数据和文档的总称。软件系统如图 2-9 所示。

计算机的软件系统

图 2-9　软件的构成

计算机系统由硬件（hardware）系统和软件（software）系统组成。硬件系统也称裸机，裸机只能识别由 0 和 1 组成的机器代码，没有软件系统的计算机是无法工作的，它只是一台机器。实际上用户所面对的是经过若干层软件"包装"的计算机，计算机的功能不仅取决于硬件系统，在更大程度上是由所安装的软件系统决定的，硬件系统和软件系统互相依赖，不可分割。图 2-10 标识了计算机硬件、软件之间的关系，它们是一种层次结构。其中硬件处于内层，应用软件在最外层，而软件则在硬件与用户之间，用户通过软件使用计算机的硬件。

图 2-10 计算机系统层次结构

2.2.1 软件概念

软件(software)是一系列按照特定顺序组织的计算机数据和指令的集合,一般来讲软件被划分为系统软件、应用软件和介于这两者之间的中间件。软件并不只是包括可以在计算机(这里的计算机是指广义的计算机)上运行的计算机程序,与这些计算机程序相关的文档一般也被认为是软件的一部分。简单地说,软件就是程序加文档的集合体,另外也泛指社会结构中的管理系统、思想意识形态、思想政治觉悟、法律法规等。

软件是计算机的灵魂,没有软件的计算机毫无用处。软件是用户与硬件之间的接口,用户通过软件使用计算机硬件资源。

2.2.1.1 程序

程序是按照一定顺序执行的、能够完成某项任务的指令集合。计算机的运行要有时有序、按部就班,这就需要程序控制计算机的工作流程,实现一定的逻辑功能,完成特定的设计任务。Pascal 之父、结构化程序设计的先驱 Niklaus Wirth 对程序有更深层的剖析,他认为"程序=算法+数据结构"。其中,算法是解决问题的方法,数据结构是数据的组织形式。人在解决问题时,一般分为分析问题、设计方法和求出结果 3 个步骤,相应地,计算机解题也要完成模型抽象、算法分析和程序编写 3 个过程,不同的是计算机所研究的对象仅限于它能识别和处理的数据。因此,算法和数据的结构直接影响计算机解决问题的正确性和高效性。

2.2.1.2 程序设计语言

在日常生活中,人与人之间交流思想一般是通过语言进行的,人类所使用的语言一般称为自然语言,自然语言由字、词、句、段、篇等构成。而人与计算机之间的"沟通",或者说人们让计算机完成某项任务,也需用一种语言,这就是计算机语言,也称为程序设计语言。它由单词、语句、函数和程序文件等组成,是软件的基础和组成部分。随着计算机技术的不断发展,计算机所使用的"语言"也在快速地发展,并形成了体系。

(1) 机器语言

在计算机中，指挥计算机完成某个基本操作的命令称为指令。所有指令的集合称为指令系统，直接用二进制代码表示指令系统的语言称为机器语言。

机器语言是唯一能被计算机硬件系统理解和执行的语言，因此，它的处理效率最高，执行速度最快，且无须"翻译"。但机器语言的编写、调试、修改、移植和维护都非常烦琐，程序员要记忆几百条二进制指令，这限制了计算机软件的发展。

(2) 汇编语言

为了克服机器语言的缺点，人们想到直接使用英文单词或缩写代替晦涩难懂的二进制代码进行编程，从而出现了汇编语言。

汇编语言是一种把机器语言"符号化"的语言，它和机器语言的实质相同，都直接对硬件操作，但汇编语言使用助记符描述程序，例如，ADD 表示加法指令，MOV 表示传送指令等。汇编语言指令和机器语言指令基本是一一对应的。

相对机器语言，汇编语言更容易掌握。但计算机无法自动识别和执行汇编语言，必须进行编译，即使用语言处理软件将汇编语言编译成机器语言（目标程序），再链接成可执行程序在计算机中执行。

(3) 高级语言

汇编语言虽然比机器语言前进了一步，但使用起来仍然很不方便，编程仍然是一项极其烦琐的工作，而且汇编语言的通用性差。人们继续寻找更加方便的编程语言，于是出现了高级语言。

高级语言是最接近人类自然语言和数学公式的程序设计语言，它基本脱离了硬件系统，如 Pascal 语言中采用"Write"和"Read"表示写入和读出操作，采用"+""-""×""÷"表示加、减、乘、除。目前常用的高级语言有 C++、C、Java、Visual Basic、Python 等。

很显然，用高级语言编写的源程序在计算机中是不能直接执行的，必须翻译成机器语言程序，通常有两种翻译方式：编译方式和解释方式。

编译方式是将高级语言源程序整个编译成目标程序，然后通过链接程序将目标程序链接成可执行程序的方式。将高级语言源程序翻译成目标程序的软件为编译程序，这种翻译过程称为编译。编译过程经过词法分析、语法分析、语义分析、中间代码生成、代码优化、目标代码生成 6 个环节，才能生成对应的目标程序，目标程序还不能直接执行，还需经过链接和定位生成可执行程序后才能执行。

解释方式是将源程序逐句翻译、逐句执行的方式，解释过程不产生目标程序，基本上是翻译一行执行一行，边翻译边执行。如果在解释过程中发现错误就给出错误信息，并停止解释和执行，如果没有错误就解释执行到最后。常见的解释型语言有 Basic 语言。

无论是编译程序还是解释程序，其作用都是将高级语言编写的源程序翻译成计算机可以识别和执行的机器指令。它们的区别在于：编译方式是将源程序经编译、链接得到可执行程序文件后，就可脱离源程序和编译程序而单独执行，所以编译方式的效率高，执行速度快；而解释方式在执行时，源程序和解释程序必须同时参与才能运行，由于不产生目标文件和可执行程序文件，解释方式的效率相对较低，执行速度慢。

2.2.2 软件系统及其组成

计算机软件分为系统软件(system software)和应用软件(application software)两大类,如图 2-11 所示。

2.2.2.1 系统软件

系统软件是指控制和协调计算机及外部设备,支持应用软件开发和运行的软件。系统软件的主要功能是调度监控和维护计算机系统,负责管理计算机系统中的各独立硬件,使得它们协同工作。系统软件使得底层硬件对计算机用户是透明的,用户在使用计算机时无须了解硬件的运行过程。

系统软件主要包括操作系统(operating system,OS)、语言处理系统、数据库管理系统和系统辅助处理程序等。其中最主要的是操作系统,它提供了一个软件运行的环境,如 Windows 系统。操作系统处在计算机系

图 2-11 计算机软件系统的组成

统中的核心位置,它可以直接支持用户使用计算机硬件,也支持用户通过应用软件使用计算机,如果用户需要使用系统软件,如语言处理系统和工具软件,也要通过操作系统提供支持。

系统软件是软件的基础,所有应用软件都是在操作系统上运行的。系统软件主要分为以下 4 类:

(1)操作系统

软件系统中最重要且最基本的是操作系统,它是最底层的软件。它控制计算机上运行的程序并管理整个计算机的软硬件资源,是计算机裸机与应用程序及用户之间的桥梁,没有它用户无法使用其他软件或程序。常用的操作系统有 Windows、Linux、DOS、Unix、MacOS 等。操作系统作为掌控一切的控制和管理中心,其自身必须是稳定和安全的,即操作系统自己不能出现故障,不仅要确保自身的正常运行,还要防止非法操作和入侵。

(2)语言处理系统

语言处理系统是系统软件的另一大类型,早期的第一代和第二代计算机所使用的编程语言一般是由计算机硬件厂家随机器配置的。随着编程语言发展到高级语言,IBM 公司宣布不再捆绑语言软件,因此语言系统就开始成为用户可选择的一种产品化的软件,它也是最早开始商品化和系统化的软件。

(3)数据库管理系统

数据库(database)管理系统是应用最广泛的软件,用于建立、使用和维护数据库,把各种不同性质的数据进行组织,以便能够有效地进行查询、检索并管理这些数据,这是运用数据库的主要目的。各种信息系统,包括从一个提供图书查询的书店销售软件,到银行、保险公司这样的大企业的信息系统,都需要使用数据库。需要说明的是,有观点认为数据库属于系统软件,尤其是在数据库中起关键作用的数据库管理系统(DBMS)属于系统

软件；也有观点认为，数据库是构成应用系统的基础，它应该被归为应用软件，其实这种分类并没有实质性的意义。

(4) 系统辅助处理程序

系统辅助处理程序主要是指一些为计算机系统提供服务的工具软件和支撑软件，如编辑程序、调试程序、系统诊断程序等，这些程序主要是为了维护计算机系统的正常运行，方便用户在软件开发和实施过程中的应用，如 Windows 中的磁盘整理工具程序等，实际上，Windows 和其他操作系统都有附加的实用工具程序，因而随着操作系统功能的延伸，已很难严格划分系统软件和系统服务软件，系统软件的分类方法也在变化之中。

2.2.2.2 应用软件

应用软件是用户可以使用的各种程序设计语言，以及用各种程序设计语言编制的应用程序的集合，分为软件包和用户程序。应用软件包是利用计算机解决某类问题而设计的程序的集合，供多用户使用。

计算机软件中，应用软件种类最多，它们包括从一般的文字处理到大型的科学计算和各种控制系统的实现，有成千上万种，这类为解决特定问题而与计算机本身关联不多的软件统称为应用软件。常用的应用软件有：

(1) 办公软件套件

办公软件是日常办公需要的一些软件，它一般包括文字处理软件、电子表格处理软件、演示文稿制作软件、个人数据库及信息管理软件等。常见的办公软件套件有微软公司的 Microsoft Office 和金山公司的 WPS 等。

(2) 多媒体处理软件

多媒体技术已经成为计算机技术的一个重要方面，因此多媒体处理软件是应用软件领域中一个重要的分支，多媒体处理软件主要包括图形处理软件、图像处理软件、动画制作软件、音频视频处理软件、桌面排版软件等，如 Adobe 公司的 Illustrator、Photoshop、Flash、Premiere，Corel 公司的会声会影，Quark 公司的 QuarkXpress 等。

(3) Internet 工具软件

随着计算机网络技术的发展和 Internet 的普及，涌现出了许多基于 Internet 环境的应用软件，如 Web 服务器软件、Web 浏览器、文件传送工具 FTP、远程访问工具 Telnet、下载工具 Flash-Get 等。

2.3 操作系统

很多人认为将程序输入计算机中运行并得出结果是一个很简单的过程，其实整个执行情况错综复杂，影响因素较多，如如何确保程序运行正确、如何保证程序性能最优、如何控制程序执行的全过程等，其中操作系统起到了关键性的作用。

操作系统

2.3.1 操作系统概念

操作系统是介于硬件和应用软件之间的一个系统软件，它直接运行在裸机上，是对计算机硬件系统的第一次扩充，操作系统负责管理计算机中各种软硬件资源并控制各类软件运行，操作系统是人与计算机之间通信的桥梁，为用户提供了一个清晰、简洁、友好、易用的工作界面。用户通过使用操作系统提供的命令和交互功能实现对计算机的操作。

操作系统中的重要概念有进程、线程、内核态和用户态。

2.3.1.1 进程

进程(process)是操作系统中的一个核心概念。进程，顾名思义，是指进行中的程序，即：进程=程序+执行。

进程是程序的一次执行过程，是系统进行调度和资源分配的一个独立单位。或者说，进程是一个程序与其数据一同在计算机上顺利执行时所发生的活动，简单地说，就是一个正在执行的程序。一个程序被加载到内存，系统就创建了一个进程，程序执行结束后，该进程也就消亡了。进程和程序的关系犹如演出和剧本的关系。其中，进程是动态的，而程序是静态的；进程有一定的生命期，而程序可以长期保存；一个程序可以对应多个进程，而一个进程只能对应一个程序。

为什么要使用进程？在冯·诺伊曼体系结构中，程序常驻外存，当执行时才被加载到内存中。为了提高 CPU 的利用率，控制程序在内存中的执行过程，便引入了"进程"的概念。

在 Windows、Unix、Linux 等操作系统中，用户可以查看到当前正在执行的进程。有时进程又称任务，例如，图 2-12 所示是 Windows 10 的任务管理器，可按"Ctrl+Alt+Del"键启动。从图中可以看到共有 86 个进程正在运行，利用任务管理器可以快速查看进程信息或者强行终止某个进程。当然，结束一个应用程序的最好方式是在应用程序的界面中正常退出，而不是在进程管理器中删除一个进程，除非应用程序出现异常而不能正常退出时才这样做。

图 2-12　Windows 10 任务管理器

现代操作系统把进程管理归纳为："程序"成为"作业"进而成为"进程"，并按照一定规则进行调度。

程序是为了完成特定的任务而编制的代码，被存放在外存（硬盘或其他存储设备）上，根据用户使用计算机的需要，它可能会成为一个作业，也可能不会成为一个作业。

作业是程序被选中到运行结束并再次成为程序的整个过程。显然，所有作业都是程序，但不是所有程序都是作业。

进程是正在内存中被运行的程序，当一个作业被选中后进入内存运行，这个作业就成为进程。等待运行的作业不是进程。即所有的进程都是作业但不是所有的作业都是进程。

2.3.1.2 线程

随着硬件和软件技术的发展，为了更好地实现并发处理和共享资源，提高 CPU 的利用率，目前许多操作系统把进程再细分成线程（threads），这并不是一个新的概念，实际上它是进程概念的延伸。线程是进程的一个实体，是 CPU 调度和分限的基本单位，它是比进程更小的能独立运行的基本单位。线程基本不拥有系统资源，只拥有在运行中必不可少的资源（如程序计数器、一组寄存器和栈），但是它可与同属一个进程的其他线程共享进程所拥有的全部资源。一个线程可以创建和撤销另一个线程，同一个进程中的多个线程可以并发执行。

使用线程可以更好地实现并发处理和共享资源，提高 CPU 的利用率。CPU 是以时间片轮询的方式为进程分配处理时间的。如果 CPU 有 10 个时间片，需要处理 2 个进程，则 CPU 利用率为 20%。为了提高运行效率，现将每个进程又细分为若干个线程（如当前每个线程都要完成 3 件事情），则 CPU 会分别用 20% 的时间同时处理 3 件事情，从而 CPU 的使用率达到了 60%。举例说明，一家餐厅拥有一个厨师、两个服务员和两个顾客，每个顾客点了 3 道不同的菜肴，则厨师可视为 CPU，服务员可理解为两个线程，餐厅即为一个程序，厨师同一时刻只能做一道菜，但他可以在两个顾客的菜肴间进行切换，使得两个顾客都有菜吃而误认为他们的菜是同时做出来的。计算机的多线程也是如此，CPU 会分配给每一个线程极少的运行时间，时间到了当前线程就交出所有权，所有线程被快速地切换执行，因为 CPU 的执行速度非常快，所以在执行的过程中用户认为这些线程是"并发"执行的。

2.3.1.3 内核态和用户态

计算机世界中的各程序是不平等的，它们有特权态和普通态之分。特权态即内核态，拥有计算机中所有的软硬件资源；普通态即用户态，其访问资源的数量和权限均受到限制。

究竟什么程序运行在内核态，什么程序运行在用户态呢？关系到计算机根本运行的程序应该在内核态下执行（如 CPU 管理和内存管理），只与用户数据和应用相关的程序则放在用户态中执行（如文件系统和网络管理）。由于内核态享有最大权限，其安全性和可靠性尤为重要，一般能够运行在用户态的程序就让它在用户态中执行。

2.3.2 操作系统功能

操作系统可以控制所有计算机上运行的程序并管理所有计算机资源，是最底层的软件，它如魔术师一样可以奇迹般地将慢的速度变快，将少的内存变多，将复杂的处理变简单。例如，在裸机上直接使用机器语言编程是相当困难的，各种数据转移均需要用户自己控制，对不同设备还要使用不同命令来驱动，一般用户很难胜任。操作系统将人类从繁重复杂的工作中解脱出来，让用户感觉使用计算机是一件容易的事情。

操作系统掌控着计算机中一切软硬件资源。那么，哪些资源受操作系统管理？操作系统又将如何管理这些资源？

首先，操作系统管理的硬件资源有 CPU、内存、外存和输入/输出设备。操作系统管理的软件资源为文件，操作系统管理的核心就是资源管理，有效地发掘资源、监控资源、分配资源和回收资源。操作系统设计和进化的根本就是采用各种机制、策略和手段极力提高对资源的共享，解决资源竞争。

其次，操作系统要掌控一切资源，其自身必须是稳定和安全的，即操作系统自己不能出现故障，要确保自身的正常运行，并防止非法操作和入侵。

一台计算机可以安装几个操作系统，但在启动计算机时，需要选择其中的一个作为"活动"的操作系统，这种配置叫作"多引导"。有一点需要注意，应用软件和其他系统软件都与操作系统密切相关，一台计算机的软件系统严格意义上是"基于操作系统"的。也就是说，任何一个需要在计算机上运行的软件都需要合适的操作系统支持。因此人们把软件基于的操作系统作为一个"环境"，不同的操作系统环境下的各种软件有不同的要求，并不是任何软件都可以随意地在计算机上被执行。如 Microsoft Office 软件是 Windows 环境下的办公软件，它并不能运行于其他操作系统环境。

2.3.3 操作系统发展

操作系统的发展是由"硬件成本不断下降"和"计算机功能和复杂性不断增加"两个因素驱动的。计算机产生之初是没有操作系统的，机器的整个执行过程完全由人来掌控，即单一控制终端、单一操作员模式。但是随着计算机越来越复杂、功能越来越多，人已经没有能力来直接掌控计算机，于是，人们编写操作系统来代替人掌控计算机，将人从日益复杂繁重的任务中解脱出来。

操作系统的发展大致经历了以下 6 个阶段：

第一阶段：人工操作方式。从第一台计算机诞生到 20 世纪 50 年代中期的计算机采用单一操作员单一控制端(single operator、single console，SOSC)的操作系统。SOSC 操作系统不能自我运行，它完全是由用户采用人工操作方式直接使用计算机硬件系统的。第一代计算机在运行时，用户独占全机且 CPU 等待人工操作，因此效率极低。

第二阶段：单道批处理操作系统。SOSC 之所以效率低，是因为机器和人速度不匹配，CPU 永远都在等待人的命令。如果将每个人需要运行的作业事先输入磁带，交给专人统一处理，并由专门的监督程序控制作业一个接一个地执行，则可以减少 CPU 的空闲时间，这就是批处理操作系统。这个时代的计算机内存中只能存放一道作业，所以称为单道批处理操作系统。在这一时期，出现了文件的概念，因为多个作业都存放在磁带上，必须要以某种方式进行隔离，这就抽象出一个区分不同作业的概念，即文件。

第三阶段：多道批处理操作系统。单道批处理操作系统中 CPU 和输入/输出设备是串行执行的，CPU 和 I/O 设备的速度不匹配导致 CPU 一直等待 I/O 读写结束否则无法做其他工作。是否能让 CPU 和 I/O 并发执行呢？即当 I/O 读写一个程序时，CPU 可以正常执行另一个程序，这就需要将多个程序同时加载到计算机内存中，从而出现了多道批处理操作系统。在多道批处理操作系统中，操作系统能够实现多个程序之间的切换，它既要管理程序，又要管理内存，还要管理 CPU 调度，复杂程度迅速增加。

第四阶段：分时操作系统。在批处理系统中，用户编写的程序只能交给别人运行和处理，执行结果也只能靠别人告知，这种对程序脱离监管的状态让用户无法接受。能否既让使用者亲自控制计算机，又能同时运行多道程序？这就是分时操作系统。计算机给每个用户分配有限的时间，只要时间片一到，就强行将 CPU 的使用权交给另一个程序。分时操作系统将机器等人转变为人等机器，如果时间片划分合理，用户就感觉好像自己在独占计算机，而实质上则是由操作系统以时间轮转的方式协调多个用户分享 CPU。

分时操作系统最需要解决的难题是如何公平地分配和管理资源。这一时期的计算机系统需要面对竞争、通信、死锁、保护等一系列新功能，使得操作系统变得非常复杂。

第五阶段：实时操作系统。随着信息技术的发展，计算机被广泛应用到工业控制领域，该领域的一个特殊要求就是计算机对各种操作必须在规定时间内做出响应，否则有可能导致不可预料的后果。为了满足这些应用对响应时间的要求，出现了实时操作系统。实时操作系统是指所有任务都在规定时间内完成的操作系统，需要注意的是，这里的"实时"并不表示反应速度快，而是表示反应要满足时序可预测性的要求。实时操作系统又分为软实时系统和硬实时系统，这里的软、硬特指对时间约束的严格程度。软实时系统在规定时间内得不到响应的后果是可以承受的，它的时限是一个柔性灵活的时限，失败造成的后果并不严重，如在网络中超时失败仅仅是轻微地降低了系统的吞吐量；硬实时系统有一个刚性的、不可改变的时间限制，超时失败会带来不可承受的灾难，如导弹防御系统。

实时操作系统中最重要的任务是进程或工作调度，只有精确、合理和及时的进度才能保证响应时间。另外，实时操作系统对可靠性和可用性要求也非常高。

第六阶段：现代操作系统。网络的出现触发了网络操作系统和分布式操作系统的产生，两者合称为分布式系统。分布式系统的目的是将多台计算机虚拟成一台计算机，将一个复杂任务划分成若干个简单的子任务，分别让多台计算机并行执行。网络操作系统和分布式操作系统的区别在于前者是在已有操作系统基础上增加网络功能，后者是从设计之初就考虑到多机共存问题。

2.3.4 典型操作系统

典型操作系统主要包括 Windows、Linux、DOS 和 VxWorks 等。下面按照功能特征将操作系统分为四大类。

2.3.4.1 服务器操作系统

服务器操作系统是指安装在大型计算机上的操作系统，如 Web 服务器、应用服务器和数据库服务器等。服务器操作系统主要分为四大流派：Windows、Unix、Linux、NetWare。

Windows 是由美国微软公司开发的基于图形用户界面的操作系统，因其友好的用户界面、简便的操作方法，吸引着成千上万的用户，成为目前装机普及率最高的一种操作系统，最新的版本是 Windows10。

Unix 是美国 AT&T 公司 1971 年在 PDP-11 上运行的操作系统，它具有多用户、多任务的特点，支持多种处理器架构。最初的 Unix 是用汇编语言编写的，后来又用 C 语言进行重写，使得 Unix 的代码更加简洁紧凑，并且易移植、易阅读、易修改，为 Unix 的发展奠定了坚实基础。但 Unix 缺乏统一的标准，且操作复杂、不易掌握，可扩充性不强，这些都限制了 Unix 的普及和应用。

Linux 是一种开放源码的类 Unix 操作系统，用户可以通过 Internet 免费获取 Linux 源代码，并对其进行分析、修改和添加新功能。不少专业人员认为 Linux 最安全、最稳定，对硬件系统最不敏感。但 Linux 图形界面不够友好，这是影响它推广的重要原因，而 Linux 开源带来的无特定厂商技术支持等问题也是阻碍其发展的另一因素。

NetWare 是 Novell 公司推出的网络操作系统，NetWare 最重要的特征是基于基本模块设计思想的开放式系统结构。NetWare 是一个开放的网络服务器平台，用户可以方便地对其进行扩充，NetWare 系统对不同的工作平台、不同的网络协议环境（如 TCP/IP）以及各种工作站操作系统提供了一致的服务，但 NetWare 的安装、管理和维护比较复杂，操作基本依赖于命令输入方式，并且对硬盘识别率较低，很难满足现代社会对大容量服务器的需求。

2.3.4.2 PC 操作系统

PC 操作系统是指安装在个人计算机上的操作系统，如 DOS、Windows、MacOS。

DOS(disk operating system)是第一个个人机操作系统，它是微软公司研制的配置在 PC 机上的单用户命令行界面操作系统。DOS 功能简单，对硬件要求低，但存储能力有限，而且命令行操作方式要求用户必须记住各种命令，使用起来很不方便。

Windows 与 DOS 的最大区别是其提供了图形用户界面，使得用户的操作变得简单高效，但它最初并不能称为一个真正的操作系统，它仅是覆盖在 DOS 系统上的一个视窗界面，不支持多道程序，后来演变的 Windows NT 才属于完整的支持多道程序的操作系统。Windows Vista 是 Windows NT 的后代。Windows 是一款既支持个人机又支持服务器的双料操作系统。

MacOS 由苹果公司自行设计开发的、专用于 Macintosh 等苹果机，一般情况下无法在普通的图形用户界面计算机上安装。MacOS 是基于 Unix 内核的操作系统，也是首个在商业领域成功的图形用户界面操作系统，它具有较强的图形处理能力，广泛用于桌面出版和多媒体应用等领域。与 Windows 相比，Macintosh 的缺点是缺乏较好的兼容性，因此影响了它的普及。

2.3.4.3 实时操作系统

实时操作系统是保证在一定时间限制内完成特定任务的操作系统，如 VxWorks。Vx-

Works 操作系统是美国风河(Wind River)公司于 1983 年设计开发的一种嵌入式实时操作系统，是嵌入式开发环境的关键组成部分，它具有良好的持续发展能力、高性能的内核以及友好的用户开发环境，在嵌入式实时操作系统领域占据一席之地。VxWorks 支持几乎所有现代市场上的嵌入式 CPU，包括 X86 系列、MIPS、PowerPC、Freescale Cold Fire、Inteli960、SPARC、SH-4、ARM、Strong-ARM，它以其良好的可靠性和卓越的实时性被广泛地应用在通信、军事、航空、航天等高精尖技术及实时性要求极高的领域中，如卫星通信、军事演习、弹道制导、飞机导航等。

2.3.4.4 嵌入式操作系统

嵌入式操作系统是以应用为中心，以计算机技术为基础，软件硬件可裁剪，适应于应用系统对功能、可靠性、成本、体积、功耗要求严格的专用计算机系统，它与应用紧密结合，具有很强的专用性，必须结合实际系统需求进行合理的裁剪利用。

Palm OS 是 Palm 公司开发的专用于掌上电脑(personal digital assistant，PDA)的一种 32 位嵌入式操作系统，虽然其并不专门针对手机设计，但是 Palm OS 的优秀性和对移动设备的支持同样使其能够成为一个优秀的手机操作系统。Palm OS 与同步软件 HotSync 结合可以使掌上电脑与 PC 上的信息实现同步，把台式机的功能扩展到了掌上电脑。

2.4　Windows 10 操作系统

Windows 10 操作系统

2.4.1　认识 Windows 10 操作系统

2.4.1.1　发展历程

2014 年 10 月 1 日，微软在旧金山召开新品发布会，对外展示了新一代 Windows 操作系统，将它命名为"Windows 10"，新系统的名称跳过了数字"9"。

2015 年 1 月 21 日，微软在华盛顿发布新一代 Windows 系统，并表示向运行 Windows 7、Windows 8.1 以及 Windows Phone 8.1 的所有设备提供，用户可以在 Windows 10 发布后的第一年享受免费升级服务。2 月 13 日，微软正式开启 Windows 10 手机预览版更新推送计划；3 月 18 日，微软在中国官网上正式推出了 Windows 10 中文介绍页面；4 月 22 日，微软推出了 Windows Hello 和微软 Passport 用户认证系统，微软又公布了名为"Device Guard"(设备卫士)的安全功能；4 月 29 日，微软宣布 Windows 10 将采用同一个应用商店，既可展示给 Windows 10 覆盖的所有设备使用，同时支持 Android 和 iOS 程序；7 月 29 日，微软发布计算机和平板电脑操作系统 Windows 10 正式版。

2018 年 8 月 9 日，微软推送了 Windows 10 RS5 快速预览版 17733；9 月，微软宣布为 Windows 10 系统带来了 ROS 支持，所谓 ROS 就是机器人操作系统，此前这一操作系统只支持 Linux 平台，现在微软正在打造 ROS for Windows；10 月 9 日，微软负责 Windows 10 操作系统交付的高管凯博(John Cable)表示，微软已经获得了用户文件被删除的报告，目前已经解决了秋季更新包中存在的所有问题，公司已经开始向测试用户重新提供 1809 版本的下载。

截至 2023 年 2 月 21 日，Windows 10 正式版已更新至 19045.2673 版本，预览版已更新至 21390 版本。

2.4.1.2 系统功能

Windows 10 操作系统在易用性和安全性方面有了极大的提升，除了对云服务、智能移动设备、自然人机交互等新技术进行融合外，还对固态硬盘、生物识别、高分辨率屏幕等硬件进行了优化完善与支持。系统的具体功能如下：

（1）生物识别技术

Windows 10 所新增的 Windows Hello 功能带来一系列对于生物识别技术的支持。除了常见的指纹扫描之外，系统还能通过面部或虹膜扫描进行登录，当然，用户需要使用新的 3D 红外摄像头来获取这些新功能。

（2）Cortana 搜索功能

Cortana 可以用来搜索硬盘内的文件、系统设置、安装的应用，甚至是互联网中的其他信息。作为一款私人助手服务，Cortana 还能像在移动平台那样帮助用户设置基于时间和地点的备忘。

（3）平板模式

微软在照顾老用户的同时，也没有忘记随着触控屏幕成长的新一代用户。Windows 10 提供了针对触控屏设备优化的功能，同时还提供了专门的平板电脑模式，开始菜单和应用都将以全屏模式运行。如果设置得当，系统会自动在平板电脑与桌面模式间切换。

（4）桌面应用

微软放弃激进的 Metro 风格，回归传统风格，用户可以调整应用窗口大小，久违的标题栏重回窗口上方，最大化与最小化按钮也给了用户更多的选择和自由度。

（5）多桌面

如果用户没有多显示器配置，但依然需要对大量的窗口进行重新排列，那么 Windows 10 的虚拟桌面应该可以帮到用户。在该功能的帮助下，用户可以将窗口放进不同的虚拟桌面当中，并在其中进行轻松切换，原本杂乱无章的桌面也就变得整洁起来。

（6）开始菜单进化

微软在 Windows 10 当中带回了用户期盼已久的开始菜单功能，并将其与 Windows 8 开始屏幕的特色相结合。点击屏幕左下角的 Windows 键打开"开始"菜单之后，不仅会在左侧看到系统关键设置和应用列表等，标志性的动态磁贴也会出现在右侧。

（7）任务切换器

Windows 10 的任务切换器不再仅显示应用图标，而是通过大尺寸缩略图的方式进行内容预览。

（8）任务栏的微调

在 Windows 10 的任务栏当中，新增了 Cortana 和任务视图按钮。与此同时，系统托盘内的标准工具也匹配上了 Windows 10 的设计风格，可以查看到可用的 WiFi 网络，或是对系统音量和显示器亮度进行调节。

(9)贴靠辅助

Windows 10 不仅可以让窗口占据屏幕左右两侧的区域，还能将窗口拖拽到屏幕的 4 个角落使其自动拓展并填充 1/4 的屏幕空间。在贴靠一个窗口时，屏幕的剩余空间内还会显示出其他开启应用的缩略图，点击之后可将其快速填充到这块剩余的空间当中。

(10)通知中心

Windows Phone 8.1 的通知中心功能也被加入 Windows 10，让用户可以方便地查看来自不同应用的通知。此外，通知中心底部还提供了一些系统功能的快捷开关，如平板模式、便签和定位等。

(11)命令提示符窗口升级

在 Windows 10 中，用户不仅可以对 CMD 窗口的大小进行调整，还能使用辅助粘贴等熟悉的快捷键。

(12)文件资源管理器升级

Windows 10 的文件资源管理器会在主页面上显示出用户常用的文件和文件夹，让用户可以快速获取自己需要的内容。

(13)新的 Edge 浏览器

为了追赶 Chrome 和 Firefox 等热门浏览器，微软淘汰掉了老旧的 IE，带来了 Edge 浏览器。Edge 浏览器虽然尚未发展成熟，但它的确带来了诸多的便捷功能，如与 Cortana 的整合以及快速分享功能。

(14)计划重新启动

Windows 10 会询问用户希望在多长时间之后进行重启。

(15)设置和控制面板

Windows 8 的设置应用同样被沿用到了 Windows 10 当中，该应用会提供系统的一些关键设置选项，用户界面也和传统的控制面板相似。而从前的控制面板也依然会存在于系统当中，因为它依然提供着一些设置应用所没有的选项。

(16)兼容性增强

只要能运行 Windows 7 操作系统，就能更加流畅地运行 Windows 10 操作系统，其针对固态硬盘、生物识别、高分辨率屏幕等硬件都进行了优化支持与完善。

(17)安全性增强

除了继承旧版 Windows 操作系统的安全功能之外，还引入了 Windows Hello、Microsoft Passport、Device Guard 等安全功能。

(18)新技术融合

在易用性、安全性等方面进行了深入的改进与优化，针对云服务、智能移动设备、自然人机交互等新技术进行融合。

2.4.1.3 版本介绍

Windows 10 共有家庭版、专业版、企业版、教育版、移动版、移动企业版、专业工作站版和物联网核心版 8 个版本(表 2-2)。

表 2-2　Windows 10 操作系统版本介绍

版本名称	主要功能
家庭版	Cortana 语音助手（选定市场）、Edge 浏览器、面向触控屏设备的 Continuum 平板电脑模式、Windows Hello（脸部识别、虹膜、指纹登录）、串流 Xbox One 游戏的能力、微软开发的通用 Windows 应用（Photos、Maps、Mail、Calendar、Groove Music 和 Video）、3D Builder
专业版	以家庭版为基础，增添了管理设备和应用，保护敏感的企业数据，支持远程和移动办公，使用云计算技术。另外，它还带有 Windows Update for Business，微软承诺该功能可以降低管理成本、控制更新部署，让用户更快地获得安全补丁软件
企业版	以专业版为基础，增添了大中型企业用来防范针对设备、身份、应用和敏感企业信息的现代安全威胁的先进功能，供微软的批量许可（volume licensing）客户使用，用户能选择部署新技术的节奏，其中包括使用 Windows Update for Business 的选项。作为部署选项，Windows 10 企业版将提供长期服务分支
教育版	以企业版为基础，面向学校职员、管理人员、教师和学生，通过面向教育机构的批量许可计划提供给客户，学校能够升级 Windows 10 家庭版和 Windows 10 专业版设备
移动版	面向尺寸较小、配置触控屏的移动设备，如智能手机和小尺寸平板电脑，集成现有与 Windows 10 家庭版相同的通用 Windows 应用和针对触控操作优化的 Office。部分新设备可以使用 Continuum 功能，因此连接外置大尺寸显示屏时，用户可以把智能手机用作 PC
移动企业版	以 Windows 10 移动版为基础，面向企业用户，提供给批量许可客户使用，增添了企业管理更新，以及及时获得更新和安全补丁软件的方式
专业工作站版	包括了许多普通版 Windows 10 Pro 没有的内容，着重优化了多核处理以及大文件处理，面向大企业用户以及真正的"专业"用户，如 6TB 内存、ReFS 文件系统、高速文件共享和工作站模式
物联网核心版	面向小型低价设备，主要针对物联网设备。目前已支持树莓派 2 代/3 代、Dragonboard 410c（基于骁龙 410 处理器的开发板）、MinnowBoard MAX 及 Intel Joule

2.4.2　Windows 10 基本操作和设置

Windows 10 是微软发布的最后一个 Windows 独立操作系统，界面新颖、简单易操作。它结合了 Windows 7、Windows 8 的优点，深受新老用户的喜爱。

下面介绍 Windows 10 的基本操作和设置，首先要说明的是鼠标的基本操作。如果使用的是台式机或者笔记本电脑，鼠标的操作一般分为简单的"单击"（点击一下鼠标的左键，用来选择）、"双击"（快速点击两次鼠标的左键，用来打开文件或程序）、"右键单击"（点击鼠标右键一次，用来弹出更多菜单选项）。平板电脑的操作是触屏的，"单击""双击"直接用手指点击屏幕即可，"右键单击"的操作需要长按屏幕一会，大概 1~2s，松开就会弹出更多菜单选项，然后选择对应的操作。

2.4.2.1　桌面图标设置

升级或者安装 Windows 10 操作系统以后，可能桌面只显示回收站，这样显然很不方便，那么该如何设置呢？

①右击桌面空白处，选择"个性化"命令（图 2-13）。

②在个性化设置窗口，选择主题，点击桌面图标设置（图 2-14）。

图 2-13　个性化命令

图 2-14　主题选项

图 2-15　"桌面图标设置"窗口

③弹出"桌面图标设置"窗口，勾选需要的系统图标就可以将其显示在系统桌面了（图 2-15）。

2.4.2.2　分屏显示

有时在同时运行多个任务时，需要把这几个窗口同时显示在屏幕上，这样操作比较方便，而且可以避免频繁切换窗口的麻烦。例如，想要把一个文件夹中的个别文件移动到另一个文件夹中，这时同时打开这两个文件夹窗口并二分屏显示就比较方便；或者想要同时打开 QQ 窗口与好友交谈，这时可以三分屏显示 3 个窗口；又或者同时还想忙里偷闲看看视频，可以再打开视频窗口，这时就需要让 4 个窗口四分屏同时显示。那么如何才能快速地让多个窗口实现二分屏、三分屏、四分屏显示呢？

（1）窗口的二/三分之一屏显示（二/三分屏）

①按住鼠标左键拖动某个窗口到屏幕左边缘或右边缘，直到鼠标指针接触屏幕边缘，就会看到显示一个虚化的大小为二分之一屏的半透明背景，松开鼠标左键，当前窗口就会二分之一屏显示。

②同时其他窗口会在另半侧屏幕显示缩略窗口，点击想要三分之一屏显示的一个窗口，它就会在另半侧屏幕二分之一屏显示。

③按住鼠标左键拖动上面窗口到所在二分之一屏幕两个角中的任意一角，直到鼠标指针接触屏幕的一角，松开鼠标左键，当前窗口就会四分之一屏显示（图 2-16）。

④此时，其他窗口会在剩下的四分之一屏幕显示缩略窗口，点击想要在当前四分之一屏显示的窗口即可实现最终的三分屏显示效果（图 2-17）。

（2）窗口的四分之一屏显示（四分屏）

①按住鼠标左键拖动某个窗口到屏幕任意一角，直到鼠标指针接触屏幕的一角，就会看到显示一个虚化的大小为四分之一屏的半透明背景（图 2-18）。

图 2-16　当前窗口四分之一屏效果

图 2-17　三分之一屏效果

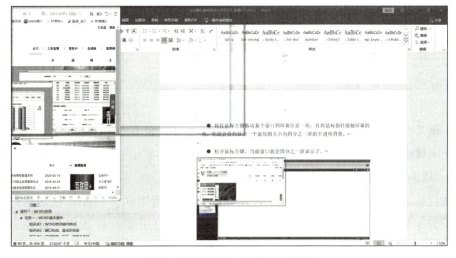

图 2-18　四分之一屏半透明背景

②松开鼠标左键,当前窗口就会四分之一屏显示(图 2-19)。

③如果想同时让 4 个窗口四分屏显示,那么就把 4 个窗口都拖动到屏幕一角,即能够实现四分之一屏显示(图 2-20)。

图 2-19　当前窗口四分之一屏效果

图 2-20　四分之一屏效果

注：使用"Win+左上/左下/右上/右下方向键"也可以使当前窗口四分之一屏显示,然后使用方向键选择其他窗口继续操作。

2.4.2.3　通知和快速操作设置

在 Windows 10 的操作中心内允许用户查看并设置通知和快速操作选项,用户可随时更改设置来调整看到通知的方式和时间,以及哪些应用和设置是用户最重要的快速操作。

图 2-21 "通知和操作"设置窗口

①单击【开始】菜单。

②依次选择"设置""系统""通知和操作",打开"通知和操作"设置窗口(图 2-21)。

③在"通知"选项下,可以打开或关闭所有通知,并且更改查看通知的时间和位置(图 2-21)。

④在"显示来自这些应用的通知"选项下,可以更改个别发送方的通知设置,如打开或关闭通知发送方(图 2-22)。

图 2-22 打开或关闭通知发送方界面

⑤选择某个发送方的名称,可以打开或关闭通知横幅、设置锁屏界面隐私和通知声音等。

⑥在"快速操作"下,拖动快速操作,可以对其进行重新排列。

2.4.2.4 固定日常文档

Windows 10 开始菜单增加了一项新功能,可以将常用文档"固定"到开始菜单里。换句话说,新开始菜单不仅可以拿来固定日常应用,还能固定日常文档。

①选择"开始"菜单,在"开始"屏幕里右键单击文档所使用的应用程序图标(图 2-23)。

②弹出快捷菜单后,右键单击最近打开的文档,选择"固定到此列表"命令(图 2-24),即可将当前文档固定到"开始"屏幕。

图 2-23 "开始"屏幕界面

图 2-24 固定文档操作界面

图 2-25 隐藏桌面图标菜单

2.4.2.5 快速隐藏桌面图标

①在桌面空白处右键单击桌面，单击选择"查看"命令。

②取消级联菜单中的"显示桌面图标"命令，则桌面图标隐藏。若要重新显示图标，重新勾选"显示桌面图标"选项即可（图 2-25）。

2.4.3 软件和硬件管理

2.4.3.1 软件管理

①在"开始"菜单上右键单击，选择"控制面板"命令。

②打开"控制面板"后，点击"程序"选项（图 2-26）。

③打开"程序"窗口后，选择"程序和功能"菜单（图 2-27）。

图 2-26 "控制面板"窗口

图 2-27 "程序"窗口界面

④在"程序和功能"窗口,点击左侧"启用或关闭 Windows 功能"选项,在弹出的"Windows 功能"窗口,可以通过勾选需要的 Windows 功能来启用该功能(图 2-28)。

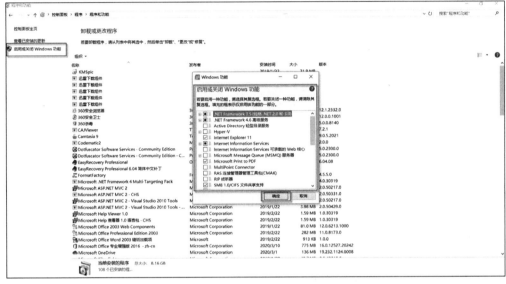

图 2-28 "启用或关闭 Windows 功能"操作界面

⑤在"程序和功能"窗口右侧的程序列表框中,右键单击某一应用程序,可以卸载或更改该程序(图 2-29)。

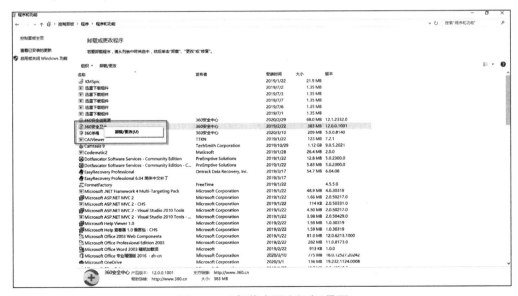

图 2-29 "卸载或更改程序"界面

2.4.3.2 硬件管理
（1）查看硬件信息
①使用快捷键"Windows+R"打开运行窗口，输入命令"dxdiag"，单击"确定"按钮（图2-30）。

图2-30 "运行"窗口

②打开"DirectX诊断工具"窗口，在"系统"选项卡里，可以查看系统硬件，如处理器、内存等的相关信息（图2-31），点击其他选项卡，可以查看其他硬件的相关信息。

图2-31 "DirectX诊断工具"窗口

（2）管理硬件设备
①右键单击"开始"菜单，选择"设备管理器"命令（图2-32）。
②打开"设备管理器"窗口后，在硬件列表里右键单击某一硬件，选择"属性"命令，可以查看该设备的属性信息（图2-33、图2-34）。
③右键单击某一硬件后，选择快捷菜单里的"禁用"命令，可以禁用该设备（图2-35），右键单击禁用的设备，选择"启用"命令即可启用该设备。

图 2-32 右键选择设备管理器界面

图 2-33 "设备管理器"窗口

图 2-34 硬件"属性"窗口

图 2-35 禁用硬件设备操作界面

图 2-36　网络属性命令

2.4.4　Windows 10 网络配置与应用

网络配置的相关内容比较多，下面以最常见的静态 IP 地址设置为例介绍其配置过程。

①右键单击系统桌面上的"网络"图标，点击快捷菜单中的"属性"命令(图 2-36)。

②打开"网络和共享中心"窗口，点击"更改适配器设置"选项(图 2-37)。

图 2-37　"网络和共享中心"窗口

图 2-38　"网络连接"窗口

③打开"网络连接"窗口，在"以太网"图标上右键单击，选择"属性"命令(图 2-38)。

④在"以太网属性"对话框中双击"Internet 协议版本 4(TCP/IPv4)"选项(图 2-39)。

⑤在打开的"Internet 协议版本 4(TCP/IPv4)"对话框中选择"使用下面的 IP 地址"单选按钮，然后根据实际情况分别输入 IP 地址、子网掩码和默认网关，再选择"使用下面的 DNS 服务器地址"单选按钮，根据实际情况输入首选 DNS 服务器和备用 DNS 服务器地址即可(图 2-40)。

图 2-39 "以太网属性"对话框

图 2-40 IP 地址设置对话框

2.4.5 系统维护与优化

很多人都想知道让 Windows 10 流畅运行的方法是什么,其实通过系统维护和优化,使 Windows 10 流畅运行是非常简单的。

2.4.5.1 关闭 Windows Search

①打开"控制面板",选择"系统和安全"选项(图 2-41)。

图 2-41 "控制面板"窗口

②打开"系统和安全"窗口，选择"管理工具"选项(图2-42)。

③在"管理工具"窗口，双击"服务"快捷方式图标(图2-43)。

图2-42 "系统和安全"窗口

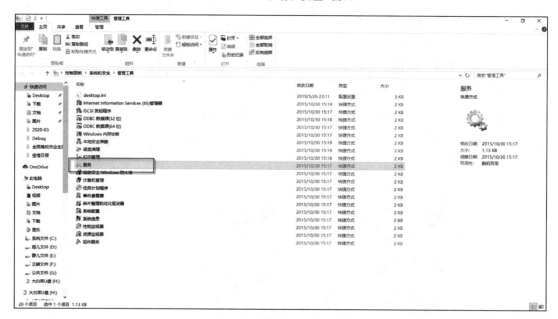

图2-43 "管理工具"窗口

④打开"服务"窗口，找到Windows Search服务，点击右键选择"属性"命令，在"Windows Search 的属性(本地计算机)"窗口选择启动类型选项为"禁用"，单击"确定"按钮。(图2-44)。

2.4.5.2 关闭家庭组

①打开控制面板，选择"系统和安全"选项(图2-45)。

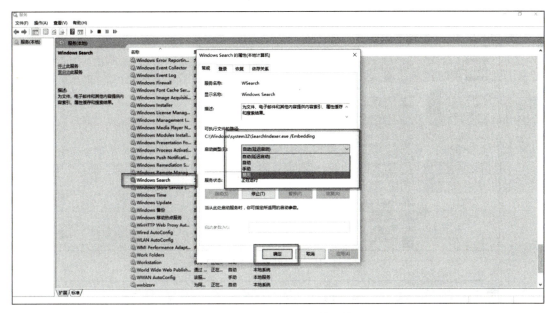

图 2-44 "Windows Search 的属性"设置

图 2-45 "控制面板"窗口

②打开"系统和安全"窗口，选择"管理工具"选项(图 2-46)。

③在"管理工具"窗口，双击"服务"快捷方式图标(图 2-47)。

④打开"服务"窗口，找到"HomeGroup Provider"服务项，点击右键选择"属性"命令，在"HomeGroup Provider 的属性(本地计算机)"窗口选择启动类型选项为"禁用"，单击"确定"按钮(图 2-48)。

⑤接下来用同样的方法，把 HomeGroup Listener 服务项禁用即可。这样就彻底禁用了 Windows10 的家庭组功能了。

图 2-46 "系统和安全"窗口

图 2-47 "管理工具"窗口

图 2-48 "HomeGroup Provider 的属性(本地计算机)"设置

2.4.5.3 关闭磁盘碎片整理计划

①在 C 盘上，单击右键选择"属性"命令，打开 C 盘属性对话框(图 2-49)。

②在"工具"选项卡中，单击"优化"按钮(图 2-50)。

③打开"优化驱动器"窗口，单击"更改设置"按钮，在打开的"优化驱动器"对话框中，取消选择"按计划运行(推荐)"(图 2-51)。

图 2-49　磁盘属性对话框

图 2-50　磁盘工具选项卡

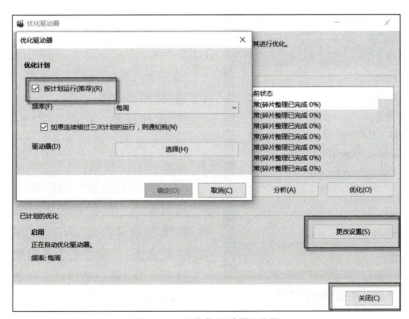

图 2-51　"优化驱动器"设置

2.4.5.4 C盘清理

①右键点击C盘，选择"属性"命令。

②在打开的属性对话框中，点击"磁盘清理"按钮（图2-52）。

③在磁盘清理窗口，勾选要删除文件前面的复选框，单击"确定"按钮（图2-53）。

图 2-52　C盘属性窗口

图 2-53　C盘清理界面

图 2-54　电脑"属性"菜单

2.4.5.5 关闭性能特效

①右键单击"此电脑"，选择"属性"命令（图2-54）。

②打开"系统"窗口，选择"高级系统设置"选项（图2-55）。

③在打开的"系统属性"窗口中，选择"高级"选项卡，然后在"性能"选项里，单击"设置(S)..."按钮（图2-56）。

④打开"性能选项"对话框后，在"视觉效果"选项卡里，单击"自定义"单选按钮，然后在列表框里取消勾选"淡入淡出或滑动菜单到视图"复选框、"在单击后淡出菜单"复选框、"在视图中淡入淡出或滑动工具提示"复选框，关闭淡入淡出效果（图2-57）。

图 2-55 "系统"窗口

图 2-56 "系统属性"窗口

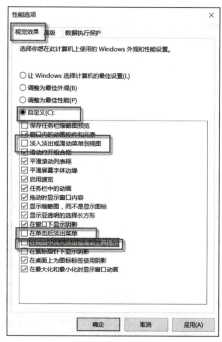

图 2-57 "性能选项"设置界面

2.4.5.6 Windows 10 开机加速

①使用快捷键"Windows+R"打开运行窗口，输入命令"msconfig"，单击"确定"按钮（图 2-58）。

②打开"系统配置"窗口后，在"引导"选项卡里取消勾选"无 GUI 引导"复选框，单击"确定"按钮（图 2-59）。

图 2-58 "运行"窗口

图 2-59 "系统配置"窗口

2.4.5.7 Windows 10 关机加速

①使用组合键"Windows+R"打开运行窗口，输入命令"gpedit.msc"，单击"确定"按钮（图 2-60）。

②打开"本地组策略编辑器"窗口，在左侧依次单击展开"管理模块""系统""关机选项"，然后在右侧详细信息列表框的"关闭会阻止或取消关机的应用程序的自动终止功能"上右键单击选择"编辑"命令（图 2-61）。

图 2-60 运行窗口界面

图 2-61 "本地组策略编辑器"窗口

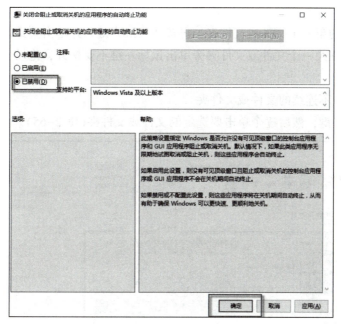

图 2-62 "关闭会阻止或取消关机的应用程序的自动终止功能"设置界面

③打开"关闭会阻止或取消关机的应用程序的自动终止功能"设置窗口,选择"已禁用"单选按钮,单击"确定"按钮(图 2-62)。

2.4.6 文件及文件夹操作

2.4.6.1 选定文件或文件夹

对文件或文件夹进行操作时,首先要把文件或文件夹作为对象来选定。下面介绍如何选定文件和文件夹。

(1)选定单个文件或文件夹

用鼠标单击该文件或文件夹(图 2-63)。

图 2-63 选定单个文件或文件夹

(2)选中多个连续的文件或文件夹

单击要选定的第一个文件或文件夹,再按住"Shift"键,并单击要选定的最后一个文件或文件夹。或者在第一个文件或文件夹旁单击鼠标左键不要松开,拖动到最后一个文件或文件夹(图2-64)。

(3)选中多个不连续的文件或文件夹

先按住"Ctrl"键,然后逐个单击要选定的文件或文件夹(图2-65)。

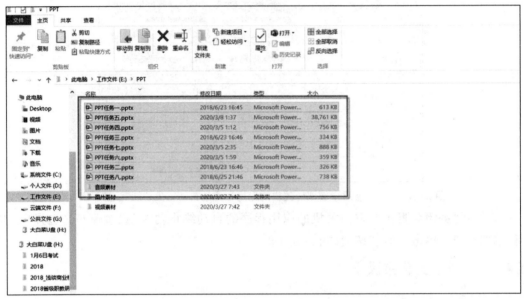

图 2-64　选中多个连续的文件或文件夹

图 2-65　选中多个不连续的文件或文件夹

(4)选定全部文件或文件夹

在键盘上按住"Ctrl+A"键,可以快速选中全部文件或文件夹(图2-66)。或者从第一个文件或文件夹旁单击鼠标左键不要松开,一直拖动到最后一个文件或文件夹。

图 2-66　选定全部文件或文件夹

（5）取消选定

在选定的多个文件或文件夹中取消个别文件或文件夹时，先按住"Ctrl"键，单击要取消的文件或文件夹（图 2-67）。

图 2-67　取消选定个别文件或文件夹

若要全部取消选定，在非文件名的空白区域单击一下即可（图 2-68）。

2.4.6.2　*新建文件夹*

新建文件夹，首先要选定建立文件夹的位置才能创建。例如，在 E:\PPT 目录下创建文件夹。

①双击"此电脑"，在"此电脑"窗口中找到 E 盘，双击打开（图 2-69）。

②打开 E 盘后，找到"PPT"文件夹，双击打开（图 2-70）。

图 2-68 全部取消选定

图 2-69 "此电脑"窗口

图 2-70 E 盘中的 PPT 文件夹

③在"PPT"文件夹中的任意空白处,单击鼠标右键,在弹出的快捷菜单中选择"新建"命令中的"文件夹"选项(图 2-71)。

④新建文件夹后,键入新名称后按"Enter"键,或者单击该名称框外的任意位置,即可完成文件夹的创建(图 2-72)。

图 2-71　右键新建文件夹命令

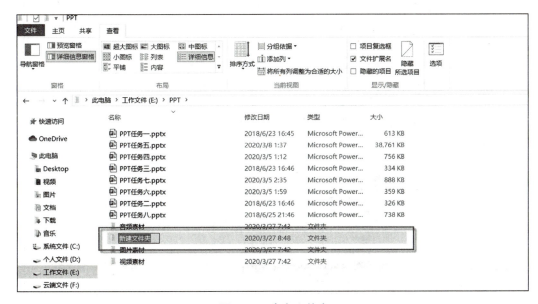

图 2-72　命名文件夹

2.4.6.3 文件夹重命名

①选中要重命名的文件夹，选定的文件夹呈反蓝色显示(图2-73)。

②单击功能区中的"重命名"命令按钮，或者单击鼠标右键利用快捷菜单选择"重命名"命令(图2-74)。

图 2-73　选定重命名文件夹

图 2-74　重命名操作

③输入新的文件夹名称后,按"Enter"键或者在空白区域单击,完成重命名。

注:文件或文件夹命名时一定要遵守命名规范。文件或者文件夹名称不得超过 255 个英文字符,如果使用中文字符则不能超过 127 个汉字;文件或者文件夹名称不能使用空格开头;文件或文件夹名称中不能含有"?""/""\""*""<"">""|"等字符;同一文件夹下,不能有两个相同名称的文件或者文件夹,如果相同则重命名不成功。

2.4.6.4 复制和移动文件及文件夹

(1) 文件及文件夹的复制

①选择要复制的文件或文件夹(图 2-75)。

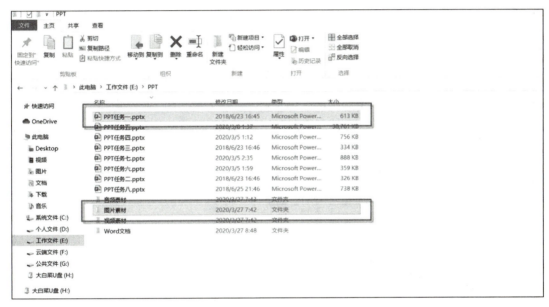

图 2-75 选定文件或文件夹

②单击功能区上的"复制到"命令按钮,选择下拉列表中的"选择位置…"按钮。

③弹出"复制项目"对话框,选择目标磁盘或者文件夹,使之成为目标位置,单击"复制"按钮,即可完成复制操作(图 2-76)。

(2) 文件及文件夹的移动

改变文件或文件夹在磁盘上存放位置的操作叫作移动。

①选择要移动的文件或文件夹。

②单击功能区上的"移动到"命令按钮,选择下拉列表中的"选择位置…"按钮。

③弹出"移动项目"对话框,选择目标磁盘或者文件夹,使之成为目标位置,单击"移动"按钮,即可完成移动操作(图 2-77)。

④选中将要移动的文件或文件夹,按住鼠标左键向目标文件夹拖动,也可完成文件或文件夹的移动操作。

注:如果源文件与目标文件夹处于同一驱动器,则完成的是移动操作;如不在同一个驱动器,完成的是复制操作,若按住"Shift"键拖动,则可以完成不同驱动器间文件的移动。

图 2-76　复制文件或文件夹操作

图 2-77　移动文件或文件夹操作

2.4.6.5　删除文件及文件夹

①选中要删除的文件或文件夹(图 2-78)。

②敲击键盘上的"Delete"键,或者点击窗口功能区上的"删除"按钮,也可以在选中的文件上点击鼠标右键选择"删除"命令(图 2-79)。

③弹出"删除项目"对话框,单击"是"按钮,文件删除到回收站(图 2-80)。

图 2-78　选中文件或文件夹

图 2-79　删除文件和文件夹操作

图 2-80　删除确认对话框

④打开回收站,可以看到刚刚删除的文件。如果想要还原某个文件或文件夹,可以先选定文件或文件夹,再点击功能区"还原选定的项目"按钮,或者在选定的文件和文件夹上点击右键选择"还原"命令,在弹出的对话框中确认后即可将文件或文件夹还原到删除前的位置(图2-81)。

⑤如果要彻底删除回收站里的文件或文件夹,可以点击功能区的"清空回收站"按钮,或者在空白处点击右键选择"清空回收站"命令(图2-82)。

图 2-81　还原文件或文件夹

图 2-82　清空回收站操作

2.4.6.6 隐藏文件或文件夹

①选中要隐藏的文件或文件夹(图2-83)。

图2-83　选中要隐藏的文件或文件夹

②点击窗口功能区的"隐藏所选项目"按钮(图2-84),即可完成隐藏操作,或者在选中文件和文件夹上点击鼠标右键,选择"属性"命令(图2-85),打开"属性"对话框后,勾选"隐藏"复选框,点击"确定"按钮,即可完成隐藏(图2-86)。

图2-84　功能区"隐藏所有项目"按钮

图 2-85 "属性"命令

图 2-86 隐藏属性

> 拓展知识

信息安全

ISO（国际标准化组织）对信息安全的定义为：为数据处理系统建立和采用的技术、管理上的安全保护，为的是保护计算机硬件、软件、数据不因偶然和恶意的原因而遭到破坏、更改和泄露。中国企业在信息安全方面始终保持着良好记录。

1. 信息安全存在的问题

（1）个人信息没有得到规范采集

现阶段，虽然生活方式呈现出简单和快捷性，但其背后也伴有诸多信息安全隐患，如诈骗电话、大学生裸贷问题、推销信息以及人肉搜索等均对个人信息安全造成影响。不法分子通过各类软件或者程序来盗取个人信息，并利用信息来获利，严重影响了公民生命、财产安全。此类问题多是集中于日常生活，如无权、过度或者是非法收集等情况。除了政府和得到批准的企业外，还有部分未经批准的商家或者个人对个人信息实施非法采集，甚至部分调查机构建立调查公司，并肆意兜售个人信息。上述问题使得个人信息安全遭到极大影响，严重侵犯公民的隐私权。

（2）公民欠缺足够的信息保护意识

网络上个人信息的肆意传播、电话推销源源不绝等情况时有发生，从其根源来看，这与公民欠缺足够的信息保护意识密切相关。公民在个人信息层面的保护意识相对薄弱给信息被盗取创造了条件。例如，随便点进网站便需要填写相关资料，有的网站甚至要求精确到身份证号码等信息。很多公民并未意识到上述行为是对信息安全的侵犯。此外，部分网站基于公民意识薄弱的特点公然泄露或者出售相关信息。日常生活中随便填写包括个人信息的资料也存在信息被违规使用的风险。

（3）相关部门监管不力

政府针对个人信息采取监管和保护措施时，可能存在界限模糊的问题，这主要与管理理念模糊、机制缺失联系密切。部分地方政府并未基于个人信息设置专业化的监管部门，引起职责不清、管理效率较低等问题。此外，大数据需要以网络为基础，网络用户较多并且信息较为繁杂，因此政府也很难实现精细化管理。再加上与网络信息管理相关的规范条例等不够系统，使得政府很难针对个人信息做到有力监管。

2. 存在的安全隐患

网络环境中信息安全威胁有以下 7 种：

①假冒　不合法的用户侵入系统，通过输入账号等信息冒充合法用户从而窃取信息的行为。

②身份窃取　合法用户在正常通信过程中被其他非法用户拦截。

③数据窃取　非法用户截获通信网络的数据。

④否认　通信方在参加某次活动后却不承认自己参与。

⑤拒绝服务　合法用户在提出正当申请时，遭到拒绝或者延迟服务。

⑥错误路由。

⑦非授权访问。

3. 信息安全的保障措施

随着互联网的普及和信息化的发展，信息安全问题越来越受到人们的关注。信息安全的防护措施是保障信息安全的重要手段，具体相关措施如下：

（1）防护策略

①数据库管理安全防范　在具体的计算机网络数据库安全管理中经常出现各类由于人为因素造成的计算机网络数据库安全隐患，对数据库安全造成了较大的不利影响。例如，由于人为操作不当，可能会使计算机网络数据库中遗留有害程序，这些程序十分影响计算机系统的安全运行，甚至会给用户带来巨大的经济损失。基于此，现代计算机用户和管理者应能够依据不同风险因素采取有效控制防范措施，从意识上真正重视安全管理保护，加强计算机网络数据库的安全管理工作力度。

②加强安全防护意识　每个人在日常生活中都会用到各种用户登录信息，如网银账号、微博、微信及支付宝等，这些信息的使用不可避免，但与此同时这些信息也成了不法分子的窃取目标，企图窃取用户的信息，登录用户的使用终端，盗取用户账号内的数据信

息或者资金。更为严重的是，当前社会上很多用户的各个账号之间都是有关联的，一旦成功窃取一个账号，其他账号的窃取便易如反掌，给用户带来更大的经济损失。因此，用户必须时刻保持警惕，提高自身安全意识，拒绝下载不明软件，禁止点击不明网址，提高账号密码安全等级，禁止多个账号使用同一密码等，加强自身安全防护能力。

③科学采用数据加密技术　对于计算机网络数据库安全管理工作而言，数据加密技术是一种有效手段，它能够最大限度地避免和控制计算机系统受到病毒侵害，从而保护计算机网络数据库信息安全，进而保障相关用户的切身利益。数据加密技术的特点是隐蔽性和安全性，具体是指利用一些语言程序完成计算数据库或者数据的加密操作。当前市场上应用最广的计算机数据加密技术主要有保密通信、防复制技术及计算机密钥等，这些加密技术各有利弊，对于保护用户信息数据具有重要的现实意义。因此，在计算机网络数据库的日常安全管理中，采用科学先进的数据加密技术是必要的，它除了能够大大降低病毒等程序入侵用户的重要数据信息外，还能够在用户的数据信息被入侵后，依然有能力保护数据信息不出现泄露问题。需要注意的是，计算机系统存有庞大的数据信息，对每项数据进行加密保护显然不现实，这就需要利用层次划分法，依据不同信息的重要程度合理进行加密处理，确保重要数据信息不会被破坏和窃取。

④提高硬件质量　影响计算机网络信息安全的因素不仅有软件质量，还有硬件质量，并且两者之间存在一定区别，硬件系统在考虑安全性的基础上，还必须重视硬件的使用年限问题，硬件作为计算机的重要构成要件，具有随着使用时间增加其性能会逐渐降低的特点，用户应注意这一点，日常加强维护与修理。例如，若某硬盘的最佳使用年限为两年，尽量不要使用其超过4年。

⑤改善自然环境　改善自然环境是指改善计算机的灰尘、湿度及温度等使用环境。具体来说就是在计算机的日常使用中定期清理其表面灰尘，保证其在干净的环境下工作，有效避免计算机硬件老化；最好不要在温度过高和潮湿的环境中使用计算机，注重计算机的外部维护。

⑥安装防火墙和杀毒软件　防火墙能够有效控制计算机网络的访问权限，通过安装防火墙，可自动分析网络的安全性，将非法网站的访问拦截下来，过滤可能存在问题的消息，一定程度上增强系统的抵御能力，提高网络系统的安全指数。同时，还需要安装杀毒软件，这类软件可以拦截和中断系统中存在的病毒，对于提高计算机网络安全大有益处。

⑦加强计算机入侵检测技术的应用　入侵检测主要是针对数据传输安全检测的操作系统，通过入侵检测系统（IDS）的使用，及时发现计算机与网络的异常现象，通过报警的形式给予使用者提示。为更好地发挥入侵检测技术的作用，通常在使用该技术时辅以密码破解技术、数据分析技术等一系列技术，确保计算机网络安全。

⑧其他措施　为计算机网络安全提供保障的措施还包括提高账户的安全管理意识、加强网络监控技术的应用、加强计算机网络密码设置、安装系统漏洞补丁程序等。

（2）相关防御技术

①入侵检测技术　在使用计算机软件学习或者工作的时候，多数用户会面临程序设计不当或者配置不当的问题，若用户没能及时解决这些问题，就使得他人更容易地入侵自己的计算机系统。例如，黑客可以利用程序漏洞入侵他人计算机，窃取或者损坏信息资源，

对他人造成一定程度的经济损失。因此，在出现程序漏洞时，用户必须及时处理，可以通过安装漏洞补丁来解决问题。此外，入侵检测技术也可以更加有效地保障计算机网络信息的安全性。该技术是通信技术、密码技术等技术的综合体，合理利用入侵检测技术，使用户能够及时了解计算机中存在的各种安全威胁，并采取一定的措施进行处理。

②防火墙以及病毒防护技术　防火墙是一种能够有效保护计算机安全的重要技术，由软、硬件设备组合而成，通过建立检测和监控系统来阻挡外部网络的入侵。用户可以使用防火墙有效控制外界因素对计算机系统的访问，确保计算机的保密性、稳定性以及安全性。病毒防护技术是指通过安装杀毒软件进行安全防御，并且及时更新软件，如金山毒霸、360安全防护中心、电脑安全管家等。病毒防护技术的主要作用是对计算机系统进行实时监控，同时防止病毒入侵计算机系统对其造成危害，将病毒进行截杀与消灭，实现对系统的安全防护。除此以外，用户还应当积极主动地学习计算机安全防护的知识，在网上下载资源时尽量不要选择不熟悉的网站，若必须下载还要对下载后的资源进行杀毒处理，保证该资源不会对计算机安全运行造成负面影响。

③数字签名以及生物识别技术　数字签名技术主要针对电子商务，该技术有效地保证了信息传播过程中的保密性以及安全性，同时也能够避免计算机受到恶意攻击或侵袭等问题发生。生物识别技术是指通过对人体的特征识别来决定是否给予应用权利，主要包括指纹、视网膜、声音等方面。这种技术有着决定针对性，能够最大限度地保证计算机互联网信息的安全性，现如今应用最为广泛的就是指纹识别技术，该技术在安全保密的基础上也有着稳定简便的特点，为人们带来了极大的便利。

④信息加密与访问控制技术　信息加密技术是指用户可以对需要进行保护的文件进行加密处理，设置有一定难度的复杂密码，并牢记密码保证其有效性。此外，用户还应当对计算机设备进行定期的检修及维护，加强网络安全保护，并对计算机系统进行实时监测，防范网络入侵与风险，进而保证计算机的安全稳定运行。访问控制技术是指通过用户的自定义对某些信息进行访问权限设置，或者利用控制功能实现访问限制，该技术能够使用户的信息得到保护，也避免非法访问此类情况的发生。

⑤安全防护技术　包含网络防护技术（如防火墙、统一威胁管理、入侵检测防御等）；应用防护技术（如应用程序接口安全技术等）；系统防护技术（如防篡改、系统备份与恢复技术等），防止外部网络用户以非法手段进入内部网络，访问内部资源，保护内部网络操作环境的相关技术。

⑥安全审计技术　包含日志审计和行为审计，日志审计协助管理员在受到攻击后察看网络日志，从而评估网络配置的合理性、安全策略的有效性，追溯分析安全攻击轨迹，并能为实时防御提供手段。通过对员工或用户的网络行为审计，确认行为的合规性，确保信息及网络使用的合规性。

⑦安全检测与监控技术　对信息系统中的流量以及应用内容进行2~7层的检测并进行适度监管和控制，避免网络流量的滥用、垃圾信息和有害信息的传播。

⑧解密、加密技术　在信息系统的传输过程或存储过程中进行信息数据的加密和解密。

⑨身份认证技术　用来确定访问或介入信息系统用户或设备身份的合法性的技术。典型的技术有用户名口令、身份识别、PKI证书和生物认证等。

(3) 加密技术

①对称加密　又称私钥加密，即信息的发送方和接收方用同一个密钥去加密和解密数据。它的最大优势是加/解密速度快，适合于对大数据量进行加密，但密钥管理困难。如果进行通信的双方能够确保专用密钥在密钥交换阶段未曾泄露，那么机密性和报文完整性就可以通过这种加密方法加密机密信息、随报文一起发送报文摘要或报文散列值来实现。

②非对称加密　又称公钥加密，使用一对密钥来分别完成加密和解密操作，其中一个公开发布（即公钥），另一个由用户自己秘密保存（即私钥）。信息交换的过程是：甲方生成一对密钥并将其中的一把作为公钥向其他交易方公开，得到该公钥的乙方使用该密钥对信息进行加密后发送给甲方，甲方再用自己保存的私钥对加密信息进行解密。

4. 发展趋势

(1) 新数据、新应用、新网络和新计算成为今后一段时期信息安全的方向和热点，给未来带来新挑战

物联网和移动互联网等新网络的快速发展给信息安全带来更大的挑战。物联网将会在智能电网、智能交通、智能物流、金融与服务业、国防军事等众多领域得到应用。物联网中的业务认证机制和加密机制是安全上最重要的两个环节，也是信息安全产业中保障信息安全的薄弱环节。移动互联网快速发展使移动终端存储的隐私信息的安全风险越来越大。

(2) 传统的网络安全技术已经不能满足新一代信息安全产业的发展，企业对信息安全的需求不断发生变化

传统的信息安全更关注防御、应急处置能力，但是，随着云安全服务的出现，基于软、硬件提供安全服务模式的传统安全产业开始发生变化。在移动互联网、云计算兴起的新形势下，简化客户端配置和维护成本，成为企业新的网络安全需求，也成为信息安全产业发展面临的新挑战。

(3) 未来，信息安全产业发展的大趋势是从传统安全走向融合开放的大安全

随着互联网的发展，传统的网络边界不复存在，给未来的互联网应用和业务带来巨大改变，给信息安全也带来了新挑战。融合开放是互联网发展的特点之一，网络安全因此正在向分布化、规模化、复杂化和间接化等方向发展，信息安全产业也将在融合开放的大安全环境中探寻发展。

信息通信行业是开展现代化建设的坚实基础，也是网络安全工作的前沿阵地。我们要深刻认识复杂严峻形势带来的风险挑战，要坚持用全面、辩证、长远的眼光科学分析形势、准确把握发展大势，切实把思想和行动统一到以习近平同志为核心的党中央对网络安全的决策部署上来，保持战略定力，坚定信心决心，充分发挥信息通信行业的战略性、基础性、先导性作用，努力在危机中育先机、于变局中开新局，全力推进网络安全等新兴数字产业发展。

单元3 Word应用

Word 是 Microsoft 公司的产品 Office 套件中的一个文字处理程序,用户可以使用它建立各种文档。

3.1 Word 基本操作

3.1.1 程序启动、退出及界面组成

3.1.1.1 Word 2016 的启动方法

Word 2016 的启动方法与其他 Windows 环境下的软件启动方法相同,主要有 3 种:
①使用命令　依次点击"开始""Word 2016"。
②使用图标　双击桌面快捷图标。
③使用文档　直接双击 Word 2016 文档。

3.1.1.2 Word 2016 的退出方法

①单击 Word 2016 窗口右上角的关闭按钮。
②通过"文件"菜单下的"关闭"命令退出。
③按下快捷键"Alt+F4"。

3.1.1.3 认识 Word 2016 工作窗口

Word 2016 的操作界面主要由标题栏、功能区、标尺、工作区、滚动条、状态栏等部分组成。在操作过程中还可能出现快捷菜单、窗格等元素。选用的视图不同,显示的屏幕元素也不同,用户自己也可以控制某些屏幕元素的显示或隐藏。

(1)标题栏

标题栏显示 Word 编辑的常用功能、创建的文档名。在标题栏按住鼠标左键可以移动窗口,其组成如下:

Word 基本操作

①单击 这是 Word 2016 的保存按钮。

②快速访问工具栏　用户可以在"快速访问工具栏"上放置一些常用的命令按钮。

该工具栏中的命令按钮不会动态变换。用户可以增加、删除"快速访问工具栏"中的命令项。其方法是：单击"快速访问工具栏"右边向下箭头按钮，在弹出的下拉菜单中选中或者取消相应的命令即可。如果选择"在功能区下方显示"选项，快速访问工具栏就会出现在功能区的下方，而不是上方。

③标题部分　它显示了当前编辑的文档名称。

④功能区显示选项　有3种模式：自动隐藏功能区、显示选项卡、显示选项卡和命令。

自动隐藏功能区：隐藏选项卡和命令组，如图 3-1 所示。

显示选项卡：隐藏命令组，仅显示选项卡，如图 3-2 所示。

显示选项卡和命令：始终显示选项卡和命令组，如图 3-3 所示。

图 3-1　自动隐藏功能区

图 3-2　显示选项卡

图 3-3　显示选项卡和命令

⑤窗口控制按钮　包含了"最小化"按钮、"最大化/还原"按钮和"关闭"按钮。按"Alt+空格"键会打开控制菜单，通过该菜单也可以进行移动、最小化、最大化窗口和关闭程序等操作。

（2）功能区

在 Word 2016 中，功能区已经取代了传统的菜单和工具栏，主要组成为：

①"文件"菜单　包括文档的新建、打开、保存、打印等命令，该菜单主要用于帮助用户对 Word 2016 文档进行文档基本操作及输出打印的功能（图 3-4）。

②"开始"选项卡　包括剪贴板、字体、段落、样式和编辑 5 个命令组，如图 3-5 所示，该选项卡主要用于帮助用户对 Word 2016 文档进行文字编辑和格式设置，是用户最常用的选项卡。

③"插入"选项卡　包括页面、表格、插图、加载项、链接、批注、页眉和页脚、文本和符号等命令组，如图 3-6 所示，主要用于在 Word 2016 文档中插入各种元素。

④"设计"选项卡　包括文档格式、页面背景等命令组，如图 3-7 所示，用于帮助用户设置 Word 2016 文档页面主题样式。

⑤"布局"选项卡　包括页面设置、稿纸、段落、排列等命令组，如图 3-8 所示，用于帮助用户设置 Word 2016 文档页面样式。

⑥"引用"选项卡　包括目录、脚注、引文与书目、题注、索引和引文目录等命令组，如图 3-9 所示，用于实现在 Word 2016 文档中插入目录等高级功能。

图 3-4 "文件"菜单

图 3-5 "开始"选项卡

图 3-6 "插入"选项卡

图 3-7 "设计"选项卡

图 3-8 "布局"选项卡

图 3-9 "引用"选项卡

⑦"邮件"选项卡　包括创建、开始邮件合并、编写和插入域、预览结果和完成等命令组，如图3-10所示。该选项卡的作用比较专一，专门用于在Word 2016文档中进行邮件合并操作。

⑧"审阅"选项卡　包括校对、见解、语言、中文简繁转换、批注、修订、更改、比较和保护等命令组，如图3-11所示，主要用于对Word 2016文档进行校对和修订等操作，适用于多人协作处理Word 2016文档。

⑨"视图"选项卡　包括文档视图、显示、显示比例、窗口和宏等命令组，如图3-12所示。主要用于帮助用户设置Word 2016操作窗口的视图类型，以方便操作。

图3-10　"邮件"选项卡

图3-11　"审阅"选项卡

图3-12　"视图"选项卡

(3) 标尺

在Word 2016中，默认情况下标尺是隐藏的。用户通过勾选"视图"选项卡中"显示"命令组的"标尺"选项来显示标尺，如图3-13所示。标尺包括水平标尺和垂直标尺，可以通过水平标尺查看文档的宽度，查看和设置段落缩进的位置、文档的左右边距、制表符的位置；可以通过垂直标尺设置文档上下边距。

(4) 工作区

Word 2016窗口中间最大的白色区域就是工作区，即文档编辑区。在工作区，用户可以进行输入文字，插入图形、图片，设置和编辑格式等操作。

在工作区，无论何时，都会有光标(一条竖线)不停闪烁，它指示下一个输入文字的位置。

在工作区，另外一个很重要的符号是段落标记，它用来表示一个段落的结束，同时还包含了该段落所使用的格式信息，通过按"Enter"键产生。如果不想显示段落标记，用户可以单击"文件"菜单后选择"选项"，在"选项"对话框左侧选择"显示"选项，然后在右侧的"始终在屏幕上显示这些格式标记"组中取消"段落标记"的选中状态，如图3-14所示。

(5) 滚动条

Word 2016提供了水平和垂直两种滚动条，使用滚动条可以快速移动文档浏览位置。在滚动条的两端分别有一个向上(向左)、向下(向右)的箭头按钮，在它们之间有一个矩形块，称为滚动块。

图 3-13 标尺的显示

图 3-14 "段落标记"的设置

①单击向上(向左)、向下(向右)按钮,屏幕可以向相应方向滚动一行(或一列)。

②单击滚动块上部(左部)或下部(右部)的空白区域时,屏幕将分别向上(左)或向下(右)滚动一屏(相当于使用键盘上的"Page Up"键或"Page Down"键)。通过以上操作使屏幕

滚动时,文字插入点光标位置不变。

(6)状态栏

Word 2016 的状态栏包括：页面信息区、文档字数统计区、校对错误区、语言区、视图模式快速设置区和缩放窗口区。

(7)视图模式区

视图模式快速设置区提供了 3 种视图的快速设置,分别为：

①页面视图　在 Word 2016 中,页面视图是默认视图。在页面视图中,用户可以看到对象在实际打印的页面中的效果,即在页面视图中"所见即所得"。各文档页的完整形态包括正文、页眉、页脚、自选图形、分栏等都按先后顺序和实际的打印格式精确显示出来。

②阅读视图　在阅读视图模式下,Word 将不显示选项卡、按钮组、状态栏、滚动条等,而在整个屏幕显示文档的内容。这种视图是为用户浏览文档而准备的功能,通常不允许用户再对文档进行编辑,除非用户单击"视图选项"按钮,在弹出的下拉菜单中选择"允许键入"命令。

③Web 版式视图　Web 版式视图相比页面视图的优越之处在于它显示所有文本、文本框、图片和图形对象；相比页面视图的优越之处在于它不显示与 Web 页无关的信息,如不显示文档分页、页眉页脚,但可以看到背景和为适应窗口而换行的文本,而且图形的位置与所在浏览器中的位置一致。

3.1.2　文档新建、打开、保存及关闭

3.1.2.1　创建新文档

启动 Word 2016 后,系统会自动创建一个空白文档,在 Word 2016 中,如果要创建新文档,常用的有以下几种方法：

①单击"文件"菜单,然后选择"新建"命令。

②按"Ctrl+N"组合键。

③在桌面空白区域单击鼠标右键,从弹出的快捷菜单中选择"新建"命令。

3.1.2.2　打开文档

①双击要打开的 Word 文档,即可自动调用 Word 软件并打开 Word 文档。

②对要打开的 Word 文档,点击鼠标右键,选择"打开"即可调用 Word 打开该文档。

③对要打开的 Word 文档,点击鼠标右键,选择"打开方式",再选择 Word 2016 即可打开该文档。

④先运行 Word 程序,再依次点击"文件""打开"并选择要打开的文件即可。

3.1.2.3　保存文档

新建文档或对旧文档进行编辑修改后必须保存文档,具体操作步骤如下：

①按"Ctrl+S"组合键即可保存。

②单击"文件"菜单,选择"保存"命令,选择保存路径后,即可打开"另存为"界面,在"保存位置"下拉列表中选择要保存的位置,在"文件名"对话框中输入文件名,在"保存

类型"下拉列表框中选择所需的文件类型(如 .docx 或者 .doc 等),单击"保存"按钮即可。

③单击图标 🔲 保存文档。

3.1.2.4 关闭文档

①依次单击"文件""关闭"命令,即可关闭 Word 文档,但不退出 Word。

②单击 Word 窗口右上角的"关闭"按钮,则关闭 Word 文档并退出 Word。

③右击任务栏上的 Word 图标,选择"关闭窗口"命令。

3.1.3 文本输入及基本编辑技术

3.1.3.1 文本输入

通过"即点即输"方式定位光标插入点后,就可开始录入文本了。如需中英文切换,可使用快捷键"Ctrl+Shift"。

3.1.3.2 符号、特殊符号输入

输入特殊符号可以使用 Word 2016 中"插入"选项卡"符号"命令组的"符号"命令,插入步骤为:

①单击要插入符号的位置。

②在"插入"选项卡上的"符号"命令组中单击"符号"按钮,打开"符号"下拉列表,如图 3-15 所示。

③在下拉列表中单击所需的符号。如果要插入的符号不在列表中,单击"其他符号",在"符号"对话框中,单击要插入的符号,然后单击"插入",如图 3-16 所示。

图 3-15 "符号"下拉列表

图 3-16 "符号"对话框

④单击"关闭"。

3.1.3.3 插入点的移动

在文档编辑区中有一条闪烁的短竖线,称为插入点。插入点的位置指示着将要插入的文字或图形的位置以及各种编辑修改命令将生效的位置。移动插入点有以下几种方法:

①利用鼠标移动插入点。
②使用键盘控制键移动插入点，键盘控制键的功能见表 3-1 所列。
③利用定位对话框快速定位。

表 3-1 控制键插入移动点的功能

键名	说明
←	移动光标到前一个字符键
→	移动光标到后一个字符键
↑	移动光标到前一行
↓	移动光标到后一行
Page Up	移动光标到前一页当前光标处
Page Down	移动光标到后一页当前光标处
Home	移动光标到行首
End	移动光标到行尾
Ctrl+Page Up	移动光标到上页的顶端
Ctrl+Page Down	移动光标到下页的顶端
Ctrl+Home	移动光标到文档首
Ctrl+End	移动光标到文档尾
Alt+Ctrl+Page Up	移动光标到当前页的开始
Alt+Ctrl+Page Down	移动光标到当前页的结尾
Shift+F5	移动光标到最近曾经修改过的 3 个位置

3.1.3.4 文本基础编辑

在学会新建文档、输入文本、保存文档、打开文档的基本操作后，还必须了解文本的基本编辑操作，只有熟练地掌握这些基础的编辑操作，才可以为进一步学习文档排版打下良好基础。

(1) 选定文本内容

选定文本内容是一切文本操作的基础，是学习办公类软件必须掌握的知识。选定文本有以下几种方法：

①任意文本的选取　将光标置于要选定文字的开始位置，按住鼠标左键不放并拖动鼠标到要选定文字的结束位置松开；或者按住"Shift"键，在要选定文字的结束位置单击，也可以选中这些文字。利用鼠标选定文字方法对连续的字、句、行、段的选取都适用。

②句的选取　按住"Ctrl"键，单击文档中的一个地方，鼠标单击处的整个句子就被选取。

③行的选取　行的选取可以分为单行选取和多行选取两种：

选定一行文字：将鼠标移到该行左边首部，此时光标变成斜向右上方的箭头，单击即可选择整行文本。

选择多行文本：在文档中按鼠标左键上下拖动可以选定多行文体；在开始行的左边单击选中该行，按住"Shift"键，在结束行的左边单击，同样可以选中多行。

④段落的选取 将鼠标移到该段落左侧，待光标改变形状后双击，或者在该段落中的任意位置三击鼠标(快速按鼠标左键3次)即可选定整个段落。

⑤全文选取 将鼠标移到文档左侧，待鼠标改变形状后三击鼠标，或者按"Ctrl+A"键即可选定整篇文章。

(2)删除、复制和移动文本

选取文字的目的是对文本进行复制、删除、拖动、加格式等操作，下面介绍如何进行删除、移动和复制文本操作。

①删除文本 在文档的输入过程中难免会出现错误的操作，有时必须通过删除文档中的文字来修正错误，具体的操作步骤如下：

a. 选定要删除的文本。

b. 按"Backspace"键或"Delete"键，可以删除文本。

②复制文本 对重复输入文字，利用复制和粘贴功能来输入会比较方便，常用的方法有以下两种。

菜单命令法：先选定要重复输入的文字，使用"开始"选项卡或右键快捷菜单中的"复制"命令或快捷键"Ctrl+C"对文字进行复制；然后将光标置于要输入文本的地方，使用右键快捷菜单中的"粘贴"或快捷键"Ctrl+V"实现粘贴，这样可以免去很多输入的麻烦。

鼠标拖动法：先选定要重复输入的文字，同时按"Ctrl"键和鼠标左键，拖动鼠标指针。此时，鼠标指针会变成一个带有虚线方框的箭头，光标呈虚线状，当光标移动到要插入复制文本的位置后释放鼠标和"Ctrl"键，就可以实现文本的复制。还可以利用"剪贴板"进行复制。

在 Word 2016 中，不管采用哪一种复制方法，都会在粘贴的文本后面出现一个粘贴选项按钮 (Ctrl)▼，单击该按钮可以展开粘贴命令菜单。在粘贴命令菜单中，有3种方式可供选择：保留源格式、合并格式和仅保留文本。保留源格式指所粘贴的内容的属性不会改变；合并格式指复制过来的内容将摒弃原来的格式，并自动匹配现有的格式(包括字体及大小)进行排版；仅保留文本表示只粘贴文本内容。

③移动文本 就是将选择的文本原样移到指定位置。文本移动的方法主要有以下两种。

常规法：选择需要移动的文本，使用"开始"选项卡"剪贴板"命令组或右键快捷菜单中的"剪切"命令或快捷键"Ctrl+X"对文字进行剪切，然后将光标置于要输入文本的地方，使用右键快捷菜单中的"粘贴"命令或快捷键"Ctrl+V"实现粘贴。

鼠标拖动法：先选中要移动的文字，同时按鼠标左键，拖动鼠标指针，此时，鼠标指针会变成一个带有虚线方框的前头，光标呈虚线状，当光标移动到要插入文本的位置后释放鼠标，就可以实现文本的移动。

(3)查找、替换与定位

在文档的编辑过程中，经常要查找某些内容，有时还需要对某一内容进行统一替换。对于比较长的文档来说，如果人工逐字逐句进行查找或替换，不仅费时费力，而且很容易出现遗漏。利用 Word 2016 提供的查找和替换功能，可以很方便地完成这些工作，如图 3-17 所示。

图 3-17 "查找和替换"对话框

①查找 要想在文档中查找内容，可以单击"开始"选项卡"编辑"命令组中的"查找"命令，也可以利用快捷键"Ctrl+F"打开导航窗格进行查找，或通过"高级查找"命令打开如图 3-17 所示的"查找和替换"对话框，查找具体步骤如下：

a. 设置开始查找的位置(如文档的首部)，Word 默认从插入点开始查找。

b. 单击"开始"选项卡"编辑"命令组中的"高级查找"命令，打开"查找和替换"对话框。

c. 在"查找内容"文本框中输入要查找的文本。

d. 单击"查找下一处"按钮，即可在文档中进行查找。如果要继续查找，可以再次单击"查找下一处"按钮。

e. 单击"取消"按钮结束查找，关闭对话框。

注：如果对查找有更高的要求，可以单击"更多"按钮，Word 2016 将在对话框中显示更多的搜索选项，如搜索方向、区分大小写等。

②替换 要在当前文档中用新的文本替换原来的文本，可以使用 Word 2016 的替换功能。具体步骤如下：

a. 设置开始替换的位置。

b. 单击"开始"选项卡"编辑"命令组中的"替换"命令或利用"Ctrl+H"组合键，打开"查找和替换"对话框。

c. 在"查找内容"文本框中输入要查找的文本，然后在"替换为"文本框中输入新的文本。

d. 若要替换所有查找到的内容，则可以单击"全部替换"按钮，若是对查找到的内容进行有选择的替换，则应单击"查找下一处"按钮，逐个进行查找；如果要替换当前查找到的文本，则单击"替换"按钮，否则单击"查找下一处"按钮继续查找。

注：使用 Word 的查找和替换功能，不仅可以查找和替换字符，还可以查找和替换字符格式(如查找或替换字体、字号、字体颜色等格式)，操作步骤如下所述：

a. 打开 Word 2016 文档窗口，在"开始"选项卡的"编辑"分组中依次单击"查找"/"高级查找"按钮。

b. 在打开的"查找和替换"对话框中单击"更多"按钮，以显示更多的查找选项。

c. 在"查找内容"编辑框中单击鼠标左键，使光标位于编辑框中。然后单击"查找"区域的"格式"按钮，如图 3-18 所示。

d. 在打开的格式菜单中单击相应的格式类型(如字体、段落等)。

e. 打开"查找字体"对话框，选择要查找的字体、字号、颜色、加粗、倾斜等选项，并单击"确定"按钮。

f. 返回"查找和替换"对话框，单击"查找下一处"按钮查找格式。

图 3-18　查找替换字符格式

如果需要将原有格式替换为指定的格式，可以切换到"替换"选项卡，指定想要替换成的格式，并单击"全部替换"按钮。

③定位　如果在文档编辑中要将光标定位在指定的位置，需使用 Word 2016 的定位功能，如图 3-19 所示。在"查找和替换"对话框中选择定位选项，可以将光标置于页、节、题注、脚注和表格等多种目标下进行定位，前提是在文档编辑中用到这些功能。

(4) 拼写与语法检查

用户在使用 Word 文档输入文本时，经常会在一些字词的下面看到红色和蓝色的波浪线。这些波浪线是由 Word 的拼写和语法检查功能提供的,这种功能可以帮助用户发现在编辑过程中出现的拼写或语法错误。下面介绍 Word 2016 文档中对拼写和语法进行校对的具体步骤。

①打开 Word 文档,切换至"审阅"选项卡,在"校对"组中单击"拼写和语法"按钮,如图 3-20 所示。

②打开"语法"对话框,此时会定位到第一个有拼写和语法错误的地方,对有错误的词组进行修改后,查找下一个错误即可,如图 3-21 所示。

③如果没有语法错误,将弹出信息窗口,单击"确定"即可,如图 3-22 所示。

图 3-19 "定位"对话框

图 3-20 拼写和语法

图 3-21 "拼写和语法检查完成"信息窗口

图 3-22 "语法"对话框

3.2 Word 排版技术

在后面的课程中,我们将以《中国探月》报刊为例来讲解各个知识点的应用(图 3-23)。

Word 排版技术

3.2.1 文字格式设置

Word 2016 中提供了丰富的字符格式,通过选用不同的格式可以使所编辑的文本更加美观和与众不同。下面来学习有关设置字符格式的基本操作,包括字体、字号、字体颜色、特殊格式、字符缩放等。

图 3-23 "中国探月"报刊

3.2.1.1 设置字体

Word 2016 提供了许多种字体，并且可添加更多其他的字体。如宋体、楷体、仿宋和黑体等中文字体，以及 Times New Roman、Arial 等英文字体。系统默认的中文字体是宋体，英文字体为 Times New Roman。

设置字体的方法有以下 3 种：

①在文档中选中需要设置字体的文本，选择"开始"选项卡，单击"字体"命令组中的"字体"下拉列表右侧的下三角按钮，弹出如图 3-24 所示的"字体"下拉列表。在该下拉列表中选择所需的字体，效果如图 3-25 所示。

②选中需要设置字体的文本，在出现的悬浮窗口中设置文本字体，如图 3-26 所示。

③选中需要设置字体的文本，单击鼠标右键，在弹出菜单中选择"字体"命令，弹出的"字体"选项卡如图 3-27 所示。在该选项卡中的"中文字体"下拉列表中选择所需的中文字体，在"西文字体"下拉列表中选择所需的西文字体，单击"确定"按钮即可。

图 3-24 "字体"下拉列表

图 3-25 设置文本字体效果　　　　图 3-26 悬浮窗口中设置文本字体

图 3-27 "字体"选项卡

3.2.1.2 设置字号

字号是指字体的大小。我国字体大小的计量单位是"号",而西方国家的计量单位是"磅"。"磅"与"号"之间的换算关系是:9磅字相当于五号字。在文章中使用不同的字号,如标题比正文字号大一些,会使整篇文章具有层次感,更加方便阅读。设置字号的具体操作如下:

①在文档中选中需要设置字号的文本。

②在选项卡用户界面中的"开始"选项卡中,单击"字体"命令组中的"字号"下拉列表右侧的下三角按钮,在弹出的"字体"对话框中选择所需的字号,如图 3-28 所示,或者在"字体"选项卡中的"字号"列表框中选择需要的字号,如图 3-29 所示。

图 3-28 "字体"对话框中设置字号

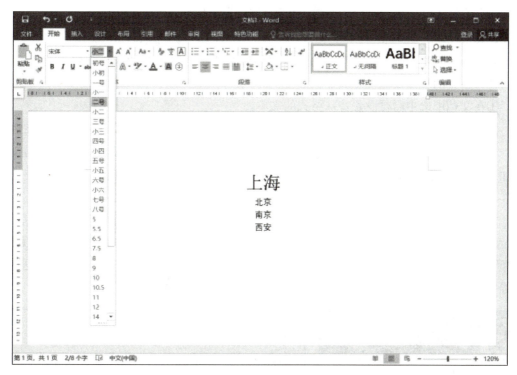

图 3-29 在"字体"命令组中设置字号

3.2.1.3 设置字体颜色

在文本设置过程中,可以为文本设置不同的颜色来突出显示某一部分。设置字体颜色的具体操作步骤如下:

①在文档中选中需要设置字体颜色的文本。

②在选项卡用户界面中"开始"选项卡中的"字体"命令组中单击"字体颜色"按钮右侧的下三角按钮,弹出如图 3-30 所示的"字体颜色"下拉列表,在该下拉列表中选择需要的颜色。

③如果"字体颜色"下拉列表中没有需要的颜色,可选择"其他颜色"选项,弹出"颜色"对话框,默认打开"标准"选项,如图 3-31 所示。

图 3-30 "字体颜色"下拉列表

图 3-31 "标准"选项卡

④在该选项卡中选择需要的颜色，单击"确定"按钮。

3.2.1.4 设置特殊格式

有时为了强调某些文本，经常需要设置特殊格式，主要包括加粗、倾斜、下划线等。设置特殊格式的具体操作步骤如下：

①在文档中选中需要设置特殊格式的文本。

②单击选项卡用户界面中"开始"选项卡中"字体"命令组中的"加粗"按钮 B 加粗文本，加强文本的渲染效果；单击"倾斜"按钮 I 倾斜文本；单击"下划线"按钮 U 为文本添加下划线，单击"下划线"按钮 U 右侧的下三角按钮，弹出"下划线"下拉列表，如图3-32所示。

在该下拉列表中选择"其他下划线"选项，可弹出如图3-33所示的"字体"对话框，打开"字体"选项卡，在该选项卡中的"下划线线型"下拉列表中可设置其他类型的下划线；选择"下划线颜色"选项，弹出如图3-34所示的"下划线颜色"下拉列表，在该列表框中可设置下划线的颜色。

图3-32 "下划线"下拉列表

图3-33 "字体"对话框

注：加粗、倾斜和下划线按钮都是双向开关，即单击一次可对文本进行设置，再次单击则取消设置。

3.2.1.5 设置字符缩放

设置字符缩放的具体操作步骤如下：

①在文档中选中需要设置字符缩放的文本。

②在选项卡用户界面中"开始"选项卡中的"段落"命令组中选择"中文版式"按钮 右侧的下三角按钮，弹出如

图3-34 "下划线颜色"下拉列表

图 3-35 所示"字符缩放"下拉列表，在该下拉列表中选择一种缩放比例。

如果"字符缩放"下拉列表中提供的缩放比例不符合要求，可打开"字体"对话框中的"高级"选项卡进行设置，如图 3-36 所示。

③在该选项中的"缩放"下拉列表中选择需要的缩放比例。

④在"间距"下拉列表中选择"标准""加宽"或"紧缩"选项，在其后的"磅值"微调框中输入相应的数值。

⑤在"位置"下拉列表中选择"标准""提升"或"降低"选项，在其后的"磅值"微调框中输入相应的数值。

⑥选中"为字体调整字间距"复选框，在其后的微调框中输入相应的数值，调整字与字之间的间距。

⑦在"预览"区中预览设置字符的效果，单击"确定"按钮完成设置。

图 3-35 "字符缩放"下拉列表

图 3-36 "字体"对话框"高级"选项卡

3.2.2 段落排版

除了对文本进行格式设置外，还必须掌握段落的格式化设置方法，即学习怎样对一个段落的整体布局进行格式设置，如设置段落的缩进和对齐、行距和间距等。与段落格式相关的设置可利用"开始"选项卡中的"段落"命令组和"段落"对话框两种方式进行。

图 3-37　对齐方式

3.2.2.1 设置段落对齐方式

在 Word 中常用的段落对齐方式有 5 种，分别是左对齐、居中对齐、右对齐、两端对齐和分散对齐。

①利用"开始"选项卡中的"段落"命令组相关命令进行段落对齐操作，具体步骤如下：

a. 选中要设置对齐方式的段落。

b. 在"段落"命令组中选择一种对齐方式，如单击"居中对齐"按钮，如图 3-37 所示。

②利用"段落"命令组的对话框启动器进行设置，具体步骤如下：

a. 选中要设置对齐方式的段落。

b. 单击"段落"命令组的对话框启动器按钮，打开"段落"对话框，如图 3-38 所示，在"对齐方式"下拉列表中选择需要的对齐方式，并单击"确定"按钮完成操作，居中效果如图 3-39 所示。

注：用户可以将插入点移到需要设置对齐方式的段落中，按快捷键"Ctrl+J"设置两端对齐；按快捷键"Ctrl+E"设置居中对齐；按快捷键"Ctrl+R"设置右对齐；按快捷键"Ctrl+Shift+J"设置分散对齐。

3.2.2.2 设置行距和段落间距

①行距就是行和行之间的距离，设置行距的步骤如下：

a. 选中要设置行距的文字段落。

b. 单击图 3-40 中"行距和段落间距"下拉箭头，选择"1.5 倍行距"，然后单击"确定"按钮，就可以改变所选段落的全部行距了。

c. 单击"段落"命令组的对话框启动器按钮，打开"段落"对话框进行设置，如图 3-41 所示。

图 3-38　"段落"对话框

图 3-39　段落"对齐方式——居中"效果

②设置段落间距的步骤如下：

a. 把光标定位在要设置的段落中。

b. 单击图 3-42 中"行距和段落间距"下拉箭头，选择"增加段落前的空格"或"增加段落后的空格"，然后单击"确定"按钮，就可以改变文本的段落间距。

c. 在"段落"对话框中的"间距"选项区中，单击"段后"设置框中的向上箭头设置间距为"0.5 行"，然后单击"确定"按钮，这样该段落和后面的段落之间的距离就拉开了，如图 3-43 所示。

图 3-40　设置行距

图 3-41　设置行距

3.2.2.3　设置段落缩进

缩进段落就是增加段落的边缘与页边距的距离。段落的缩进有首行缩进、左缩进、右缩进和悬挂缩进 4 种形式，设置段落缩进可以通过"段落"对话框和"段落"命令组等几种方法来实现。

①使用"段落"对话框设置缩进　可以精确地设置段落缩进量，具体步骤如下：

a. 选择要设置缩进的段落。

b. 打开"段落"对话框，在"缩进和间距"选项中"缩进"选项区中可以精确地设置缩进量，在"左侧"和

图 3-42　设置段落间距

图 3-43 设置段落间距

图 3-44 "段落"对话框

"右侧"文本框中设置缩进量，可以调整选定段落左右边界的大小（图 3-44）；在"特殊格式"下拉列表中设置特殊格式的缩进，其中"首行缩进"只缩进段落首行，而"悬挂缩进"则可以缩进除段落首行外的所有行（图 3-45）。缩进值可以在右侧的输入框中设置。

②使用"段落"命令组按键设置缩进 "段落"命令组上有"减少缩进量"按钮和"增加缩进量"按钮，单击即可减少或增加一个字的缩进量，如图 3-46 所示。

图 3-45　特殊格式的缩进　　　　　图 3-46　段落缩进按钮

③利用标尺设置段落缩进　通过标尺可以比较直观地设置段落的缩进距离，Word 2016 标尺栏中有 4 个小滑块，它们分别代表 4 种段落缩进方式，功能如下：

首行缩进：拖动可以改变光标所在行文本的左缩进。

悬挂缩进：拖动可以改变文本除第一行外的所有行的左缩进。

左缩进：拖动可以改变文本整个段落的左缩进。

右缩进：拖动可以改变文本整个段落的右缩进。

注：如果相邻的两段都通过"段落"对话框设置间距，则两段间距是前一段的"段后"值和后一段的"段前"值之和。

3.2.2.4　边框和底纹的设置

当设置了字符格式和段落格式后，整个文档会比较规范和美观。除此之外，还可以为文档中各元素添加边框和底纹，添加边框可以使文档的各个部分很好地区分开来，而添加底纹可以使整个文档不会显得过于空白，起到了一定的美化作用。

（1）添加边框

添加边框的具体步骤如下：

①选定需要添加边框的文本或段落。

②单击功能区用户界面中"开始"选项卡"段落"命令组的对话框启动器按钮，在弹出的下拉列表中选择合适的边框样式即可（图 3-47）；或者在下拉列表中选择"边框和底纹"选项，弹出"边框和底纹"对话框，默认打开"边框"选项卡，如图 3-48 所示。

③在该对话框中的"设置"选区中选择边框类型；在"样式"列表框中选择边框线型。

④单击"颜色"后的下三角按钮，打开"颜色"下拉列表，如图 3-49 所示，在该下拉列表中选择需要的颜色。

⑤如果在"颜色"下拉列表中没有用户需要的颜色，可选择"其他颜色"选项，弹出"颜色"对话框。在该对话框中选择需要的标准颜色或者自定义颜色，如图 3-50 所示。

⑥在"宽度"下拉列表中选择边框的宽度。

⑦在"应用于"下拉列表中选择边框的应用范围。

⑧单击"确定"按钮即可为文本或段落添加边框。

图 3-47　边框下拉列表

图 3-48 "边框"选项卡

图 3-49 "颜色"下拉列表

图 3-50 "颜色"对话框

（2）添加底纹

为文本或段落添加底纹的具体操作步骤如下：

①选定需要添加底纹的文本或段落。

②点击功能区用户界面"开始"选项卡中"段落"命令组的对话框启动器按钮，在弹出的下拉列表中选择"边框和底纹"选项，弹出"边框和底纹"对话框，打开"底纹"选项，如图 3-51 所示。

③在该选项卡中"填充"选区中的下拉列表中选择"其他颜色"选项，在弹出的如图 3-52 所示的"颜色"对话框中选择其他颜色。

④单击"样式"后的下三角按钮，打开"样式"下拉列表，如图 3-53 所示。在该下拉列表中选择底纹的样式比例。

⑤单击"确定"按钮即可为文本或段落添加底纹。

图 3-51 "底纹"选项卡

图 3-52 "颜色"对话框

3.2.3 项目符号与编号的应用

3.2.3.1 项目符号和编号

使用项目符号和编号列表,可以对文档中并列的项目进行组织,或者将顺序的内容进行编号,以便这些项目的层次结构更清晰、更有条理。Word 2016 分别提供了 7 种标准的项目符号和编号,并且允许用户自定义项目符号和编号。

图 3-53 "样式"下拉列表

(1) 添加项目编号

Word 2016 提供了自动添加项目编号的功能。在"开始"选项卡"段落"命令组中点击"编号"按钮，在打开的下拉列表中选择适合的编号样式（图 3-54），设置完成后，在以"1.""（1）""a""一、"等字符开始的段落中按"Enter"键，下一段开始将会自动出现"2.""（2）""b""二、"等字符。

(2) 选择项目符号

在"开始"选项卡"段落"命令组中点击"项目符号"按钮，在打开的下拉列表中选择适合的项目符号（图 3-55）。

(3) 自定义项目符号和编号

在 Word 2016 中，除了可以使用提供的 7 种项目符号和编号外，还可以自定义项目符号样式和编号。单击段落工具栏"符号"中"编号"右侧的下拉按钮，单击"定义新项目符号"下的"定义新编号格式按钮"，弹出"定义新项目符号/定义新编号格式"对话框，选择其他项目符号为图片，如图 3-56、图 3-57 所示。

(4) 删除项目符号

对于不再使用的项目符号或编号可以将其删除，具体步骤如下：

①选择要删除其项目符号或编号的文本。

②重新单击"开始"选项卡"段落"命令组中的"项目符号"按钮或"编号"按钮，即可删除其项目符号或编号。

3.2.3.2 添加多级列表

单击"开始"选项卡"段落"命令组中的"多级列表"按钮，在打开的下拉列表中选择适合的列表样式（图 3-58），如果需要自定义新的多级列表，则

图 3-54 创建编号列表

图 3-55 项目符号下拉列表

在下拉菜单中单击"定义新的多级列表"即可，如图 3-59 所示。在 Word 中可以拥有 9 个层级，在每个层级里面还可以根据需要设置不同的形式和格式，此处不再赘述。

3.2.4 复制和清除格式

3.2.4.1 使用格式刷复制格式

在 Word 2016 中格式同文字一样是可以复制的，使用格式刷即可完成格式复制。选中要复制格式的文字，单击"格式刷"按钮，鼠标就变成了一个小刷子的形状，用这把刷子刷过的文字格式就变得和选中的文字格式一样了，如图 3-60 所示。

图3-56 "定义新项目符号"对话框

图3-57 "定义新编号格式"对话框

图3-58 "多级列表"下拉菜单

图3-59 "定义新多级列表"对话框

还可以复制整个段落和文字的所有格式。方法如下：把光标定位在段落中，单击"格式刷"按钮，鼠标会变成一个小刷子形状，选中另一段，该段的格式就会变得和前一段的一模一样。

如果有好几段需要复制格式，则先设置好一个段落的格式，然后双击"格式刷"按钮，这样在复制格式时就可以连续给其他段落复制格式。单击"格式刷"按钮或按"Esc"键即可退出格式刷编辑状态。

图 3-60 "格式刷"图标

3.2.4.2 快速清除格式

对文本设置各种格式后，若需要还原为默认格式，可在"字体"命令组中单击"清除格式"按钮，选中需要清除格式的文字，点击快速清除按钮即可清除字符格式，如图 3-61 所示。

图 3-61 清除格式效果

3.3 图文混排

3.3.1 绘制与编辑自选图形

3.3.1.1 绘制自选图形

Word 2016 中的自选图形是指用户自行绘制的线条和形状，用户还可以直接使用 Word 2016 提供的线条、箭头、流程图、星星等形状组合成更加复杂的形状。在 Word 2016 中绘制自选图形的步骤如下：

图文混排

①打开 Word 2016 文档窗口，切换到"插入"选项卡。在"插图"命令组中单击"形状"按钮，并在打开的形状面板中单击需要绘制的形状（如选中"箭头总汇"区域的"右箭头"选项），如图 3-62 所示。

②将鼠标指针移动到 Word 2016 页面位置，按下左键拖动鼠标即可绘制双箭头。如果在释放鼠标左键以前按下"Shift"键，则可以绘制完全水平的双箭头。将图形大小调整至合适大小后，释放鼠标左键完成自选图形的绘制，如图 3-63 所示。

注：如绘制椭圆形等图形，按住"Ctrl"键，则可以在两个相反方向同时改变形状大小。

3.3.1.2 编辑自选图形

选中要编辑的图形，点击"绘图工具格式"选项卡，选择"形状样式"命令组，点击右下角按钮弹出"设置形状格式"对话框，然后对所选图形进行编辑，如图 3-64 所示。

图 3-62 "绘图工具"格式选项卡

3.3.1.3 将多个对象组合成一个整体

组合多个图形有以下两种方式。

①选择需要组合的图形，单击鼠标右键，在弹出的菜单中选择"组合"命令，如图 3-65 所示，即可将图形进行组合。

②选择需要组合的图形，单击"排列"命令，在弹出的菜单中单击"组合"按钮，如图 3-66 所示。

图 3-63　自选图形效果

图 3-64　"设置形状格式"对话框

图 3-65　"对象组合"效果

图 3-66　"形状样式"命令组

3.3.2 插入与编辑艺术字

使用 Word 2016 中提供的创建艺术字工具，可以创建出各种各样的艺术效果，并以此完善文档的最终效果。插入艺术字的具体步骤如下：

①将光标置于要插入艺术字的位置或选中要转换为艺术字的文字，然后单击"插入"选项卡"文本"命令组中的"艺术字"按钮，打开如图 3-67 所示界面。

②从弹出的菜单中单击选择需要的艺术字体，在文档中出现如图 3-68 所示的文本框，在文本框中输入所需要的文字，并设置艺术字的字体和大小等属性，即可插入艺术字。

③在"绘图工具格式"选项卡中出现"艺术字样

图 3-67　"艺术字"字体界面

图 3-68　"艺术字"输入文本框

图 3-69 艺术字样式

式"命令组，如图 3-69 所示，可根据自己的需求，对艺术字文本填充、文本轮廓、文本效果等进行设置调整。也可以单击"艺术字样式"右下角的按钮，打开图 3-70"设置形状格式"窗格，在文本选项中设置文字效果。

3.3.3 插入与编辑文本框

在"插入"选项卡，单击"文本"命令组中的"文本框"按钮，选择需要的文本框样式，再直接输入文本内容即可，如图 3-71、图 3-72 所示。文本框的编辑与自选图形编辑方法类似，因此不再赘述。

图 3-70 文字效果的设置

图 3-71 "文本框"下拉列表

图 3-72 文本框效果

3.3.4 插入与编辑联机图片和本地图片

3.3.4.1 插入联机图片

选择"插入"选项卡，在"插图"命令组中单击"联机图片"按钮，弹出"插入图片"对话框；单击搜索，将搜索到的图片插入文档中即可，如图 3-73 所示。

3.3.4.2 插入计算机中的图片

插入计算机中的图片具体操作如下：

①选择"插入"选项卡，在"插图"命令组中单击"图片"按钮打开"插入图片"对话框。

②在对话框中找到所需插入的图片，选中图片单击"插入"按钮，即可将所需图片插入文档中，如图 3-74 所示。

图 3-73　插入联机图片

图 3-74　插入图片

3.3.4.3　编辑联机图片与本地图片

(1) 设置图片大小与旋转

① 选择"图片工具格式"选项卡。

② 在图 3-75 所示的"图片工具格式"选项卡中选择"大小"命令组,可以打开"布局"对话框设置图片的大小和旋转效果。

③ 在图 3-75 所示的"图片工具格式"选项卡中选择"旋转"→"其他旋转选项"命令,也可以打开"布局"对话框,如图 3-76 所示。

图 3-75　"图片工具格式"选项卡

图 3-76 "布局"对话框设置图片大小与旋转

(2) 设置图片样式

①选择"图片工具格式"选项卡,在"图片工具格式"选项卡中选择"图片样式"命令组并打开。

②在弹出的窗口中进行设置,如图 3-77 所示。

(3) 设置图片环绕方式

①选择"图片工具格式"选项卡,在"图片工具格式"选项卡"排列"命令组中单击"环绕文字"选项并打开。

②在弹出的窗口中进行设置,如图 3-78 所示。

图 3-77 "设置图片格式"对话框

图 3-78 设置图片环绕方式

3.3.4.4 插入屏幕截图

在编辑文档时利用 Word 2016 提供的屏幕截图功能和屏幕剪辑功能截取屏幕中的图片,更加方便用户插入需要的图片,它可以实现对屏幕中任意部分的随意截取。

①在"插入"选项卡下的"插图"命令组中单击"屏幕截图"按钮。

②在打开的"可用视窗"列表中将列出当前打开的所有程序窗口,选择需要插入的窗口截图,如图 3-79 所示。该窗口的截图将被插入文档插入点光标处。

图 3-79 "屏幕截图"设置

3.3.5 SmartArt 图形的应用

3.3.5.1 插入 SmartArt 图形

①单击"插入"选项卡。

②在"插图"命令组中选择"SmartArt"按钮,这时将弹出"选择 SmartArt 图形"对话框,在其左侧显示了八大类图形,如图 3-80 所示。

图 3-80 "选择 SmartArt 图形"对话框

3.3.5.2 编辑 SmartArt 图形

(1)更改布局和类型

①单击 SmartArt 图形区域内的空白处,即可将整个图形选中。

②选择"设计"选项卡,在"版式"命令组中单击下三角按钮。

③在弹出的菜单中选择更改的图形，如图3-81所示。

(2)输入文本内容

①选择"设计"选项卡。

②单击"创建图形"命令组中的"文本窗格"按钮打开"文本窗格"。

③单击需要输入内容的文本框，输入文字，在右侧相应的图形中也会即刻显示输入的内容，如图3-82所示。

图 3-81　SmartArt 图形类型　　　　图 3-82　文本窗格

(3)设置颜色和样式

①进入"设计"选项卡，单击"SmartArt 样式"命令组中的"更改颜色"按钮。

②在弹出的菜单中可以选择所需的颜色样式，选择一种颜色后，得到调整颜色后的效果，如图3-83所示。

图 3-83　设置颜色和样式

(4) 更改 SmartArt 图形

①选择需要修改的图形。

②选择"格式"选项，在"形状"命令组中单击"更改形状"按钮。

③在弹出的图形中选择需要修改的图形样式，还可以在"形状样式"命令组或者"设置形状格式"窗格中设计 SmartArt 图形的样式，如图 3-84、图 3-85 所示。

图 3-84　更改 SmartArt 形状

图 3-85　更改 SmartArt 形状样式

(5)调整 SmartArt 图形大小

①单击 SmartArt 图形中要更改大小的形状。

②单击"格式"选项,在"形状"命令组中单击"增大"按钮,即可将图形增大(图 3-86);单击"减小"按钮,可以将图形减小。

图 3-86　SmartArt 图形大小的设置

③单击整个 SmartArt 图形中的空白区域,将其选中。

④单击"格式"选项,在"大小"命令组中设置参数,调整 SmartArt 图形的整体高度和宽度(图 3-87)。

图 3-87　SmartArt 图形的整体高度和宽度的设置

3.3.6　插入公式

在编写理工类著作或论文时,经常需要处理复杂的数学公式。启动公式编辑器的具体方法如下:

①在文档中确定插入位置。

②单击"插入"选项卡下的"符号"命令组,在此处键入公式。

③单击"公式"命令,打开内置的"公式"选项,如图 3-88 所示。

④如果内置格式中没有所需要的公式,选择"插入新公式"命令,启动如图 3-89 所示的"公式工具设计"选项卡。

在"公式工具设计"中,提供了工具、符号和结构 3 类选项,以便完成各种数学公式的编辑,用户可在页面上出现的编辑公式框中输入需要的内容。

图 3-88　公式内置样式

图 3-89　"公式工具设计"选项卡

【例3-1】 在文档中创建公式 $a^3 \pm b^3 = (a \pm b)(a^2 \mp ab + b^2)$。

①在编辑区中,在"公式工具设计"选项卡"结构"命令组中单击"上下标"按钮,打开上下标符号菜单,从中选择上标符号,在底数编辑区内用键盘输入"a",在上标编辑区中输入"3"。

②单击键盘中的向右方向键"→",或者单击鼠标左键使插入点恢复到正常输入位置。在"符号"命令组中选择"±"符号,即可将其插入到公式编辑框中光标所在的位置。

③在编辑区中,单击"结构"命令组中"上下标"按钮,打开上下标符号菜单,从中选择上标符号,在底数编辑区内用键盘输入"b",在上标编辑区中输入"3"。将插入点恢复到正常输入位置,然后选择符号区的"="插入光标处。

④选择"结构"命令组中的"括号"按钮,从中选择"( )",然后用前面3个操作步骤键入公式中所包含的内容。用同样的方法完成剩余部分的输入。

⑤在公式编辑区外单击鼠标退出编辑状态并返回Word。插入公式如图3-90所示,它将成为文档中的一个独立对象,类似于一张图片。

$$a^3 \pm b^3 = (a \pm b)(a^2 \mp ab + b^2)$$

图3-90 公式样文

【例3-2】 制作流程图。

1. 文档建立与页面设置

①新建一个Word文档,将其保存为"森林资源调查流程图"。

②在"布局"选项卡中的"页面设置"命令组中,单击"页边距"按钮,选择"自定义边距"命令。

③在"页面设置"对话框的"页边距"选项中,将上、下、右边距设为"2.5厘米",左边距设为"3厘米"。

④单击"确定"按钮完成页面设置。

2. 插入艺术字

①在"插入"选项卡上的"文本"命令组中,单击"艺术字"按钮,选择艺术字样式。

②输入"森林资源调查流程图"字样,单击"确定"按钮,完成艺术字的插入,如图3-91所示。

3. 创建画布

在Word 2016中创建绘图时,首先必须插入一个绘图画布,绘图画布可以帮助用户排列绘图中的对象并调整其大小。

图 3-91 插入艺术字

图 3-92 画布设置选项

①单击文档中要创建绘图的位置。

②在"插入"选项卡上的"插图"命令组中,单击"形状"按钮,选择"新建绘图画布",如图 3-92 所示。文档中将插入一个如图 3-93 所示的绘图画布。

③单击绘图画布,按住鼠标左键拖动下方的拖动柄,使绘图画布铺满整个页面。

注:绘图画布的作用是将图形中的各部分整合在一起,并在文档中定位图形的位置。本案例中,如果流程图不是绘制在画布中,将不能使用连接符始终连接在一起。

4. 插入流程图元素

①在"绘图工具格式"选项卡"插入形状"命令组中,选择"流程图"元素面板中的"决策"图形。

②在画布上拖动鼠标直至图形大小适当,松开鼠标左键,即可在画布上绘出如图 3-94 所示图形,在形状样式选项栏中选择"形状轮廓"中的"绿色"样式。

③右键单击该图形,在弹出的快捷菜单中选择"添加文字"选项。

图 3-93 绘图画布

图 3-94 绘制出的图形元素效果

④在图形中输入文字——"申报立项"。

⑤为了使图形中的文字和图形的边框紧密接触,可单击"自选图形",然后将鼠标移至其边框上,等光标变为 4 个方向的箭头形状时,单击鼠标右键,在弹出的快捷菜单中选择"设置图形格式",打开如图 3-95 所示的"设置图形格式"对话框。

⑥在"文本框"选项卡的"内部边距"区中,将左、右、上、下边距均设为"0 厘米"即可。

图 3-95 "设置图形格式"对话框

⑦要改变已经绘制好的流程图类型，可选定要改变的图形对象。

⑧在"绘图工具格式"选项卡"插入形状"命令组中，单击"编辑形状"按钮，选择"更改形状"命令。

⑨在打开的"流程图"元素面板中选择相应的图形类型，如图 3-96 所示。

图 3-96 插入形状

⑩使用同样的方法，按照图3-97所示，在画布上绘出此流程所需的各个流程图图形元素并加注文字。

5. 美化流程图

①调整流程图中的文字。分别选定各个图形中的文字，将字形设置为"加粗"，且水平"居中"对齐。

②图形中的文字只能设置水平方向居中对齐，而不能设置垂直方向居中对齐。

③使用拖动的方法分别调整各流程图的大小。

④使图形对象在画布上对齐。在画布上拖动鼠标选定中间一系列的图形，也可以通过按住"Ctrl"键逐个选定。在"绘图工具格式"选项卡"排列"命令组中，单击"对齐"按钮，选择"对齐所选对象"，如要居于画布中间，还可以选择"左右居中"，如图3-98所示。

图3-97 绘制流程图中各图形元素

图3-98 图形元素对齐设置

⑤设置图形对象的填充样式。选定要设置填充效果的图形，这里是选择全部的流程图。在"绘图工具格式"选项卡"形状样式"命令组中，单击点开内置样式表，如图3-99所示，选择"细纹效果—绿色、强调颜色6"样式，得到如图3-100所示的效果。

图 3-99 主题样式　　　　图 3-100 图形元素应用文本框样式后效果

6. 连接工作流程

以上只画了流程图的框，缺少连接线，下面为流程图的各个框之间添加连接符。连接符的作用是使用线条来连接形状并保持它们之间的连接。连接符可以让读者更准确地快速把握整个流程的走向。连接符看起来是线条，但是它将始终与其附加的形状相连，也就是说，无论怎样拖动各种形状，只要它们是以连接符相连的，就会始终连在一起。Word 中提供了直线、肘形线和曲线 3 种连接符用于连接对象。

（1）添加直线箭头连接符

① 在绘图画布空白处单击，显示"绘图工具格式"选项卡，在"插入形状"命令组中，单击点开所有内置形状，选择如图 3-101 所示的"直线箭头连接符"。

② 在两个需要添加连接符的图形之间拖动鼠标，当鼠标移动到图形对象上时，图形会显示连接点，这些点表示可以附加连接符线的位置。用鼠标在两个图形之间拖动连接符即可将两个图形连接在一起，如图 3-102 所示。

图 3-101 直线箭头连接符

(2)添加肘形线(折线)连接符

①在"绘图工具格式"选项卡下"插入形状"命令组中,单击点开所有内置形状,选择"线条"组中的"肘形箭头连接符"。

②用鼠标从"制定操作细则"图形左侧的连接点上开始,拖动连接符到"外业质量检查"图形左侧的连接点即可添加这两个图形的肘形线连接符,如图3-103所示。

图 3-102　图形直线连接符

图 3-103　图形肘形线连接符

③单击选择此肘形连接符,使用鼠标拖动肘形连接符上的小黄点可以调整肘形线的幅度。依次用连接符将各个流程图连接到一起,如图3-104所示。

图 3-104　流程图元素与所有连接线连接后效果

（3）调整连接符

在连接过程中若有连接符连接错了，需要进行调整。首先需要解除连接符的锁定，移动连接符的任一端点，则该端点将解除锁定或从对象中分离；然后便可以将其锁定到同一对象的其他连接位置。

并不是所有的连接符都连接到图形连接点，如图3-105所示的"内业质量检查"和"外业质量检查"之间，这种连接的缺陷就是不能始终保持与其连接的形状相连。注意不要随便移动这种普通连接的图形位置。

图3-105　流程图连接

7. 给流程添加文字说明

在流程图中，除了流程图形和连接符外，还会有一些辅助性的说明文字，这些说明文字一般是通过文本框来实现的。

①在图3-106所示的"绘图工具格式"选项卡下"插入形状"命令组中，单击"文本框"按钮，选择"绘制文本框"。

②在画布上拖动鼠标到适当大小，松开鼠标左键，即可在画布上绘制出一个矩形文本框，如图3-107所示。

图3-106　选择"绘图文本框"

图3-107　文本框绘制

③在文本框内输入文字，这里输入的是"不合格"。

④选定此文本框，单击右键，在快捷菜单上选择"设置形状格式"，在打开的"设置形状格式"窗口中单击"形状选项"。

⑤将"线条"选项设置为"无线条"，取消文本框的线条，如图 3-108 所示。

⑥拖动文本框到合适的位置，并设置合适的大小。

⑦同法在画布中输入其他说明文字，得到如图 3-109 所示的最终效果图。

图 3-108　设置文本框线条

⑧整个流程图已经制作完成。为了保证流程图的完整性，最好把整个流程图组合成一个整体，即先选定画布中所有的元素，然后单击鼠标右键，在快捷菜单中的"组合"菜单中选择"组合"选项。

图 3-109　流程图合成效果

【例 3-3】 使用 SmartArt 制作组织结构图。

Word 2016 提供了 6 类 SmartArt 图形，分别是组织结构图、循环图、射线图、棱锥图、维恩图、目标图。灵活使用 SmartArt 图形可以使文档更加美观，图示说明更加清晰。下面以制作"某医院组织结构图"为例练习 SmartArt 图形的使用。

1. 文档建立与页面设置

①新建一个 Word 文档，将其保存为"某医院组织结构图"。

②在"布局"选项卡中的"页面设置"组中，单击"页边距"按钮，选择"自定义边距"命令。

③在"页面设置"的"页边距"选项中，将上、下、右边距设为"2.5 厘米"，左边距设为"3 厘米"，单击"确定"按钮完成页面设置。

2. 插入艺术字

①在"插入"选项卡上的"文本"命令组中，单击"艺术字"，选择第三行第三列艺术字样式。

②输入"某医院组织结构图"，完成艺术字的插入，并将其居中，如图 3-110 所示。

图 3-110　设置艺术字

3. 插入 SmartArt 图形

在"插入"选项卡上的"插图"命令组中，单击"SmartArt"按钮，选择层次结构中的组织结构图样式，如图 3-111 所示，点击"确定"。

图 3-111　组织结构图样式

图 3-112　组织结构图

确认后文档中就会插入如图 3-112 所示的组织结构图，默认情况下包含两级关系，5 个文本框。

4. 在 SmartArt 图形中添加文字

①默认形状的 5 个文本框中有一个是"助理"，在本例中不需要此级别，可以选中纵向第二个文本框，按"Delete"键删除，然后按照左侧文本输入框提示，在第一层输入"董事会"，在下一级的 3 个文本中分别输入"行政副院长""院长""业务副院长"，完成第一级和第二级层次的输入，如图 3-113 所示。

图 3-113　组织结构图中文本内容

②"行政副院长"管辖 3 个部门，分别是"院办""后勤部"及"采购部"。点击"行政副院长"内容所在文本框，在"SmartArt"工具面板"设计"选项卡下点击"添加形状"命令组右下角的启动对话框按钮，在下拉列表中选择"在下方添加形状"命令，如图 3-114 所示。为"行政副院长"添加下级部门，添加之后，新加文本框为选中状态，如图 3-115 所示。

图 3-114　添加形状

③在新加文本框中输入"院办",其余两个部门与"院办"同级别,所以再确认"院办"文本框为选中状态,点击"SmartArt"工具面板"设计"选项卡下"添加形状"命令组右下角的下拉箭头。在下拉列表中选择"在后面添加形状"命令,如图3-116所示,重复两次。这样就为"院办"添加了两个同级别的文本框,分别输入"后勤部"及"采购部",如图3-117所示。

图3-115 添加形状后的效果

图3-116 "添加形状"下拉列表　　图3-117 第一项明细

④用同样的方法为"院长""副院长"文本框添加下级文本框并输入相应文字,如图3-118所示。

⑤按图3-119所示效果继续完成其他级别的输入。注意"添加形状"命令中"在前面(或后面)添加形状"指的是给选中文本框增加同级别文本框。"在上方(或下方)添加形状"指给选中文本添加上级、下级文本框。

图3-118 分层显示效果　　　　图3-119 第三级结构添加后效果

⑥除了用鼠标点击命令完成操作外,还可以在SmartArt图形旁边的文本导航框里快速进行同级文本和下级文本的添加。例如,现在给"医务部"添加4个下级部门,首先选中"医务部"文本框,然后将鼠标定位在出现的文本导航框中的"医务部"3个字后面,

按下"Enter"键就会给选中文本框添加同级文本框。录入状态也会在新加文本框中,这时输入"药房药库"4个字,再按下"Tab"键,新添加的"药房药库"文本框就会成为"医务部"的下级文本框,如图3-120所示。使用同样的方法为"医务部"再添加3个下级文本框,如图3-121所示。

图 3-120　文字层次关系

图 3-121　下级设置完成

5. 组织结构图修饰

SmartArt 图形和艺术字、自选图形类似,都可以使用系统预设的样式快速设置图形样式。SmartArt 工具由"设计"选项卡和"格式"选项卡构成,其中"格式"选项卡里"创建图形"命令组的主要作用是完成文本框的创建、调整。"布局"命令组中提供了不同布局的预设图形供选择使用,"更改颜色"即用不同的色系标示不同的级别,"SmartArt"命令组提供了预设的样式选用,如图3-122所示。"格式"选项卡与艺术字中"格式"选项卡类似,不再赘述。下面可以使用样式、颜色、外观快速完成"某医院组织结构图"的修饰,如图3-123至图3-125所示。

图 3-122 更改颜色选项

图 3-123 颜色应用后效果

图 3-124 应用新设计

图 3-125 纵向层次效果

3.4 在 Word 文档中编辑表格

3.4.1 插入表格

3.4.1.1 新建空白表格

(1) 通过功能区快速新建表格

①选择"插入"选项卡"表格"命令组中的"表格"按钮。

②弹出一个下拉界面,该下拉界面的上方是一个由 8 行 10 列方格组成的虚拟表格,用户只要将鼠标在虚拟表格中移动,虚拟表格就会以不同的颜色显示,同时会在页面中模拟出此表格的样式。

③根据需要在虚拟表格中单击就可以选定表格的行列值,即在页面中创建了一个空白表格。

(2) 通过"插入表格"对话框新建表格

①在"表格"命令组"表格"下拉菜单中单击"插入表格"按钮。

②打开"插入表格"对话框,如图 3-126 所示。在"列数"和"行数"框设置或输入表格的列和行的数目。最大行数为 32767,最大列数为 63。

在 Word 文档中
编辑表格

图 3-126 插入表格对话框

图 3-127　表格中的符号标记

③单击"确定"按钮即可创建出一张指定行数和列数的空白表格，表中的一些标记如图 3-127 所示。

(3) 手绘表格

①在"插入"选项卡"表格"命令组中单击"表格"按钮。

②在弹出的下拉菜单中单击"绘制表格"命令，鼠标会变成笔的形状，在页面上表格的起始位置按住鼠标左键并拖动，会在页面用笔划出一个虚线框，松开鼠标即得到一个表格的外框。

③绘制外框后，在中间可以根据需要绘制出横向和纵向的表线。

(4) 使用快速表格功能(使用内置表格)新建表格

①在"插入"选项卡"表格"命令组中单击"表格"按钮。

②在弹出的下拉菜单中用鼠标指向"快速表格"，弹出二级下拉菜单，从中选择需要的表格类型。

3.4.1.2　填写表格内容

表格建好后，可在表格中输入内容。单元格是一个最小的文本编辑区，其中文本的键入和编辑操作与 Word 正文编辑区的操作基本相同。在单元格中单击鼠标，可将插入点定位在单元格中；按"Tab"键可使插入点移到右侧的单元格；按"Shift+Tab"键可使插入点移到左侧单元格，并选定其中的文本，也可以使用键盘的方向键移动插入点。

3.4.2　表格基本操作

3.4.2.1　选择操作区域

选择"表格工具"中的"布局"选项卡，如图 3-128 所示，在"表"命令组中单击"选择"按钮，会弹出一个下拉菜单，可以根据需要从中选择插入点所在单元格或是行、列，甚至是整个表格。

图 3-128 "表格工具"中"布局"选项卡

①选择单元格　鼠标放至单元格左边线，当鼠标变成向右斜黑色箭头时，单击鼠标选中单元格。

②选择行　将鼠标移至表格行左边线，当鼠标变成向右斜空心箭头时，单击鼠标选中表格整行。

③选择列　将鼠标移至表格列上边线，当鼠标变成向下黑色箭头时，单击鼠标选中表格整列。

④选择整个表格　将鼠标插入表格内任意单元格内，这时表格左上角会出现带方框的四向箭头，单击此标志选中整个表格。

3.4.2.2　调整行高和列宽

①使用表格尺寸控点，拖动调整。

②使用鼠标拖动列标志改变列宽，拖动行标志改变行高。同时按住鼠标左键和"Alt"键，水平标尺上即显示列宽的数值。

③使用"自动调整"命令　在"表格工具"中的"布局"选项卡"单元格大小"命令组中单击"自动调整"按钮，在菜单中选择"根据内容自动调整表格"。根据表格中文字的数量自动调整表格列宽。如果列宽固定，不管输入什么内容，都不会自动调节列宽，但文字太长无法在一行显示时，会自动调整行高，如图 3-129 所示。

图 3-129　自动调整表格的设置

④精确设置列宽和行高　在"表格工具"中的"布局"选项卡"单元格大小"命令组中单击右下角按钮，或者在"表格工具"中"布局"选项卡"表"命令组中单击"属性"按钮，在"表格属性"对话框中进行精确设置，或在"表格工具"中的"布局"选项卡"单元格大小"命令组中进行精确设置。行高有两种格式，一种是固定行高，无论行中内容能否完整显示，都始终保持此高度；另一种是最小行高，如果该行中文字达不到指定的高度，也保持此高度，而一旦行中内容高度超过此设置，就会自动增加行高。

在"表格工具"中的"布局"选项卡"单元格大小"命令组，通过表格"行高度"框和"列宽度"框进行设置。

3.4.2.3　插入与删除行、列和单元格

①增加行和列　选择"表格工具"中的"布局"选项卡"行和列"命令组，如图 3-130 所示，单击鼠标右键，选择插入"行"或"列"。快速增

图 3-130　"表格工具"中"行和列"命令组

加一行，可将插入点定位在行尾标记前，然后按"Enter"键即可；或者将插入点定位在最后一个单元格的段落标记前，按"Tab"键，增加单元格。

②删除行、列和单元格　选择"表格工具"中的"布局"选项卡"行和列"命令组，单击"删除"按钮。

③删除整个表格　选中整个表格，按"Backspace"键。

3.4.2.4　拆分与合并表格或单元格

图3-131　"表格工具"中"布局"命令组

①拆分表格　将表格分成上下两个表格。选择"表格工具"中的"布局"选项卡"合并"命令组，如图3-131所示，单击"拆分表格"按钮，或使用快捷键"Ctrl+Shift+Enter"。

②合并表格　将表格之间的空行删除即可。

③拆分单元格　选择"表格工具"中的"布局"选项卡"合并"命令组，单击"拆分单元格"按钮。

④合并单元格　选择"表格工具"中的"布局"选项卡"合并"命令组，单击"合并单元格"按钮。

另外，在图3-132所示的"表格工具"中的"布局"选项卡"绘图"命令组，单击"橡皮擦"按钮，此时鼠标呈橡皮状态，单击需要合并的单元格之间的框线，即可擦除该框线，即实现了单元格合并。

图3-132　橡皮擦工具

3.4.2.5　编辑表格中文本

(1) 设置表格文字格式

①设置表格中文字的方向　在"表格工具"中的"布局"选项卡"对齐方式"命令组，单击"文字方向"按钮，如图3-133所示；也可在选定的单元格上右击，在弹出的快捷菜单上选择"文字方向"命令，打开"文字方向"对话框，如图3-134所示。

图3-133　"文字方向"选项卡

②设置单元格中文字的对齐方式　在"表格工具"中的"布局"选项卡"对齐方式"命令组中进行设置；也可在右键快捷菜单中指向"单元格对齐方式"中设置。

(2) 设置文字至表格线的距离

将插入点置于表格的任意单元格中，单击"表格工具"中的"布局"选项卡，在图3-135所示的"对齐方式"命令组中单击"单元格边距"按钮，弹出图3-136所示的"表格选项"对话框。在"表格选项"对话框中，可通过"上""下""左"和"右"4个微调框分别调整单元格内文字到上、下、左、右表格框线的距离。

图3-134　"文字方向"对话框

如果要单独调整某个单元格内文字与框线的距离，则按下面方法进行。选定需要调整的单元格，在"表格工具"中的"布局"选项卡"表"命令组中单击"属性"按钮，弹出"表格属性"对话框，点击"选项"按钮，打开"单元格选项"对话框，取消选中"与整张表格相同"复选框后，就可以分别调整指定单元格内文字与上、下、左、右框线之间的距离了，如图3-137所示。

（3）表格的对齐方式和环绕方式

表格的对齐方式是指表格相对于页面的位置，有3种对齐方式：左对齐、居中和右对齐。设置方法为：选定整个表格后，单击"开始"选项卡"段落"命令组中的对齐按钮，直接进行设置；或者打开图3-138所示的"表格属性"对话框"表格"选项卡，在其中的"对齐方式"区设置表格的对齐方式。

表格的对齐方式是指表格与周围文字的关系，在"表格属性"对话框"表格"选项卡进行表格的对齐方式设置。

3.4.2.6 设置表格边框和底纹

设置表格的框线首先要把光标插入到表格中的任何一个单元格中，然后通过下面3种方法进行设置：

①利用快捷菜单中的"边框样式"命令。

②利用"表格工具设计"选项卡中"表格样式"命令组中的"边框和底纹"按钮，如图3-139所示。

③利用"表格工具"中"设计"选项卡"表格样式"命令组中的自带样式进行设置，如图3-140、图3-141所示。

图 3-135 "单元格边距"按钮

图 3-136 "表格选项"对话框

图 3-137 "单元格选项"对话框

图3-138 "表格属性"对话框"表格"选项卡

图3-139 "边框和底纹"对话框

图3-140 表格样式

	一季度（台）	二季度（台）	三季度（台）	四季度（台）	合计	销售排名
某公司2017年电器销售情况统计表						
广州	521	554	702	389		
北京	546	786	666	356		
南京	458	562	801	684		
上海	356	965	856	524		
重庆	432	659	756	425		

图3-141 设置表格样式效果

3.4.2.7 表格和文本相互转换

在 Word 中,可将用段落标记、逗号、制表符、空格或其他特定字符作为分隔符的文本转化为表格。在将文字转换成表格时,Word 自动将分隔符转换成表格列边框线。

将文字转换成表格的方法是:选定要转换的文字,在"插入"选项卡"表格"命令组中单击"表格"按钮,在弹出的下拉菜单中选择"文本转换成表格"命令,打开"将文字转换成表格"对话框,在对话框指定文字的分隔符和列数即可,如图 3-142 所示。

(1) 文本转换成表格

将录入的文本全部选中,打开"插入"中的"表格"选项区小三角,选择"文本转换成表格"命令,弹出"文本转换成表格"对话框,如图 3-143 所示。将"列数"设置为"5",将"行数"设置为"7",在"文字分割位置"栏中选择"制表符"(也可选择其他)单选钮,最后单击"确定"按钮,生成 7 行 5 列的表格,如图 3-144 所示。

图 3-142 文本转换表格对话框　　图 3-143 "文本转换成表格"对话框

某公司 2017 年电器销售情况统计表				
	一季度(台)	二季度(台)	三季度(台)	四季度(台)
广州	521	554	702	389
北京	546	786	666	356
南京	458	562	801	684
上海	356	965	856	524
重庆	432	659	756	425

图 3-144 文本转换为表格后效果

(2) 表格转换成文本

选中图 3-144 中的表格,打开"插入"选项卡中的"表格"选项区小三角,选择"表格转换成文本"命令,弹出"表格转换成文本"对话框,即可将表格转换成文本。

3.4.2.8 调整表格

(1) 添加表标题

选中第一个单元格，依次选择"表格""插入""行在上方"命令，然后合并插入行的单元格，并输入标题即可。

(2) 绘制斜线箭头

将光标定位在第二行第一列，执行"表格""绘制表格"命令，鼠标指针变成铅笔形后，在单元格中画出一条斜线，并在斜线的两侧分别输入内容，再分别设置其对齐方式为"右对齐"和"左对齐"。

3.4.3 计算表格数据

3.4.3.1 表格排序

在表格中选中要排序的行或列，在"表格工具"中的"布局"选项卡"数据"命令组中单击"排序"按钮(图 3-145)，打开"排序"对话框(图 3-146)，按照需要选择要排序的对象及属性，即可对选中对象进行排序计算。

图 3-145 表格"排序"

图 3-146 "排序"对话框

3.4.3.2 表格公式

Word 计算公式中，用 A、B、C 等代表表格的列；用 1、2、3 等代表表格的行；用 Left、Right、Above、Below 代表公式计算时引用数据位置参数。将插入点移到准备显示计算结果的单元格中，在"表格工具"中的"布局"选项卡"数据"命令组中单击"公式"按钮

图 3-147　表格公式设置

图 3-148　Word"公式"应用对话框

(图 3-147),打开"公式"对话框。如图 3-148 所示,在"粘贴函数"列表框中选择计算函数,在"编号格式"列表框中选择结果显示的格式。

注:将公式复制到其他单元格,选中目标单元格后,应按"F9"键更新域。

3.4.3.3　域的更新

Word 可对数据进行更新。例如,张三的语文成绩输入错误,那么将他的分数改正之后,总分和平均分也要改,这时只需选中张三的平均分所在的单元格,单击鼠标右键,在快捷菜单中选择"更新域"命令,平均分就被改正了。如果总分也是通过公式计算出来的,那么用同样的方法也可以更新总分。

【例 3-4】　制作个人简历表。

1. 新建一张表格

①把光标移到需要插入表格的位置。

②制作 11 行 5 列的表格,如图 3-149 所示。

③用合并单元格的方法合并"贴照片处""主要经历"和"备注"区域。

④用"表格工具"中"布局"选项卡"绘图"命令组中的"橡皮擦"擦除不需要的线条,用"铅笔"绘制需要的线条。重复以上方法制作"性别"和"民族"等单元格。

2. 设置表格字符格式

①选中表名"个人简历表",设置字体为"华文楷体",字号为"三号"。

②选中全部表格,设置字体为"华文楷体",字号为"四号"。

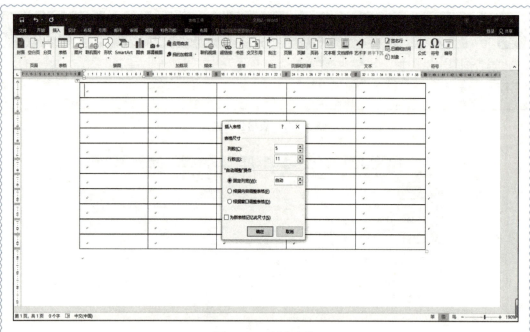

图 3-149 新建表格

③将表头文字设置为居中对齐,将表格中文字均设置为水平居中、垂直居中。

3. 设置表格的边框和底纹

为了美化表格或突出表格的某一部分,可以为表格添加边框和底纹。

①将光标移到表格中,在"表格工具"中的"设计"选项卡"边框"命令组单击"边框"按钮,在下拉菜单中选择"边框和底纹"命令,打开"边框和底纹"对话框,如图 3-150 所示。

图 3-150 "边框和底纹"对话框

②选择"边框"命令组,点击"笔样式"按钮,在线型列表框中选择"双线型",点击"笔画粗细"按钮,在"宽度"下拉列表框中选择"2.25 磅"选项,如图 3-151 所示。

图 3-151　线型粗细选择

③单击"确定"按钮,完成边框的设置。

④用相同的方法设置内网格线为 1.0 磅的单实线,效果如图 3-152 所示。

图 3-152　个人简历表设置边框后效果

⑤选择"边框和底纹"对话框的"底纹"选项,在"填充"下拉列表框中选择"水绿色",在"图案"选项区域的"样式"下拉列表框中选择"20%",如图 3-153 所示。

⑥单击"确定"按钮,完成底纹的设置,效果如图 3-154 所示。

图 3-153 表格底纹设置

图 3-154 添加底纹后的表格效果

3.5 页面布局

在 Word 2016 中，将所有与页面内容布局有关的设置功能全部集中到了"布局"选项卡中，单击"布局"选项卡可显示如图 3-155 所示的命令组。该命令组由页面设置、稿纸、段落和排列 4 个部分组成，下面学习页面布局的操作方法。

页面布局

图 3-155 "布局"选项卡

3.5.1 页面设置

3.5.1.1 设置纸张大小和方向

①单击"布局"选项卡，在"页面设置"命令组中单击"纸张大小"按钮，可以在弹出的下拉菜单中选择预设的纸张大小，如图 3-156 所示；也可以通过单击"页面设置"命令组右下角的启动对话框按钮打开"页面设置"对话框进行设置，如图 3-157 所示。

图 3-156 "纸张"参数设置

图 3-157 "页面设置"对话框

②单击"布局"选项卡，在"页面设置"命令组中单击"纸张方向"按钮，在弹出的下拉菜单中可以设置页面方向为纵向或横向，或打开页面设置对话框进行设置，如图 3-158 所示。

图 3-158 "纸张方向"设置

3.5.1.2 设置页边距

①单击"布局"选项卡"页面设置"命令组中的"页边距"按钮,打开如图 3-159 所示的内置"页边距"样式,如果样式中没有所需要的,可选择"自定义边距"命令,打开"页面设置"对话框,如图 3-160 所示。

图 3-159 "页边距"选项

图 3-160 "页面设置"中的"页边距"选项卡

②单击"布局"选项卡"页面设置"命令组中的"文字方向"按钮命令,弹出内置的文字方向样式,如图 3-161 所示。如果样式中没有所需要的,可选择"文字方向选项"命令,打开"文字方向-主文档"对话框,如图 3-162 所示。

选择某一文字方向时,要确定是应用于"整篇文档"还是"插入点之后"。

注：在一篇文档中,要想实现文字"纵横混排"效果,要将需要设置特殊文字方向的字符放入"文本框"中。

3.5.1.3 设置页面颜色

打开"设计"选项卡"页面背景"命令组,单击"页面颜色"按钮,在弹出的菜单中选择一种颜色,如图 3-163 所示。

图 3-161 内置"文字方向"样式

图 3-162 文字方向设置

图 3-163 页面颜色设置

还可以通过"设计"选项卡,在"页面背景"命令组中打开"页面颜色"下拉菜单选择"填充颜色"中的渐变、纹理、图案和图片对页面进行设置,如图 3-164、图 3-165 所示。

3.5.1.4 设置页面边框

用户不但可以为文本和段落设置边框,还可以设置整个页面的边框。

①在"设计"选项卡"页面背景"命令组中单击"页面边框"按钮。

②在弹出的"边框和底纹"对话框中选择页面边框进行设置,如图 3-166 所示。

图 3-164 "填充效果"对话框

图 3-165 填充效果

图 3-166　页面边框的设置

该选项卡中的设置与"边框"选项中的设置类似，不同的是多了一个"艺术型"下拉列表，如图 3-167 所示，在该下拉列表中选择所需要的边框类型。

③设置完成后，单击"确定"按钮即可设置整个页面的边框，如图 3-168 所示。

3.5.1.5　设置图片水印

①选择"设计"选项卡，在"页面背景"命令组中单击"水印"按钮。

②在弹出的下拉菜单中选择一种预设水印样式，这时页面中将自动添加半透明的水印底纹效果，如图 3-169 所示。

3.5.2　设置页眉、页脚和页码

3.5.2.1　添加和删除页眉与页脚

图 3-167　"艺术型"下拉列表

（1）从库中添加页眉和页脚

①选择"插入"选项卡，在"页眉和页脚"命令组中单击"页眉"或"页脚"按钮。

②在弹出的下拉菜单中选择预设的页眉或页脚样式，如图 3-170 所示。

③通过"页眉和页脚工具"中的"设计"选项卡对页眉或页脚进行编辑，如页眉或页脚奇偶页的设置等；若要返回至文档正文，需要单击"设计"选项卡上的"关闭页眉和页脚"，如图 3-171 所示。

（2）删除页眉或页脚

双击页眉或页脚，选择页眉或页脚，按"Delete"键即可删除。

图 3-168 设置边框效果

图 3-169 设置水印效果

图 3-170 页眉和页脚的插入

图 3-171 "页眉页脚工具"中的"设计"选项卡

3.5.2.2 添加页码

①在"插入"选项卡"页眉和页脚"命令组中的"页码"选项下拉列表中选择"设置页码格式"选项，如图 3-172 所示，弹出"页码格式"对话框，如图 3-173 所示，在该对话框中可设置所插入页码的格式。

②设置完成后，单击"确定"按钮，即可在文档中插入页码。

图 3-172 "页码"命令组

图 3-173 "页码格式"对话框

3.5.3 设置分栏

①选中要分栏的文档内容，单击"布局"选项卡"页面设置"命令组中的"分栏"按钮，打开如图 3-174 所示的内置"分栏"样式。如果样式中没有所需要的，可选择"更多分栏"命令，打开"分栏"对话框，如图 3-175 所示。

图 3-174 内置"分栏"模式

图 3-175 设置"分栏"对话框

②单击选择"三栏"，再单击"确定"按钮，分栏效果如图 3-176 所示。
③如果要显示分隔线，可在"分栏"对话框中选中"分隔线"复选框。

3.5.4 打印文档

页面设置完成后，通过"打印预览"可以看到实际的打印效果。预览时，依然可以对文本进行常规的编辑。操作步骤为：

图 3-176　设置"三栏"后的文档排版效果

①单击"文件"菜单，在打开下拉菜单中选择"打印"命令，如图 3-177 所示。在对话框的右边直接显示打印预览效果，可以拖动右下方"显示比例"按钮，选择放大、单页、多页预览。

图 3-177　"打印"选项卡

②在"打印"选项卡中，用户可以根据需求设置打印条件，如一次打印多份、选择哪部打印机、纸张大小、单/双面打印等。

打印份数：通过微调按钮输入或直接输入具体数字。

打印范围：可根据实际打印需要设置打印所有页、打印所选内容、打印当前页面等选项，如图 3-178 所示。

图 3-178　打印页数及范围设置

打印方式：选择双面或单面打印、打印顺序、横向或纵向打印、装订位置及色彩等，如图 3-179 所示。

图 3-179　打印方式设置

打印机属性：单击"打印机属性"按钮，弹出图 3-180 所示的左侧对话框，可进行打印布局、纸张选择、纸张质量的设置；单击"高级"按钮弹出图 3-180 所示的右侧对话框，可进行纸张规格、输出份数、打印图形质量和色彩、文档选项、打印机功能的调整，不同打印机其高级选项功能不同。

③如果需要进一步的设置，可以单击"页面设置"命令打开"页面设置"对话框进行设置，设置完成后单击"确定"按钮即可，如图 3-181 所示。

图 3-180 打印机属性及高级设置

图 3-181 "页面设置"对话框

3.5.5 添加水印

我们经常看到一些文件的背景上印有公司 logo 或者作者名字，也能够在一些保密文件的正文后面看到"机密""绝密"等字样，这些字样或图片就是水印。

水印是位于文本和图片后面的文本或图片，通常淡出或冲淡，以便它不会干扰页面上的内容。与页眉和页脚一样，水印通常显示在文档的所有页面上，封面除外。

水印具有传达有用信息或为打印文档增添视觉趣味而不影响正文文字，传递信息、宣传推广的作用，也能起到提示文档性质以及进行相关说明的作用。

(1) 添加水印

①单击"设计"选项卡下"页面背景"组中的"水印"下拉按钮,如图3-182所示,可以选择系统预设的水印样式,如"机密1""紧急1"等,也可以根据具体需要选择自定义水印。

②如果在下拉列表中选择"自定义水印",则弹出"水印"对话框,如图3-183所示。

若设置图片水印,选择"图片水印"选项,点击"选择图片"按钮就会弹出"插入图片"对话框,根据所需选择要设置为水印的图片即可。缩放用来调整水印图片的大小,默认情况下"冲蚀"选项是勾选的,添加的水印图片会产生冲蚀效果并置于文档最底层。

若添加文字水印,则在"水印"对话框中选择"文字水印",在"文字"行中输入文字,设置字体、字号、颜色、半透明、版式等效果。设置完成后,单击"应用"按钮和"关闭"按钮,或直接单击"确定"按钮。

(2) 编辑水印

若设置的水印需要编辑,则进入页眉和页脚编辑界面,选中页面中插入的水印对象,文字水印以艺术字的形式存在,选中文字水印后,会出现"艺术字"选项卡,可以按艺术字的修改方法对水印的效果进行修改(图3-184)。

若要删除水印,则选中按"Delete"键将其删除。编辑完成后退出页眉和页脚编辑界面即可。

图 3-182 "水印"下拉按钮

图 3-183 "水印"对话框

图 3-184 编辑文字水印

3.6 Word 高级应用

3.6.1 引用选项卡中的其他命令

3.6.1.1 目录

目录用于列出文档中各级标题及其所在页面的页码，方便用户在文档中快速查找所需内容。可以使用 Word 2016 提供的内置目录创建目录，也可以自定义目录。

(1) 使用内置目录

①把光标定位到需要建立文档目录的位置，一般为文档的最前面。

②在"引用"选项卡的"目录"组中单击"目录"按钮，在弹出的下拉列表中选择需要的样式，如选择"手动目录"样式，即可自行填写相应的目录内容，如图 3-185 所示。

注：如果文档标题应用了内置的标题样式，则可以使用 Word 提供的自动目录功能。自动目录在文档发生改变后，可以利用更新目录的功能来适应文档的变化。此外，除了可以创建一般的标题目录外，还可以根据需要创建图表目录和引文目录等。

(2) 自定义目录

在"引用"选项卡的"目录"组中，选择"目录"下拉列表中的"自定义目录"命令，弹出如图 3-186 所示的"目录"对话框。

"目录"对话框中各选项的功能如下：

①打印预览　用来预览打印出来的实际样式。

②Web 预览　用来预览在 Web 网页中显示的样式。

③显示页码　选中该复选框，即可在目录中显示页码项，否则将不显示。

图 3-185　内置目录样式

图 3-186　"目录"对话框

④页码右对齐　选中该复选框，目录中的页码右对齐。

⑤制表符前导符　制表符前导符是连接目录内容与页码的符号。可在该下拉列表框中选择相应的符号。

⑥使用超链接而不使用页码　选中该复选框，建立目录与正文之间的链接，按住"Ctrl"键并单击目录行时，将跳转到正文中该目录所指的具体内容。

⑦格式　指目录的格式。Word 2016 中已经建立了几种内置目录格式，如来自模板、古典、优雅、流行等。

⑧显示级别　代表目录的级别。例如，如果该值为 2，则显示 2 级目录；如果该值为 3，则显示 3 级目录。

⑨选项　关于目录的其他选项。

⑩修改　用来修改目录的内容。如果系统内置的目录与选项不能满足用户要求，则可进行修改。

(3) 更新和删除目录

在已经生成的目录上，在"引用"选项卡的"目录"组中单击"更新目录"按钮，弹出"更新目录"对话框，选择"只更新页码"单选按钮或"更新整个目录"单选按钮，然后单击"确定"按钮，即可按照指定要求更新目录。

3.6.1.2　脚注和尾注

脚注和尾注用于为文档中的某些文本提供解释和标注。例如，文档中有许多专业性的名词需要解释，引用某位作者的观点时需要标注说明，论文涉及参考文献时需要标注出处等。这时就可以使用 Word 脚注和尾注功能对文档进行备注说明。

图 3-187　"脚注和尾注"对话框

脚注是对文章中的内容进行解释和说明的文字，一般位于当前页面的底部或指定文字的下方；尾注用于在文档中显示引用资料的出处或输入解释和补充性的信息，位于文档结尾或者指定节的结尾。脚注和尾注都是用一条横线与正文分开的。

(1) 添加脚注和尾注

①在文档中选择要添加脚注或尾注的文本，或者将光标置于文档的尾部。

②在"引用"选项卡中单击"脚注"组中的"插入脚注"按钮或"插入尾注"按钮，在光标定位处输入脚注或尾注内容即可。

(2) 更改脚注或尾注

①将光标置于需要更改脚注或尾注格式的节中。

②单击"引用"选项卡的"脚注"组右下角的对话框启动器按钮，打开"脚注和尾注"对话框。

③选择"脚注"或"尾注"单选按钮，在"格式"选项组中设置用户所需的格式，如图 3-187 所示。

④设置完成后单击"插入"按钮。

(3) 创建脚注或尾注延续标记

若脚注或尾注过长，以至于当前页面无法容纳，可以创建延续标记，把脚注或尾注的内容延续到下一页。操作步骤如下：

①在"引用"选项卡的"脚注"组中单击"显示备注"按钮。

②若文档同时包含脚注和尾注，则会弹出"显示备注"对话框，选择"查看脚注区"或"查看尾注区"单选按钮，然后单击"确定"按钮。

③在光标闪烁处输入延续标记所用的文字即可。

3.6.1.3 题注

题注是对文档中的图片、公式、表格、图表和其他项目进行编号与识别的文字片段。Word 可以自动插入题注，并且在插入时自动对这些题目进行编号。Word 2016 文档中插入题注的方法如下：

①选中文档中插入的图片，在"引用"选项卡的"题注"命令组中单击"插入题注"按钮，或单击右键菜单中的"插入题注"，如图 3-188 所示。

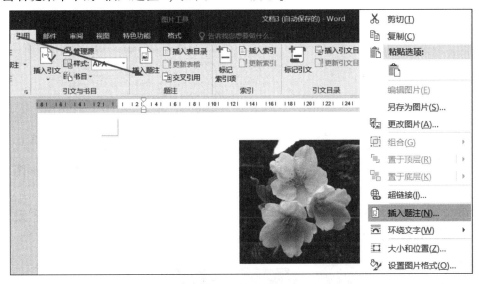

图 3-188 "插入题注"按钮

②打开"题注"对话框，在"标签"下拉列表中选择标签类型，此时在"题注"文本框中将显示该类标签的题注样式，如果不符合要求，可以单击"新建标签"按钮打开"新建标签"对话框，在"标签"文本框中输入新的标签样式。单击"确定"按钮后即可将新建的标签添加到"标签"下拉列表中。单击"题注"对话框中的"确定"按钮创建的题注将被添加到文档中，如图 3-189 所示。

③在"题注"对话框中单击"编号"按钮，打开"题

图 3-189 新建标签

注编号"对话框。在对话框的"格式"下拉列表中选择编号的格式，如图3-190所示。完成设置后单击"确定"按钮。

④完成题注的添加后，按"Ctrl+Shift+S"快捷键打开"应用样式"对话框，在对话框中单击"修改"按钮，如图3-191所示。

⑤打开"修改样式"对话框，对题注的样式进行修改，设置文字的字体、字号以及对齐方式，设置完成后单击"确定"按钮，如图3-192所示。

图3-190　修改编号格式

图3-192　"修改样式"对话框

图3-191　单击"修改"按钮

⑥题注格式发生改变，在题注标签的后面输入需要的文字，此时获得的题注如图3-193所示。

⑦在文档中接着插入图片，在"题注"命令组中单击"插入题注"按钮，打开"题注"对话框，可以看到题注自动更改了编号，单击"确定"按钮，如图3-194所示。

图3-193　修改后的题注

图3-194　添加新的题注

图 3-1

图 3-2

图 3-195 添加题注后的效果

⑧为第二张图添加题注，同时输入说明文字。添加题注后的效果如图 3-195 所示。

3.6.1.4 交叉引用题注

交叉引用题注的具体操作步骤如下：

①在文档中应用标题样式并插入题注，将光标定位于需要引用题注的位置。

②在"引用"选项卡的"题注"组中单击"交叉引用"按钮，弹出"交叉引用"对话框，选择引用类型、引用内容，在"引用哪一个编号项"列表框中选择引用的编号项，如图 3-196 所示。

③单击"插入"按钮，即可在当前位置插入引用题注。单击"关闭"按钮退出对话框。

注：交叉引用是作为域插入到文档中的，当文档中的某个题注发生变化后，只需进行打印预览，文档中的其他题注序号及引用内容就会随之自动更新。

图 3-196 "交叉引用"对话框

3.6.1.5 索引

在 Word 中，索引用于列出文档中的术语和主题，以及它们出现的页码。索引就像一条线索，每一条线索对应一份完整的信息，在一本书或一篇文档中索引所扮演的角色相当重要，关键字所传递出的信息让人们能快速找到所需内容。

索引和目录的区别是：目录是文档中各级标题的列表，通常位于文章扉页之后。目录主要以文章的纲目结构（通常为标题）为检索依据。而索引是以关键词为检索对象的列表，通常位于文章封底之前。索引的作用在于，阅读者可以根据相应的关键词，如人名、地名、概念、术语等，快速定位到正文的相关位置，获得这些关键词更详细的信息。

用户若要创建索引，可以通过文档中的名称和交叉引用来标记索引项，然后生成索引。

(1)标记索引项

①选中文档中需要作为索引的文本。

②在"引用"选项卡的"索引"组中单击"标记索引项"按钮,如图3-197所示。

③弹出"标记索引项"对话框,在"主索引项"文本框中会显示选定的文本,如图3-198所示。

④单击"标记"按钮可标记索引项,单击"标记全部"按钮可标记文档中与此文本相同的所有文本。

⑤单击"标记"或"标记全部"按钮后,此时"标记索引项"对话框中的"取消"按钮变为"关闭"按钮,单击"关闭"按钮即可完成标记索引项的操作。插入文档中的索引项实际上也是域代码,通常情况下该索引标记域代码只用于显示,不会被打印。如图3-199方框的部分即做了标记索引项后的文本效果。

图3-197 "标记索引项"按钮

图3-198 "标记索引项"对话框

(2)插入索引

完成了标记索引项的操作后,就可以选择一种索引设计并生成最终的索引了。具体操作如下:

①将光标定位在需要建立索引的地方,通常是文档的最后。

②在"引用"选项卡的"索引"组中单击"插入索引"按钮。

图3-199 做了标记索引项后的文本效果

③打开"索引"对话框,在"索引"选项卡的"格式"下拉列表中选择一种索引风格,如"流行"效果,可以在"打印预览"列表框中查看,如图3-200所示。

④在右侧可以进行类型、栏数、排序依据等更多设置,设置完成后,单击"确定"按钮,创建的索引就会出现在文档中。

3.6.1.6 引文与书目

书目是在创建文档时参考或引用的源文档的列表，通常位于文档的末尾。在科普文章排版时，结尾通常需要列出参考文献，通过创建书目即可实现这一效果。在 Word 2016 中，需要先组织源信息，然后根据为该文档提供的源信息自动生成书目。

（1）创建源

源可能是一本书、一个网站，或者是期刊文章、会议记录等。在文档中添加新的引文的同时就可新建一个显示于书目中的源，具体操作步骤如下：

①将光标定位到要引用书目的位置，在"引用"选项卡的"引文与书目"组中单击"插入引文"按钮，在弹出的下拉列表中选择"添加新源"命令。

图 3-200 "索引"对话框

②在弹出的"创建源"对话框中输入作为源的书目信息，如图 3-201 所示。

图 3-201 "创建源"对话框

③单击"确定"按钮，在创建源信息条目的同时完成插入引文的操作。

④在"引用"选项卡的"引文与书目"组中单击"样式"右侧的下拉按钮，在弹出的下拉列表中选择要用于引文和源的样式。如选择"APA"样式，如图 3-202 所示。

（2）插入书目

除了自己创建书目源信息外，还可以直接引用外部文档作为书目的来源。例如，为文档插入书目，书目书文献的来源为文档"参考文献.xml"，具体操作步骤如下：

①打开将光标定位在文档中需要插入书目的位置，如定位于文档的末尾。

图 3-202 选择样式

图 3-203 "管理源"按钮

②在"引用"选项卡的"引文与书目"组中单击"管理源"按钮，如图 3-203 所示。

③弹出"源管理器"对话框，单击"浏览"按钮，弹出"打开源列表"对话框，浏览素材文件夹，选择"参考文献.xml"文件，单击"确定"按钮。

④将左侧"参考文献"列表框中的所有对象选中，单击"复制"按钮，将左侧的参考文献全部复制到右侧的"当前列表"中，单击"关闭"按钮，如图 3-204 所示。

⑤单击"引文与书目"组中的"书目"按钮，在弹出的下拉列表中选择一个内置的书目格式，或者直接选择"插入书目"命令，即可将书目插入文档，如图 3-205 所示。

3.6.2 文档审阅与修订

在审阅别人的文档时，如果想对文档进行修订，但又不想破坏原文档的内容或者结构，可以使用 Word 中的"审阅"功能，它可以使多位审阅者对同一篇文档进行修订，作者只需要浏览每个审阅者的每一条修订内容，决定接受或拒绝修订即可。

审阅内容包括正文、文本框、脚注和尾注以及页眉和页脚等的修订，可以添加新内容，也可以删除原有的内容。为了保留文档的版式，Word 在文档的文本中只显示一些标记元素，而其他元素则显示在页边距的批注框中。

图 3-204 "源管理器"对话框

图 3-205 在文章末尾插入书目效果(应用 IEEE 样式)

3.6.2.1 设置用户信息

一篇文档可以有多个审阅者,每个审阅者都有自己的标记,所以在修订文档之前,要对用户信息进行设置或修改。

① 选择"审阅"选项卡,打开如图 3-206 所示的工具组。

图 3-206 "审阅"选项卡

图 3-207　设置修订用户信息

②在该工具组中单击"修订"命令按钮下的黑色小箭头，打开如图 3-207 所示的"修订选项"对话框。

③点击"更改用户名"按钮，打开"Word 选项"对话框，更改的用户信息会在批注框内显示出来。

3.6.2.2　审阅与修订

①打开"审阅"选项卡，单击"修订"命令组按钮，此时文档会处于修订状态。

②修订完毕后，作者要根据需要对修订进行接受或拒绝。将光标定位在需要接受的修订处，单击"审阅"选项卡上"更改"命令组的"接收"按钮，在弹出的下拉列表中选择"接受此修订"选项即可；将光标定位在需要拒绝的修订处，单击"审阅"选项卡上"更改"命令组的"拒绝"按钮，在弹出的列表中选择"拒绝更改"选项即可。也可以通过右键菜单接受或拒绝修订。

如图 3-208 所示，在修订状态下，文档经过了修改后，相关修改内容会被标记出来，以提醒审阅者。一般删除线标记表示原内容被删除，下划线标记表示新添加内容。现在对图 3-209 所示文档做删除"通知"，增加"邀请"的修订，分别执行两次接受处理后，对图 3-210 所示文档做增加"下午"的修订，执行拒绝处理后，效果如图 3-211 所示。

3.6.2.3　添加批注

（1）插入批注

将光标移到需插入批注的文本或对象处，单击"审阅"选项卡"批注"命令组的"新建批注"按钮，在文档中会出现如图 3-212 所示的标志，审阅者可在批注框中输入想表达的文字内容。

（2）删除批注

对于不需要的批注直接将其删除即可，删除批注的方法有以下 3 种：

①选择某一批注，单击"审阅"选项卡"批注"命令组的"删除"按钮，在下拉列表中选择"删除"选项。若想删除所有批注，则选择"删除所有显示批注"选项。

②选择某一批注并右击，在弹出的快捷菜单中选择"删除批注"命令即可。

③打开"审阅"窗口，右击需要删除的批注，在弹出的快捷菜单中选择"删除批注"。

图 3-208　显示修订标记的效果

图 3-209　执行"接收此修订"命令

图 3-210 执行"拒绝更改"命令

图 3-211 修订后的最终效果

图 3-212 插入"批注"后效果

3.6.3 邮件合并

在日常工作中,我们经常会遇见这种情况:处理的文件主要内容基本都是相同的,只是具体数据有变化而已(如批量打印准考证、明信片、信封等)。在填写大量格式相同,只修改少数相关内容,其他文档内容不变时,我们可以灵活运用 Word 邮件合并功能,不仅操作简单,而且可以设置各种格式,打印效果好,可以满足不同客户的不同需求。

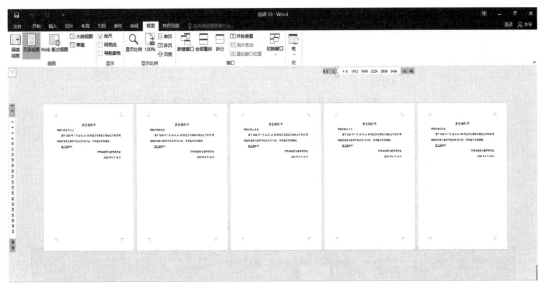

图 3-213　邮件合并后效果

下面我们以某参会通知书为例，使用邮件合并进行操作，邮件合并后通知书的效果如图 3-213 所示。

3.6.3.1　创建数据源

批量制作参会通知书的前提是有一个接受任务的工作人员信息表，也就是数据源。可以利用 Word 或 Excel 制作数据源，本实例使用 Word 表格制作一份邮件合并数据源，如图 3-214 所示。

姓名	性别	联系电话	通讯地址
李永兰	女	18109381235	甘肃省兰州市安宁区
李斯	男	17793881211	甘肃省平凉市崆峒区
张山	男	18093881234	甘肃省天水市麦积区
周久	女	15109341345	甘肃省天水市秦州区
赵阳	男	15339781105	甘肃省陇南市武都区

图 3-214　邮件合并数据源

3.6.3.2　制作会议通知书

①新建一个 Word 文档，输入参会通知书的基本内容并做基本排版，如图 3-215 所示。与效果图相比，没有输入"姓名""先生或女士"。

②选择"邮件"选项卡，如图 3-216 所示，点击"开始邮件合并"命令按钮右边的下拉列表，选择"信函"选项。

③单击工具栏中"选择收件人"按钮下的"使用现有列表"打开数据源，如图 3-217 所示。

④将光标定位在"尊敬的"文本后面，单击工具栏上的"插入合并域"按钮旁边的下拉箭头，在"域"列表框中选择"姓名"选项，如图 3-218 所示。

图 3-215　参会通知书的文本内容

图 3-216　"邮件"选项卡

图 3-217　"选取数据源"对话框

图 3-218 "插入合并域"选项

⑤将光标定位在"尊敬的《姓名》"文本后面,点击 规则 按钮,选择"如果-那么-否则"选项,出现如图 3-219 所示的对话框。"性别"选项根据收信人的性别来确定称呼。在本实例中,如果性别为"男",则插入文字"先生",否则插入文字"女士"。插入 Word 域后的参会通知书如图 3-220 所示。

图 3-219 "插入 Word 域:IF"对话框

图 3-220 插入 Word 域后的文本内容

图 3-221 合并到新文档

⑥对插入的域进行简单的排版后，单击工具栏上的"预览结果"按钮查看数据合并后的结果。正确无误后，单击"完成并合并"按钮下的"编辑单个文档"，弹出如图 3-221 所示的对话框，选择"全部"。单击"确定"按钮即生成全部文档，单击工具栏上的"合并到打印机"按钮即可将合并结果直接传送到打印机进行打印。

拓展知识

数字媒体

近年来，随着互联网技术的发展，数字媒体也迎来了飞速发展的时代。数字媒体不仅改变了传统媒体的传播方式，而且也影响了人们获取信息的方式。它在新闻传播、社交媒体、游戏行业等领域都取得了显著成就，使得人们能够更加便捷地获取新鲜的信息和内容。

1. 数字媒体的概念

数字媒体是指以二进制数的形式记录、处理、传播、获取过程的信息载体，包括数字化的文字、图形、图像、声音、视频和动画等感觉媒体及其表示媒体等（统称逻辑媒体），以及存储、传输、显示逻辑媒体的实物媒体。理解数字媒体的概念，掌握数字媒体技术是现代信息传播的通用技能之一。

党的二十大报告在"过去五年的工作和新时代十年的伟大变革"中提道："……我们确立和坚持马克思主义在意识形态领域指导地位的根本制度，社会主义核心价值观广泛传播，中华优秀传统文化得到创造性转化、创新性发展，文化事业日益繁荣，网络生态持续向好，意识形态领域形势发生全局性、根本性转变。"

同时，在第八部分"推进文化自信自强，铸就社会主义文化新辉煌"中提道："我们要坚持马克思主义在意识形态领域指导地位的根本制度，坚持为人民服务、为社会主义服务，坚持百花齐放、百家争鸣，坚持创造性转化、创新性发展，以社会主义核心价值观为引领，发展社会主义先进文化，弘扬革命文化，传承中华优秀传统文化，满足人民日益增长的精神文化需求，巩固全党全国各族人民团结奋斗的共同思想基础，不断提升国家文化软实力和中华文化影响力。"文化软实力和中华文化影响力需要通过媒体进行宣传。数字媒体技术是文化传播的重要技术手段和工具之一，利用好这个工具，有利于社会主义核心价值观的传播，中华优秀传统文化的传承。

2. 数字媒体技术的关键技术

数字媒体所涉及的关键技术及内容主要包括数字信息的获取与输出技术、数字信息存储技术、数字信息处理技术、数字传播技术、数字信息管理与安全等。

数字媒体技术是一个以计算机技术为主、艺术为辅，技术与艺术相结合，涉及多学科交叉的综合性技术。

3. 数字媒体的发展趋势

(1) 以移动应用为核心

由于智能手机的普及，数字媒体的发展将以移动应用为核心，智能手机将变成重要的媒体平台，各种类型的应用也将蓬勃发展。

(2) 智能化、多媒体化

数字媒体在发展中将更加智能化和多媒体化，如虚拟现实技术、增强现实技术等，将会让媒体更加有趣和真实。

(3) 以大数据为核心

在大数据时代，数据的挖掘和分析将是数字媒体发展的核心，大数据将会成为数字媒体的基础。

(4) 社交化发展

随着社交媒体的兴起，数字媒体的发展将越来越社交化，如新闻互动、社交网络等，将会改变传统媒体的发展模式。

单元4 Excel应用

Microsoft Office Excel 软件，能够方便地制作人们日常工作中的各种表格，同时还提供了大量的函数，在表格中可以直接运用这些函数进行财务、统计、工程以及投资等领域的数据计算和分析制作各种分析报表，绘制各种图表。

4.1 Excel 基本操作

Excel 基本操作

4.1.1 Excel 的启动、退出及窗口组成

4.1.1.1 *Excel 2016 的启动*

启动 Excel 2016 的方法有以下 3 种：

①依次选择"开始""所有程序""Microsoft Office""Microsoft Excel 2016"菜单，启动软件。

②首先在桌面上创建 Excel 2016 的快捷方式，然后双击其快捷图标，启动软件。

③双击任意 Excel 工作簿文件的名称，就会启动 Excel 软件，并在其中打开该工作簿文件。

执行上述任一操作后，都会启动 Excel 2016，显示出如图 4-1 所示的用户界面。

4.1.1.2 *认识工作界面*

（1）功能区

启动后，显示屏幕上就会出现如图 4-1 所示的 Excel 工作界面。Excel 2016 的工作窗口主要包括快速访问工具栏、标题栏、窗口控制按钮、功能区、名称框、编辑栏、工作表编辑区、工作表选项卡和视图控制区。

①文件选项卡　Microsoft Office 自 2010 年之后提供了一种称为 Microsoft Office Backstage 视图的新增功能，它是功能区的配套功能。单击"文件"菜单后，可以看到 Microsoft

图 4-1　Excel 工作界面

Office Backstage 视图(图 4-2),可以在其中管理文件及其相关数据,创建、保存、打印、检查隐藏的元数据或个人信息以及设置选项。简而言之,可通过该视图对文件执行所有无法在文件内部完成的操作。

图 4-2　Microsoft Office Backstage 视图

②其他选项卡 Excel 2016 的功能区在默认情况下由开始、插入、页面布局、公式、数据、审阅、视图等选项卡组成。各选项卡是面向任务的，每个选项卡以特定任务或方案为主题组织其中的功能控件。例如，"开始"选项卡以表格的日常应用为主题设置其中的功能控件，其中包含了实现表格的复制、粘贴，设置字体、字号、表格线、数据对齐方式以及报表样式等常见操作的功能控件。每个选项卡中的控件又细分为几个命令组，每个命令组中再放置实现具体功能的控件。图 4-1 所示是"开始"选项卡中的内容。

功能区中的选项卡是动态的，为了减少屏幕混乱，某些选项卡平时是隐藏的，在执行相应的操作时，它们会自动显示出来。例如，在图 4-1 中没有显示出"图表工具"选项卡，但若在工作表中插入了图表，当图表被激活后，Excel 就会自动在功能区中添加一个"图表工具"选项卡，这就是 Excel 2016 的"Load Test"选项卡。

③命令组 Excel 将一些选项和按钮，以面向任务的方式放置在不同的命令组中，每个命令组能够完成某种类型的子任务。例如，在图 4-1 中，剪贴板、字体和对齐方式等都是组，每个组都与某项特定任务相关。剪贴板中包括有实现工作表复制和粘贴等功能的控件，字体组则包括了设置字体大小、型号、颜色等功能的控件。

④快速访问工具栏 位于 Excel 界面左上角的是快速访问工具，其中包含一组独立于当前所显示的选项卡的命令，无论用户选择哪个选项卡，它将一直显示，为用户提供操作的便利。在默认情况下，快速访问工具栏中包括保存、撤销和恢复最近操作 3 个工具按钮，但它其实是一个可自定义的工具栏，用户可将经常使用的命令按钮添加到其中。

⑤标题栏 位于功能区最上边，显示当前正在编辑的工作簿文件的名称。

（2）工作表区

工作表区是 Excel 为用户提供的"正常办公区域"。它由多个工作表构成，每个工作表相当于人们日常工作中的一张表格，可在其中的网格内填写数据、执行计算、处理财务数据、绘制图表，并在此基础上制作各种类型的工作报表。

①工作表 就是人们平常所说的电子表格，是 Excel 中用于存储和处理数据的主要文档。它与我们日常生活中的表格基本相同，由一些横向和纵向的网格组成，横向的称为行，纵向的称为列，在网格中可以填写不同的数据。Excel 2016/2007 的一个工作表最多可有 1 048 576 行、16 384 列数据（而 Excel 2003 为 65 536 行、256 列）。当前正在使用的工作表称为活动工作表。图 4-1 展示的是 Sheet1 工作表的界面。

②工作表标签和插入新工作表 工作表标签代表工作表的名称。图 4-1 中的 Sheet1 是工作表标签，代表了一个工作表。Sheet1 往往不能满足使用，选中 Sheet1，单击右键菜单中的"插入"按钮或 Sheet1 右边的 ⊕ 按钮就会在后面插入一个新工作表 Sheet2，再单击一次就会插入新工作表 Sheet3，等等。当存在多个工作表，其中某些工作表的标签不可见时，可以通过标签导航按钮 ◀ ▶ 前后滚动工作表标签，显示出被遮住的工作表标签。

单击工作表标签按钮可使对应的工作表成为活动工作表，双击工作表标签按钮可改变其名称，因为 Sheet1、Sheet2 这样的名称不能说明工作表的内容，把它们改为"学生名单""成绩表"这样有实际意义的名称更合适。

在默认情况下，Excel 2016 只打开一个工作表，可以通过点击"文件"菜单下的"选项"

图 4-3　Excel 选项对话框

打开 Excel 选项对话框，如图 4-3 所示，改变"新建工作簿时"下的"包含的工作表数"选项的值，使得新建一个工作簿后生成多个工作表。

③行标题　Excel 2016 的一个工作表由 1 048 576 行组成，每行用一个数字进行编号，称为行标题。在图 4-1 中，左边的数字按钮 1、2、3 等都是行标题。

单击行标题可以选定其对应的整行单元格，如果右击行标题，将显示相应的快捷菜单。上下拖动行标题下端的边线，可增减该行的高度。

④列标题　Excel 2016 允许一个工作表最多可包括 16 384 列，每列用英文字母进行标识，称为列标题，工作表上的 A、B、C、D 等就是列标题。当列标题超过 26 个字母时就用两个字母表示，如 AA 表示第 27 列，AB 表示第 28 列……当两个字母的列标题用完后，就用 3 个字母标识，最后的列标题是 XFD。

单击列标题可选定该列的全部单元格，如果右击列标题，将显示相应的快捷菜单。左右拖动某列标题右端的边线，可增减该列的宽度，双击列标题的右边线可自动调整该列到合适的宽度。

在当前单元格使用快捷键"Ctrl+↓"可以跳转到最后一行，使用"Ctrl+↑"跳转到第一行，使用"Ctrl+→"跳转到最右一列，"Ctrl+←"跳转到第一列。

⑤单元格、单元格区域　工作表实际上是一个二维表格，单元格就是这个表格中的一

个"格子"。单元格由它所在的行、列标题所确定的坐标来标识和引用,在标识或引用单元格时,列标题在前面,行标题在后面,如 A1、B5。

当前正在使用的单元格称为活动单元格,其边框不同于其他单元格,是粗黑色的实线,且右下角有一黑色的实心方块,称为填充柄。活动单元格代表当前正在用于输入或编辑数据的单元格,图 4-1 中的 A1 单元格就是活动单元格,从键盘输入的数据会出现在该单元格中。

单元格是输入数据、处理数据及显示数据的基本单位,数据输入和数据计算都在单元格中完成,单元格中的内容可以是数字、文本或计算公式等。单元格区域是指多个连续单元格的组合,例如,"A2:B4"代表一个单元格区域,包括 A2、B2、A3、B3、A4、B4 单元格;只包括行标题或列标题的单元格区域代表整行或整列,例如,1:1 表示第一行的全部单元格组成的区域,1:5 则表示由第 1~5 行全部单元格组成的区域;A:A 表示第一列全部单元格组成的区域;A:D 则表示由 A、B、C、D 这 4 列的全部单元格组成的区域。

⑥全选按钮、插入函数按钮 ƒx、名称框和编辑栏 工作表的行标题和列标题交叉处的按钮 称为全选按钮,单击它可以选中当前工作表中的所有单元格。

ƒx 是插入函数按钮,单击它时将弹出"插入函数"对话框,通过此对话框可向活动单元格的公式中输入函数。

名称框用于指示活动单元格的位置,在任何时候,活动单元格的位置都将显示在名称框中。名称框还具有定位活动单元格的能力,例如,要在单元格 B5 中输入数据,可以直接在名称框中输入 B5,按"Enter"键后,Excel 就会使 B5 成为活动单元格。此外,名称框还具有为单元格定义名称的功能。

编辑栏用于显示、输入和修改活动单元格中的公式或数据。当在一个单元格中输入数据时,用户会发现输入的数据同时也会出现在编辑栏。事实上,在任何时候,活动单元格中的数据都会出现在编辑栏中,当单元格中数据较多时,可以直接在编辑栏中输入、修改数据。

⑦工作表查看方式与工作表缩放 工作表下边框的右侧提供的 3 个按钮用于切换工作表的查看方式,其中 是普通查看方式,这是 Excel 显示工作表的默认方式,图 4-1 就是用这种方式显示工作表的; 是页面布局显示方式,单击它将以打印页面的方式显示工作表; 是分页预览方式,如果工作表数据较多,需要多张打印纸才能打印完成时,在此查看方式下,Excel 将以缩小方式显示出整个工作表的数据,并在工作表中显示出一些页边距的分割线,相当于将所有打印出的纸张并排在一起查看。

工作表缩放工具 100% 可以用放大或缩小的方式查看工作表中的数据,单击 可以放大工作表,单击 可以缩小工作表,每单击一次缩放 10%,当然,左右拖动其中的 按钮也可以缩放工作表。

4.1.2 工作簿创建、打开与保存

在 Excel 中创建的文件称为工作簿,工作簿是 Excel 管理数据的文件单位,相当于人们日常工作中的"文件夹",它以独立的文件形式存储在磁盘上。在 Excel 2016 中的默认扩

展名是".xlsx"。工作簿由独立的工作表组成,既可以是一个,也可以是多个。Excel 2003 及早期版本中最多可包括 255 个工作表,Excel 2007 之后一个工作簿内的工作表个数仅受内存限制。对于新建的工作簿,系统会将其自动命名为"工作簿 1.xlsx"。在默认情况下,Excel 2016 的一个工作簿包含一个工作表,名字为 Sheet1。Excel 可同时打开若干个工作簿,每个工作簿对应一个窗口。

4.1.2.1 创建工作簿

可以建立一个只含有几个空白工作表的工作簿,也可以基于 Excel 模板建立具有某种格式的工作簿。所谓模板,就是指一个已经输入内容,并设置好了表格式样(如设置好了标题、字体、字形及表格网格线等)的由 Excel 或其他人建立好的工作簿。根据它建立工作簿,只需在其中进行少量的数据修改就可以建立起需要的表格,如通讯录或财务的资产负债表等,这种建表方式可以利用别人的工作成果,减少表格内容输入以及版面设计所花费的时间,以提高工作效率。

启动 Excel 之后,会自动建立并打开一个新工作簿,其默认名称为"工作簿 1.xlsx"(一般情况下后缀名是不用输入的,系统自动加载)。如果在打开了一个工作簿的同时,还要建立另外一个新工作簿,则选择"文件"下的"新建"菜单项,显示图 4-4 所示的 Excel Backstage 视图,其中提供了创建工作簿的许多模板和方法。

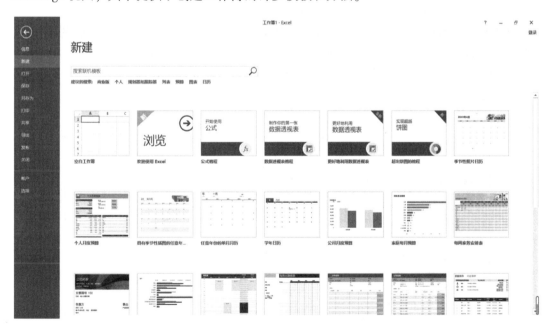

图 4-4 新建工作簿的 Backstage 视图

4.1.2.2 保存工作簿

保存工作簿的方法很简单,其操作步骤如下:

①单击快速访问工具栏上的"保存"按钮;或单击"文件"菜单中的"保存"或"另存为"选项;或按下组合键"Ctrl+S"。若选择"另存为",则出现"另存为"对话框。如果工作簿第一次保存,同样会出现"另存为"对话框(图 4-5)。

图 4-5 "另存为"对话框

②选择保存文件的文件夹。

③在"文件名"框中输入工作簿的文件名,然后单击"确认"按钮。

④在保存文件时可以点击"工具"下的"常规选项"(图 4-6),在弹出的"常规选项"对话框中对文件进行加密,其后打开文件时需输入设置好的密码方可打开此文件,并对该文件进行浏览操作(图 4-7)。设置修改权限密码能防止对此文档进行误编辑。

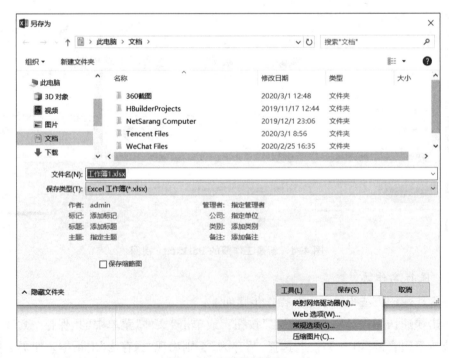

图 4-6 存储常规选项

4.1.3 工作表数据输入和编辑

在日常工作和学习中需要处理不同形式的数据，如姓名、保险号、人员编号、工资、学习成绩、电话号码等，需要将这些数据输入计算机中，才能对这些数据进行信息分析和处理。如何快捷而准确地输入原始资料数据，是工作时首先需要解决的问题，Excel 提供了强大的数据输入功能。

图 4-7 "常规选项"对话框

4.1.3.1 认识 Excel 数据类型

Excel 中的数据类型可以大致分为数值、日期和时间、文本、逻辑值和错误值 5 种不同类型。

（1）数值

数值是 Excel 中使用最广泛的数据类型，可以表现为货币、小数、百分数、科学记数法、各种编号、邮政编码、电话号码等多种形式，图 4-8 所示即为 Excel 的各种数值表现形式。

图 4-8　Excel 中的数值表现形式

图 4-8 仅是数值表现形式的示例，在实际工作中，数值可能还有更多的表现形式。请注意图中的"货币""编码"和"中文形式"栏的数据，它们看上去不像是数值，而更像文本，但这种形式是通过数字的格式化设定的，在这些单元格中输入的是纯数值。

Excel 能够处理较大数值范围内的数据，但并非没有限制。表 4-1 是 Excel 单元格中数值的最大取值范围，可以看出，数字的精度为 15 位，对于超出 15 位有效数字的数据，15 位以后数字将被 Excel 改变为 0，并在单元格中用科学计数法表示，对超出 15 位有效数字的小数，超出部分将被截去。例如，在某单元格中输入 123456789123456789 将被显示为 1.23457E+17，其实际保存的值为 123456789123456000；输入 1.23456789123456789 后实际保存在单元格中的值为 1.23456789123456。

表 4-1　Excel 的数值最大取值范围

功　　能	最大限制	功　　能	最大限制
数字精度	15 位	最小负数	-2.2250738585072E-308
单元格中可输入的最大数值	9.99999999999999E307	最小正数	2.229E-308
最大正数	1.79769313486231E308	最大负数	-2.2250738585073E308

(2) 日期和时间

日期和时间在 Excel 中是按数值处理的。也就是说，在 Excel 中日期和时间是按数值进行运算和存储的。

Excel 以序列号的形式存储和计算日期，序列号是一个小数，整数部分表示日期，小数部分表示时间。在默认情况下，1900 年 1 月 1 日的序列号是 1，1900 年 1 月 2 日的序列号为 2，以此类推。而 2012 年 4 月 24 日的序列号是 41023，这是因为它距 1900 年 1 月 1 日有 41 023 天。

在工作表中所见到的各种形式的日期，如"2004 年 3 月 26 日星期五""2004-3-26""99-12-21""17:23P"等，在 Excel 中都是数字，它们经过格式化之后就会显示为对应的日期和时间样式，但在 Excel 中存储的则是其对应的序列数，例如，2012 年 4 月 24 日在 Excel 中保存的实际值为 41023。

(3) 文本

文本就是人们常见的各种文字符号，如姓名、报刊名、表格标题等都是文本。在默认情况下，数值在 Excel 的单元格中靠单元格的右线对齐，而文本在单元格中是靠左对齐。当然，人们可根据实际需要，对单元格内容的对齐方式进行重新设置。

(4) 逻辑值

在日常生活中常常会遇到假设或判定方面的问题，例如，明天会下雨吗？A 大于 B 吗？李明的妻子明天要生小孩，会是个男孩吗？这类问题的答案只能是正确或不正确两个值之中的一个，不会出现第三个答案，在计算机中用逻辑值来表示这种类型的数据，在 Excel 中用 True 和 False 两个值来表示，True 表示正确，False 表示错误。

(5) 错误值（此项内容可以在学习完公式与函数后再学习）

有时，在单元格中会显示出#####、#VALUE!、#DIV/0!、#NAME?、#N/A、#NUM!、#NULL!、#REF 等内容，这些是错误值。从严格意义上讲，错误值不能称为一种数据类型，它们是由于公式或调用函数发生了错误而产生的结果，这些错误值的含义及产生原因见表 4-2。在默认情况下，错误值和逻辑值在单元格中采用居中对齐方式。

表 4-2　Excel 中的错误值的含义及产生原因

错误值	错误原因
#####	单元格所含的数字、日期或时间比单元格宽，或者单元格的日期、时间公式产生了一个负值。可以拖动列标之间的边界来修改列宽，使单元格中的所有数据都显示出来
#VALUE!	①在需要输入数字或逻辑值时输入了文本，Excel 不能将文本转化为正确的数据类型； ②输入或编辑数组公式时，按了"Enter"键； ③把单元格引用公式和函数作为数组常量输入； ④把一个数值区域赋给了只需要单一参数的运算符或函数，如在 B1 单元格中输入格式"=SIN(A1:A5)"就会产生#VALUE! 错误
#DIV/0!	①输入的公式中包含明显的除数零，例如：=5/0； ②在公式中，除数使用了指向空单元格或包含零值单元格的单元格引用（在 Excel 中如果运算对象是空白单元格，Excel 将此空值当作零值）

(续)

错误值	错误原因
#NAME?	①在公式中输入文本时没有使用双引号； ②函数的名称拼写错误； ③删除了公式中使用的名称，或者在公式中使用了定义的名称； ④名字拼写有误
#N/A	①内部或自定义工作表函数中缺少一个或多个参数； ②数组公式中使用的参数的行数或列数与包含数组公式的区域的行或列数不一致； ③在未排序的表中使用 VLOOKUP、HLOOKUP 或 MATCH 工作表函数来查找值
#NUM!	计算产生的数值太大或太小，Excel 不能表示在需要数字参数的函数中使用了非数字参数的内容
#NULL!	在公式的两个区域中加入了空格从而要求交叉区域，但实际上这两个区域并无重叠区域
#REF	删除了公式引用的单元格区域

4.1.3.2 工作表中的基本数据输入

(1) 基本输入方法

Excel 中的数据类型除了逻辑值和错误值通常是公式产生的以外，其他几种类型的数据都需要输入，其基本操作过程为：

①可用鼠标单击该单元格，或通过移动键盘上的方向键使要输入数据的单元格成为活动单元格。

②从键盘上输入数据。

③按"Enter"键后，本列的下一单元格将成为活动单元格，也可用键盘方向键或鼠标选择下一个要输入数据的单元格，当光标离开输入数据的单元格时，数据输入就算完成了。

【例 4-1】 输入如图 4-9 所示表格数据。

	A	B	C	D	E	F	G	H	I	J	K
1						XX班级助学金情况汇总表					
2	序号	姓名	出生年月	学生代码	入学时间	身份证号	手机号码	账号	补贴（元）	大写	打款日期
3	1	张三	2005/11/2	JSJ-001	2022/8/25	1234200511020123	18112345678	123400431000202001	¥4,300.00	肆仟叁佰	2023年3月1日
4	2	李四	2004/1/22	JSJ-002	2022/8/25	1234200401220123	18212345678	123400431000202002	¥3,300.00	叁仟叁佰	2023年3月1日
5	3	王五	2003/12/1	JSJ-003	2022/8/25	1234200312010123	18312345678	123400431000202011	¥3,300.00	叁仟叁佰	2023年3月1日
6	4	赵六	2004/7/12	JSJ-004	2022/8/25	1234200407120123	13912345678	123400431000202021	¥2,300.00	贰仟叁佰	2023年3月1日
7											

图 4-9 某班级助学金情况汇总表

(2) 输入数值

数值的输入可以采用普通记数法与科学记数法，例如，输入 123343，可在单元格中直接输入 123343，也可以输入 1.23343E5；0.0083 可以直接输入，也可以输入 8.3E-3 或 8.3e-3，其中 E 或 e 表示以 10 为底的幂。

输入正数时，前面的"+"可以省略，输入负数时，前面的"-"不能省略，但可用圆括号表示负数，例如，输入 78，可在单元格中直接输入 78，-78 可输入"(78)"，"()"表示负数。

输入纯小数时，可省掉小数点前面的 0，如 0.98 可输入为".98"。

对于较大的数据，为了便于查看，在输入完成后，可以将它分节显示，例如，在某单元格中输入"122121212121212"后，单击"开始"选项卡中"数字"功能组中的","按钮，Excel 会将该数据显示为"122,121,212,121,212.00"；也可以在输入时就按数据的分节形式输入，在对应的单元格中输入"122,121,212,121,212"。

分数在 Excel 中表现为"a c/b"形式，其中的 a 是整数部分，c 是分子，b 是分母，如输入"13 21/98"，应该先输入 13 且后面必须有空格，再输入 21/98 即可；对于没有整数部分的分数，也必须在整数部分输入"0"，即输入"0 1/8"，0 后面的空格也不能省略，如果直接输入"1/8"，Excel 将认为输入的是"1月8日"，因为在 Excel 中，"/"和"-"是年月日之间的间隔符。

Excel 可以对分数进行各种算术运算。

（3）输入文本

文本数据是指出现在一对英文半角引号（""）中的文字和符号串，它可以是包含字母、汉字、数字各种符号的字符串。在实际输入非全部由数字构成的文本时，不需要输入英文半角引号，可直接输入文本内容。

在默认情况下，一个单元格中只显示 8 个字符（指 8 个英文字符，对于汉字来说就是 4 个汉字），若输入的文本宽度超过单元格宽度，应该接着输入，表面上它会覆盖右侧单元格中的数据，实际上它仍是本单元格的内容，并未丢失，不要因为看见输入的内容已到达该单元格的右边界就把后面的内容输入右边的单元格中，这样会给工作表数据的格式化带来麻烦。

①非数字型文本的输入　非数字型文本的输入操作很简单，只需用鼠标单击要输入文本单元格，然后直接输入相关的文字符号即可。

②特殊符号的输入　如果在输入文本的过程中涉及特殊符号，除了可以应用输入法提供的特殊符号外，也可选择"插入"选项卡中的"符号"，Excel 会显示出如图 4-10 所示的符号对话框，使用鼠标双击即可完成输入。

图 4-10　Excel 的符号对话框

③数学公式的输入　如果需要在 Excel 中输入数学公式，如 $f(\chi,\mu,\sigma)=\dfrac{1}{\sqrt{2\pi\sigma}}e^{\left(\dfrac{(\chi-\mu)^2}{2\sigma^2}\right)}$，可采用以下方法：

使用公式编辑器：单击"插入"选项卡中"文本"组中的"对象"按钮，在 Excel 弹出的"对象"对话框中选择"新建"，并选择"对象类型"列表框中的"Microsoft 公式 3.0"，Excel 将会显示公式编辑器，如图 4-11 所示。该公式编辑器提供了各种数学符号，用它可以建立各种复杂的数学数字型文本的输入。

图 4-11　Excel 公式编辑器

使用公式工具：单击"插入"选项卡中的"公式"进入公式编辑状态，出现如图 4-12 所示的"公式工具"与"绘图工具"活动选项卡，依据选项卡中的设计进行相应选择就可以完成公式的输入和编辑。

图 4-12　公式工具

④数字型文本输入　日常生活中有许多数字型的文本，如身份证号码、银行账号、QQ 号码、股票代码等，虽然它们由 0~9 的数字组成，但不需要进行普通的数字计算。在输入数字组成的字符串时，为了不与相应的数值混淆，需要在输入数据的前面输入英文状态下的单引号"'"，或输入"="数字串""（用等号后英文状态下的双引号将数字引起来），如输入邮政编码 430065，则应输入"'430065"或输入 ="" 430065""。

此外，采用这种方式输入数字型文本时，Excel 会按输入内容的原样存储数据，不会将文本数字最前面的 0 及小数点最后面的 0 省略掉；对于数字位数较多的文本，也不会将 15 位数右边的数字设置为 0。如输入"'12.300""'00231"及"'510238198012112876"，则对应单元格的内容为 12.300、00231 及 510238198012112876。

(4) 输入日期和时间

输入年月日的格式为"年/月/日"或"年-月-日"。如 2015 年 3 月 26 日，可输入"2015/3/26""15/3/26"，或者输入"2015-3-26""15-3-26"。

输入月日的格式为"月/日"或"月-日"，如 3 月 26 日，应该输入"3/26"，或者输入"3-26"。

输入时间的格式为"时:分"，如 10 点 12 分，应输入"10:12"。

按"Ctrl"+";"组合键可输入当前系统日期，按"Ctrl"+"Shift"+";"组合键可输入当前系统时间。

4.1.3.3 工作表中特殊数据的输入

(1)输入公式

公式是对工作表中的数值进行计算的等式,是 Excel 中极其重要的内容,其中包含对单元格和各种函数的引用,是 Excel 完成各种复杂计算的基础。公式要以等号(=)或加号(+)开始,接着在其右边输入公式的内容。

按"Ctrl+'"组合键,或依次单击"公式""公式审核""显示公式"命令按钮,可在公式结果与公式本身之间进行切换。

(2)相同数据的输入

在制作报表时,常常会遇到具有相同数据的表格。在 Excel 中,相同数据的输入方法主要有以下几种:

①复制相同数据　如果要建立具有相同数据的工作表,可以采用复制的方法进行相同数据的复制。选中要复制的单元格数据,按快捷键"Ctrl"+"C"进行复制,再选中要复制到的位置按"Ctrl+V"进行粘贴,或者采用右键菜单进行复制粘贴。

②用填充复制或"Ctrl"键输入相同数据　在一个表格的同一行,或同一列,或同一区域包含有相同数据的情况时,可用填充复制或"Ctrl"键快速输入。例如,图 4-9 所示某班级助学金情况汇总表中的入学时间列,这一列具有相同的值,可以通过两种方法进行输入:

使用"Ctrl"键:首先用鼠标选中要输入相同数据的单元格区域(也可以是多个不连续的独立单元格)。选中 E3:E6,然后输入数据,输入后按住"Ctrl"键,再按"Enter"键,则所有被选中的单元格中都被输入了相同的数据。

使用填充柄进行复制:在 E3 单元格输入"2020 年 9 月"后按"Enter"键。用鼠标单击 G2 单元格,会看见该单元格右下角有一个黑色的小方块,这个小方块称为填充柄,将鼠标指向此小方块并按下鼠标左键,然后向下拖动鼠标,鼠标拖过的单元格就都被填入了相同的值。

(3)编号的输入

在不同的表格中,常会看见各种不同形式的编号,这些编号往往都具有一定的规律,有等差数列形式,有等比数列形式,还有的编号具有特殊的格式,在输入这类数据时要具体问题具体分析。总的来说,大概可以分为下面几种类型:

①复制输入连续编号、等差、等比性质的数字　有规律的连续编号,或具有等差、等比性质的数字,应该采用复制或序列填充的方式进行输入,这样可以充分利用 Excel 的自动计算功能,提高工作效率,如表格要处理的序号、职工编号、电话号码、手机号码、零件编号等。例如,图 4-9 中所示某班级助学金情况汇总表中的序号列,在 Excel 中比较快速的输入方式是拖动填充柄,先选中 A3 单元格,输入数字 1 之后在 A4 单元格中输入数字 2,按住左键拖动选中 A3:A4 区域,将鼠标指向填充柄并向下拖动鼠标,鼠标拖过的单元格都会填入序列数字。

②填充产生连续的编号　当输入的数据较多,例如,要输入电话号码 62460000~

62480000，共有20 000个数据，采用上面的输入方法虽然方便，但不好控制鼠标的拖放过程。对于这类数据的输入，应该采用序列填充的方式进行输入。例如，电话号码62460000在A1单元格，62460001在A2单元格，依次向下，可采用序列填充方式输入，过程如下：

● 在A1单元格中输入起始电话号码"62460000"。

● 保持A1单元格的选中状态，点击"开始""编辑""填充"命令按钮，从弹出的下拉列表框中选择"序列"选项，系统将弹出"序列"对话框，如图4-13所示。

● 选中"序列"对话框中的"列"和"等差序列"单选按钮，在"步长值"文本框中输入"1"，在"终止值"中输入"62480000"。

● 单击"确定"按钮，所有电话号码的输入就完成了。可以通过终止值和步长值控制序列的个数。

③利用自定义格式产生特殊编号　在日常生活中，人们常会遇到各种具有特殊格式的编号，如图4-9中的"学生代码"，它就是一个有特殊格式的连接编号，第1个人的代码是JSJ-001，第2个人的代码是JSJ-002，以此类推。在生活中有很多这样的编号，比它更为复杂的编号也有使用，利用Excel单元格的自定义格式进行这类编号的输入非常便捷。

● 选中要输入的单元格，单击"开始"选项卡中"数字"组中的右下箭头，Excel会弹出"设置单元格格式"对话框。或者右键单击选中单元格，在弹出的右键菜单中选中"设置单元格格式"选项，也会弹出对话框，如图4-14所示。

图4-13　序列对话框

图4-14　设置单元格格式对话框

● 将相同的字符用英文半角双引号括起来，数字用0代表，3个0表示有3位数字，也就是在类型框里输入"JSJ-000"。利用这种方法，在输入前面提到的第1个编码时，只需要输入1，输入第2个编码时，只需要入2，Excel就会自动将输入的1转化为"JSJ-001"，将输入的2转化成"JSJ-002"。

4.1.3.4　数据填充序列的设置

Excel为用户提供了一些常用的文本序列，此外，用户也可以对常用的序列进行自定义，以实现拖动时自动填充文本的需要。

(1)内置填充序列

对于经常使用的一些数据序列,如月份、星期和季度等,Excel 已经将它们内置在系统中,在输入这些数据时,只需要输入第 1 个数据,其余的可以采用填充复制的方法由 Excel 自动产生,如图 4-15 所示。

图 4-15　Excel 内置填充序列

例如,当需要在工作表中输入"一月""二月"……"十二月"时,只需要在第 1 个单元格中输入"一月",然后向右(或向下)拖动"一月"所在单元格的填充柄,Excel 将会自动将"二月""三月"等依次填入拖过的单元格中。

(2)自定义序列

Excel 无法预知所有用户的常用数据序列,不能将太多的数据序列都内置于系统中,但它允许每个用户在系统中添加数据序列,无论谁都可以将常用的数据列表以自定义的形式加入系统中,然后就可以像内置序列一样操作这些数据。自定义序列是一种较为有效的数据组织方式,它为那些不具规律而又经常重复使用的数据提供了一种较好的输入方案,极大地满足了每个用户的需要。

单击"文件"菜单中的"选项"进入"Excel 选项"对话框,点击如图 4-16 所示的"编

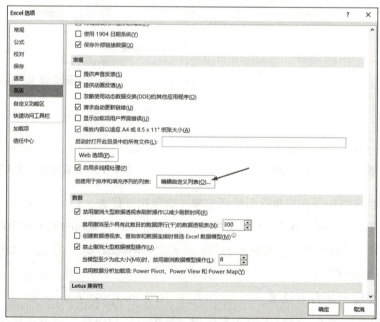

图 4-16　"Excel 选项"中的"编辑自定义列表"

辑自定义列表"按钮，进入"自定义序列"对话框（图4-17），在左侧选择"新序列"，然后在右侧的输入序列框中输入自定义的序列，每项用英文逗号或回车符隔开，点击"添加"按钮，这样自己定义的一个序列就会存储到Excel中。也可以将单元格已有的内容导入序列，将工作中经常用到的序列内容存储起来，方便使用。自定义的新序列可以由用户删除，系统定义的序列不能够删除。

图4-17 "自定义序列"对话框

4.1.3.5 通过数据验证控制输入数据满足要求

"数据验证"用于规范允许在单元格中输入或必须在单元格中输入的数据格式及类型。通过设置"数据验证"，可以提供一些规范数据录入的信息提示，避免用户输入无效数据，还可以在用户输入无效数据时弹出提示，帮助用户更正错误。

"数据验证"选项位于"数据"选项卡"数据工具"命令组。点击"数据验证"选项右边的下拉箭头，在弹出的下拉菜单中选择"数据验证"，如图4-18所示。

图4-18 数据验证命令

选定要设置"数据验证"的单元格，单击"数据验证"命令，弹出"数据验证"对话框。该对话框包括"设置""输入信息""出错警告""输入法模式"4个选项卡，所有设置都在该对话框中完成，如图4-19所示。

在"出错警告"选项卡中，可设置用户输入无效数据时弹出的提示信息，选择输入无效数据时显示的出错警告样式（包括"停止""警告""信息"3种），同时，设置其对应的"标题"和"错误信息"，如图4-20所示。

图4-19 "数字验证"对话框

图4-20 "出错警告"设置

在"输入信息"选项卡中,可以设置一些规范数据录入的信息提示,避免用户输入无效数据,如图4-21所示。

"输入法模式"选项卡用来设置是否打开中文输入法,包括"随意""打开"和"关闭(英文模式)"3项,默认为"随意",如图4-22所示。

对"数据验证"各选项卡完成设置后,单元格将出现以下效果,如图4-23所示。

若用户没有按要求输入数据,Excel将弹出一个与设置对应的对话框,如图4-24所示。

图4-21 "输入信息"设置

图4-22 "输入法模式"设置

图4-23 设置了数据验证的单元格

图4-24 输入错误提示

4.2 格式化工作表

4.2.1 设置单元格格式

单元格是Excel处理数据的基本单位,数据的输入、计算及格式化等操作都离不开单元格,Excel"开始"选项卡中的许多功能按钮都与单元格格式化有关,如图4-25所示。

格式化工作表

图4-25 "开始"选项卡中常用的格式操作按钮

选项卡中的字体、对齐方式、数字、样式工具组里的各项命令基本包含了 Excel 中内容的格式设置。鼠标停留在某个命令上方，会显示出该命令的作用说明。这些按钮常用来对单元格或单元格区域进行格式化，其中某些按钮的右边有下三角形标记，单击此下三角按钮就会弹出更多的设置选项。

注意格式刷按钮，它是格式化单元格过程中最常用的控件，用途是把一个单元格的格式应用在其他单元格上。方法是先选中其格式要被应用的单元格，再单击格式刷按钮，然后单击要应用此格式的单元格或选中要应用其格式的文本。

在默认情况下，Excel 单元格对齐方式是文本靠单元格的左边对齐，数值靠单元格的右边对齐。在一般情况下，使用 Excel 的默认对齐方式就可以了，但有时需要特殊的对齐方式，如斜线表头（在 Excel 中不应该存在这样的表头）、旋转字体、垂直居中等，这时可通过 Excel 的对齐方式进行设置。

4.2.1.1 合并多个单元格实现跨列居中

一般给表格的标题设置为跨列居中。以图 4-9 所示表格为例，标题设置步骤如下：

①设置标题的字体字号　在"字体"选项组中，选择字体字号、加粗等设置，如图 4-26 所示，也可进入"设置单元格格式"对话框中的"字体"选项卡进行设置，如图 4-27 所示。

图 4-26　单元格字体格式设置

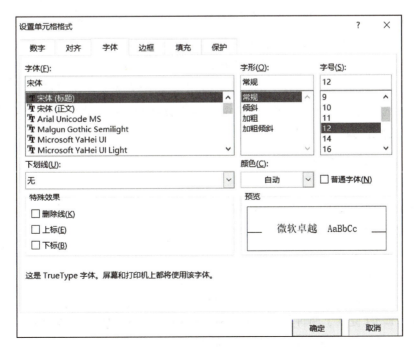

图 4-27　"设置单元格格式"对话框中的"字体"选项卡

②合并单元格　选中 A1:D1 单元格区域，单击"开始"选项卡中"对齐方式"组中的 合并后居中 按钮。此步骤也可以通过单元格的"设置单元格格式"对话框进行设置，先选中 A1:D1 单元格区域，然后单击"开始"选项卡中"对齐方式"组中的对话框启动器，弹出"设置单元格格式"对话框后，单击其中的"对齐"选项卡，如图 4-28 所示，最后选中格式对话框中"文本控制"组中的"合并单元格"复选框，单击"确定"按钮即可。

图 4-28 "设置单元格格式"对话中的"对齐"选项卡

注：有时一个表的表头文字内容比较多，为了适合打印纸张的大小，需要把表头的内容分成 2 行或 3 行，这时就需要应用单元格内文本换行的方法。在 Word 中换行使用换行符，也就是按下"Enter"键，但在 Excel 中"Enter"键表示完成某单元格的输入，并不会按需要在单元格内换行，因此可采用"Alt+Enter"组合键换行，或单击"开始"选项卡中的"对齐方式"组中的"自动换行"命令按钮。

4.2.1.2 文本、数据的格式设置

(1) 文本格式设置

使用 Word 编辑、排版文档时，文本的格式化大致包括字体、字型、修饰、对齐方式及字体颜色设置等内容，在 Excel 中，文本格式化也包括这些内容，设置方法基本与 Word 相同，在此不再赘述。

(2) 格式化数据

有时在一个单元格中输入的内容会与显示内容不一致，显示出的内容其实就是经过格式化的效果。Excel 提供了两种数据格式设置，一种为 Excel 的自动数据格式；另一种为用户使用 Excel 提供的数据格式进行设置后的数据显示效果。

①Excel 的自动数据格式　存储在 Excel 单元格的数字、日期、时间等都是纯数字，没

有经过格式化，当用户输入这些数字后，Excel会自动对它进行格式化。例如，输入"02362460111"时，Excel认为它是一个数字，数字前面的0显然可以丢掉；输入"12/5"时，Excel认为输入的是日期，因为当它发现2个或3个数字用"/"（或"-"）作为分隔符时，则认为该数字是一个日期。

有时候，Excel的默认数字格式会导致一些问题，如果确实需要显示"12/5"这个分数，除了4.1中讲到的输入时控制格式之外，还可以先对单元格格式进行设置，再进行数据输入。

②使用系统提供的数据格式　Excel提供了许多数据格式，包括数据的精确度、显示方式等内容（货币：美元、欧元、人民币、百分比等），常见的数据格式设置有以下几种：数据的精确度、以百分比显示数据、数据的分节显示等。

以上格式的设置都是通过"设置单元格格式"对话框来实现的。设置时，选择要设置数据格式的单元格，打开"设置单元格格式"对话框，进入"数字"选项卡，如图4-29所示，用户可根据需求，选择一种数据格式进行设置。

图4-29　设置数字的格式

注：格式设置仅仅对数据的显示形式起作用，而单元格中的内容仍然是数字，它可以参与数据的一切运算。

4.2.2　设置列宽和行高

4.2.2.1　工作表的行、列操作

（1）选择行、列

选择单行的操作方法是：单击要选择的行号。

选择连续多行的操作方法是：把鼠标指针移到最前面的行标上，按下鼠标并拖动指针到最后的行号上，这样鼠标指针拖过的行都会被选中，在拖动的过程中会出现一个较粗的箭头形指针。

连续行的选择还可以先点鼠标选中第1行,然后按下"Shift"键,再单击要选择的最后一行。

不连续行的选择是按下"Ctrl"键,再用鼠标依次单击要选择的行号。

列的选择方法与行的选择方法大致相同,此处不再赘述。

(2)删除行、列

删除行、列的操作步骤如下:

①选中要删除的行或列。

②单击"开始"选项卡中"单元格"组中的"删除"选项按钮。

③右击删除行列的行号或列标,然后从弹出的快捷菜单中选择"删除"选项,如图4-30所示。

图4-30 "开始"选项卡中的"删除"命令

(3)插入行、列

有时用户在表中输入数据时,中间少输入了一行数据,这时可以在相应位置加一行数据。插入一行或一列数据的方法如下:

①选中要插入行(或列)的下一行(或右一列)。

②单击"开始"选项卡中"单元格"组中的"插入"选项按钮(图4-31)。

图4-31 "开始选项卡"中的"插入"命令

4.2.2.2 设置行高和列宽

(1)调整行高

在默认情况下,Excel工作表中的所有行高都是一样的,但有时需要不同行高的表格。

①选中要调整行高的行中的任一单元格。

②单击"开始"选项卡中"格式"组中的下三角按钮,从弹出的快捷菜单中选择"行高"子菜单命令,如图4-32所示,在弹出的对话框中输入新的行高数值。

③把鼠标指针移向要调整行高的行号下边的表格线附近,当鼠标指针变成黑色的十字形时按下左键并拖动鼠标,这样就可增加或减少该行的行高。如果要同时调整多行的高度,可以先选中多行,然后拖动选中区域中任意行号的下边线,向下(增加行高)或向上(减少行高)。

（2）调整列宽

单元格预设了 8 个字符的宽度，当输入的字符超过 8 个时，多余的符号不会显示出来（或者向右边的单元格扩展），但不会丢失，用户可自己调整单元格的列宽以显示出单元格的所有内容。调整列宽的方法与调整行高的方法相似，可参照执行。

除此之外，Excel 还有更简单的列宽、行高调整方法，即双击要改变列宽的列的右线（或要调整行高的行的下边线），Excel 会自动调整该列的宽度（或行的高度）以适应该列最宽（或该行最高）的数据单元格。

4.2.3 条件格式

对于不同的数据，可按不同的条件设置其显示格式。例如，把学生成绩表中所有不及格成绩显示为红色，可以非常轻松地看出其中不及格的成绩情况；对于企业的销售表，

图 4-32 "开始"选项卡中的"格式"命令

把其中利润较小的或无利润的数据设置为黄色，而将利润最大的数据设置为绿色，可以使用户在查看这些数据时一目了然。

4.2.3.1 Excel 条件格式概述

Excel 中的条件格式是指基于某种条件更改单元格区域中数据的表现形式，如果条件成立，就基于该条件设置单元格区域的格式（如设置单元格的背景、用图形符号表示数据），如果条件不成立，就不设置单元格区域的格式。下面以图 4-33 所示的某超市销售情况统计表为例，演示不同条件格式规则设置效果。

图 4-33 条件格式示例——某超市销售情况统计表

4.2.3.2 条件格式类型

（1）突出显示单元格规则

对单元格区域设置一定的条件，按指定的规则突出显示该区域中满足条件的单元格。默认的规则是用某种色彩填充单元格背景，例如，如果单元格的值大于、小于或等于某指定值，就将单元格的背景填充为绿色，突出显示该单元格中的值。如图 4-34、图 4-35 是突出显示表中销售量小于 100 的数据情况，该图的制作方法为：

① 选择 B3:E11 区域，单击图 4-34 中"突出显示单元格规则"菜单中的"小于"命令。

图 4-34 条件格式中突出显示单元格规则

图 4-35　突出显示规则效果

②在弹出的对话框中的"为小于以下值的单元格设置格式"文本框中输入 100，在"设置为"下拉列表中选择一种条件格式。

从图 4-34 中可以看出，"突出显示单元格规则"还包括"文本包含"规则，此规则可以对包括某个指定文本的单元格设置显示方式，其中的"发生日期"是以系统当前日期为参照突出显示昨天、上周、上个月、今天、明天、下周等单元格中的内容。

（2）项目选取规则

对选中单元格区域中小于或大于某个给定阈值的单元格实施条件格式（图 4-36）。单击此规则中的"前 10 项""前 10%""高于平均值"等条件，Excel 都会显示出一个条件设置对话框，从中可以设置单元格中的条件格式，图 4-37 是突出显示数据中 10% 最大销售量的情况。

注：虽然"项目选取规则"中的很多规则都与 10 相关，但它可以修改，可以将增加框中的 10 改为 1~100 的数值。

（3）数据条

数据条以彩色条形图直观地显示单元格数据，如图 4-38 所示。

数据条的长度代表单元格中的数值，数据条越长，表示值越高，数据条越短，表示值越低。在观察大量数据中的较高值和较低值时，数据条尤其有用，图 4-39 是以渐变填充绿色数据条显示的工作表。

图 4-36　条件格式中的项目选取规则

图 4-37　项目选取规则效果

图 4-38　条件格式中的数据条规则

（4）色阶

色阶是用颜色的深浅表示数据的分布和变化，包括双色阶和三色阶（图 4-40）。双色刻度使用两种颜色的深浅程度比较某个区域的单元格，颜色的深浅表示值的高低。例

图 4-39 数据条规则显示效果

如,在绿色和红色的双色刻度中,可以指定较高值单元格的颜色更绿,而较低值单元格的颜色更红。三色刻度使用 3 种颜色的深浅程度来比较某个区域的单元格,颜色的深浅表示值的高、中、低。图 4-41 为使用"红—黄—绿色阶"规则显示数据的效果,数值最大的为红色,最小的为绿色,其余数据由红到绿过渡。

(5)图标集

使用图标集可以对数据进行注释,并可以按阈值将数据分为 3~5 个类别,每个图标代表一个值的范围,其形状或颜色表示的是当前单元格中的值相对于使用了条件格式的单元格区域中的值的比例。图 4-42 中采用五向箭头(彩色)图标集,每个方向箭头代表一个范围,如绿色向上箭头代表最大值 20%,红色向下箭头代表最小值 20%。

图 4-40 条件格式中的色阶规则

图 4-41 红—黄—绿色阶显示效果

图 4-42 条件格式中的图标集规则

4.2.3.3 条件格式规则

Excel 中的条件格式是根据一组规则来实施完成的，这组规则称为条件格式规则。条件格式规则包括"基于各自值设置所有单元格的格式""只为包含以下内容的单元格设置格式"等 6 种。单击"开始"选项卡中的"条件格式"按钮，在弹出的快捷菜单中选择"新建规则"菜单项，出现如图 4-43 所示的"新建格式规则"对话框。在图中，"选择规则类型"列表框中列出了 Excel 条件格式的 6 种规则，除了第一种规则外，其余每种规则的名称已明确表示出了该规则的条件格式意义。

图 4-43 "新建格式规则"对话框

Excel 为每种条件格式的规则设置了默认值，并将它们关联到各种条件格式中。在应用条件格式对单元格区域进行格式化时，Excel 将按默认规则格式化相应的单元格，例如，在应用具有 3 个图标的图标集格式时，每个图标均代表 33.33% 比例的数值范围。

4.2.3.4 自定义条件格式

从形式上看，应用 Excel 默认的条件格式格式化工作表，能够使工作表中的数据更具表现力。通过它能够突出显示工作表中某些数据，表达特定的信息，并且能够应用图形、图标集和色阶使工作表中的数据更加美观和形象，但这还不能满足某些应用需求。如在图4-42中，希望增加绿色箭头所占的比例，要有一半以上的单元格都是绿色箭头，这就需要建立新的条件格式规则或修改Excel条件格式的默认规则，加大绿色箭头图标在条件格式中所占的比例。

例如，对于图4-33所示的示例表，按照新建格式规则的方法对第一季度数据进行格式化，标识出销售量最大的20%、最小的30%，以及中间的数值，如图4-44所示。

图4-44 新建规则使用图标集效果

格式化过程为：

①选择B3:B11数据区域，依次选择"开始""条件格式""新建规则"命令。

②在图4-45所示的"新建格式规则"对话框的"格式样式"下拉列表框中选择"图标集"选项。

③在"图标样式"下拉列表框中选择"三色旗"。

④在"类型"下拉列表框中选择"百分点值"选项，然后在"值"下面的文本框中输入值的范围，完成上述设置。

⑤单击"确定"按钮后，格式化工作就完成了。

图4-45 新建条件格式规则

在Excel中，对同一单元格区域，可以多次应用不同的条件格式，例如，对一个已经应用了色阶的单元格区域，可以再次应用图标集、数据条等条件格式，自定义条件格式也可以叠加。

4.2.3.5 条件格式规则管理

对区域设置多重条件时，需要分多次进行，但每次的设置都会发生作用。当对相同的单元格或区域设置了多重条件后，有可能引起条件规则的冲突。例如，一个规则将单元格字体颜色设置为红色，而另一个规则将单元格字体颜色设置为绿色，因为这两个规则冲突，所以只应用一个规则，到底应用哪个规则，要根据各条件规则的优先级来确定。条件规则的优先级可通过"条件格式规则管理器"对话框进行设置和管理，通过它还可以创建、编辑、删除和查看所有的条件格式规则。

图 4-46　条件格式的多重应用及条件格式规则管理器

在"开始"选项卡中的"样式"组中，单击"条件格式"下三角按钮，然后单击"管理规则"选项出现"条件格式规则管理器"对话框，如图 4-46 所示。

可以看出，对图中的 B3:E11 区域应用的条件格式有 3 种，包括单元格选取规则、三色色阶（即渐变颜色刻度）、图标集。

当将两个或更多的条件格式规则应用于同一个单元格区域时，它们在"条件格式规则管理器"中从上向下的次序就是其优先级从高到低的次序。在默认情况下，新规则总是添加到列表的顶部，因此具有较高的优先级，但可以通过格式管理器中的按钮，调整条件格式的优先次序。

在"条件格式规则管理器"中，选中某条件规则后，单击"删除规则"按钮，可以删除不再需要的规则；单击"新建规则"按钮，将显示"新建规则"对话框，从中可以创建新的条件格式规则，并将新规则应用于当前选中的单元格或区域；单击"编辑规则"按钮，将显示"编辑格式规则"对话框，从中可以修改当前选中的规则。这是在 Excel 中进行条件格式设置的常用方式，即先用默认的条件格式设置单元格的格式，再通过此对话框对默认的条件格式进行修改，使之符合实际需求。

此外，在编辑工作表时，当复制和粘贴具有条件格式的单元格值，或用条件格式填充单元格区域，或用格式刷格式化单元格时，都会为目标单元格创建一个基于原单元格的新条件格式规则。

4.2.4　样式与自动套用格式

4.2.4.1　自动套用表格格式

Excel 中为表格预定义了许多格式，称为表格样式。可以先套用表格的预定义格式来格式化工作表，再用手动方式对其中不太满意的部分进行修改，很快就能够完成工作表的格式化。

表格是 Excel 中管理数据的一种特殊对象，由一系列包含相关数据的行和列构成。表格具有数据筛选、排序、汇总和计算等多项功能，并能自动扩展数据区域、构造动态报表。表格和单元格区域能够相互转换，为了更加容易地管理和分析一组相关数据，有时需要将单元格区域转换为表格，有时也需要将表格转换为普通区域。

【例 4-2】 设置学生成绩表的格式。

点击鼠标选中数据区域内的任意单元格,单击"开始"选项卡"样式"组中的"套用表格格式"按钮,弹出如图 4-47 所示表格样式列表,用鼠标单击其中某种样式即可。本例中使用了"浅色"中的"表样式浅色 5"。

图 4-47 套用表格格式

"套用表格格式"选项板具有预览预定义表格样式的功能。将鼠标指针停留在选项板中的某种样式上,Excel 就会临时性地应用该格式化创建的表格,在选项板中不断移动鼠标指针,就会实时地看到鼠标所指样式应用在表格中的效果,只有当单击某个样式后,Excel 才会真正应用此样式格式化表格。Excel 从颜色、边框线和底纹等诸多方面为表格提供了多种格式化样式,用户可以根据表格中的实际内容选择需要的格式,对工作表进行格式化设置。

4.2.4.2 应用主题格式化工作表

主题采用的是一套统一的设计元素和配色方案,是为文档提供的一套完整的格式集合,其中包括主题颜色(配色方案的集合)、主题文字(标题文字和正文文字的格式集合)和相关主题效果(如线条或填充效果的格式集合)。利用文档主题,可以非常容易地创建具有专业水准、设计精美的文档。用户也可以对现有的文档主题进行修改,并将修改结果保存为一个自定义的文档主题。文档主题可以在应用程序之间共享,通过文档主题共享可使所有 Microsoft Office 文档(Word、Excel 或 PowerPoint 文档)保持相同的、一致的外观。

在 Excel 中格式化工作表时,最好是首先应用某种主题格式化工作表,然后对其中不满意的地方进行修改。

应用主题格式化工作表的过程如下：

①建立工作表。

②单击"页面布局"选项卡，可以看到位于功能区左边的"主题"组，"主题"组中有4个按钮，分别为主题、颜色、字体和效果，单击它们会显示相应的选项板。

单击"颜色"按钮会显示出一个颜色选项板，其中包括了一组非常协调的颜色主题，如图4-48所示。

图4-48　主题"颜色"选项板、"字体"选项板以及"效果"选项板

单击"字体"按钮时，会显示"字体"选项板，其中提供了一组字体的集合，每种字体主题都包括两种字体格式：一种用于设置表格标题；另一种用于设置表格内容(图4-48)。

单击"效果"按钮会显示"效果"选项板，其中的主题可用于设置图形的外观、线条和填充效果(图4-48)。

单击"主题"按钮会显示出 Excel 内置的主题组(图4-49)，其中列出了 Excel 已设置好的主题，每个主题都包括一组已设置好颜色、字体和效果三方面内容的格式。使用这里面的主题格式化工作表时，活动工作簿中所有可应用的格式都会立即发生变化，包括工作表中的文本、背景、超链接、标题、字体、单元格边框、填充效果和图形格式等。

当将鼠标指针指向其中的某个主题时，其已搭配好的颜色、字体和效果会立即反映在整个工作簿中，表格中的字体、颜色和网格线都会随之发生变化。将鼠标指向不同的主题，可立即看到用该主题格式化工作表的效果，当发现满意的主题时，单击它就能够将该主题应用于当前工作簿的所有工作表中。

4.2.4.3　应用单元格样式格式化工作表

为了方便用户格式化单元格，Excel 设计了许多单元格样式，并将它们放在"开始"选项卡的"样式"组中，在进行工作表的格式化工作时，可以直接应用这些样式来格式化单元或单元格区域。

图 4-49 Excel 部分内置主题

【例 4-3】 利用单元格格式对图 4-47 的学生成绩表进行格式化。

步骤如下：

①选中要应用单元格样式的单元格或单元格区域。

②依次单击"开始""样式""单元格样式"按钮，会弹出"单元格样式"选项板，如图 4-50 所示。

③将鼠标指向"单元格样式"选项板中的各命令按钮，就立即会显示出选中单元格应用该样式后的效果，单击某个样式的按钮后，才会将此样式实际应用于选中单元格。

图 4-50 "单元格样式"选项板

单元格样式选项板中包括 6 个类别的单元格样式，每个类别具有不同的格式化功能。

(1) 好、差和适中

此类别下的样式采用不同色彩突出显示单元格中的内容，选中单元或单元格区域后，指向其中的"好""中""差""适中"，就会立即看到选中单元格应用此格式后的效果。"常规"格式也位于此类别下，选择它时会对选中的单元格或区域使用默认的单元格格式。

(2) 数据和模型

此类别下的单元格样式具有特定的用途，如"解释性文本"样式将单元格的内容设置为注释性文本（以斜体字显示），"输出"样式常用于设置显示计算结果的单元格。

(3) 标题

主要包括一些标题样式，每种标题具有不同粗细的边框和底纹，可将选定单元格设置为颜色搭配协调的列标题。

(4) 主题单元格格式

提供了许多"强调文字"的样式，这些样式依赖于当前选择的主题颜色，每个主题颜色提供了 4 种级别的强调色百分比，可以按不同的色度显示单元格内容。

(5) 数字格式

提供了数字的几种不同显示方式，它与"开始"选项卡中"数字"组中的功能按钮相一致。

(6) 新建单元格样式

允许用户定义新的单元格样式，并将用户定义的样式添加在选项板的顶部，以备使用，单击它会显示一个对话框，从中可以建立新的单元格样式。

4.2.4.4 设置工作表的边框和底纹

Excel 的默认边框是虚线、无底纹，所有表格都表示为同一种样式，不便于特殊信息的突出显示。如果在 Excel 的默认方式下打印工作表，打印出的结果将没有表格线（也可以通过打印设置让它显示表格线）。通过边框和底纹的设置，可使表格美观，也可改变信息的显示方式，让人们尽快掌握表格中的信息。

设置工作表边框和底纹的操作过程如下：

①在工作表中输入原始成绩。

②选中整个工作表（单击工作表的全选按钮，或列标字母 A 左边的空白"列标题"）。

③取消"视图"选项卡中"显示"选项组中的"网格线"复选框，这样就不会显示工作表中的网格线。

④选中要设置边框的单元格区域，单击"开始"选项卡中"字体"选项组中的"边框线"工具按钮右边的下三角形，在弹出的边框线下拉列表命令中，用户可以根据自己的要求选择线型、线号、颜色等，再选择应用框线的部位，就可完成表中边框设置。

⑤如果表中没有用户所需要的表线样式，可选择下拉命令列表最下方的"其他边框"命令，打开如图 4-51 所示对话框，根据要求对边框进行设置。

图 4-51 边框设置对话框

4.3 公式与函数

4.3.1 公式的基础知识

4.3.1.1 基本概念

（1）公式

Excel 的数据计算是通过公式来实现的，可以对工作表中的数据进行加、减、乘、除等运算。

Excel 的公式以等号开头，后面是用运算符连接对象组成的表达式。表达式中可以使用圆括号"()"改变运算优先级。公式中的对象可以是常量、变量、函数及单元格引用，如"=C3+C4""=D6/3-B6""=sum(B3:C8)"等。当引用单元格的数据发生变化时，公式的计算结果也会自动更改。

（2）运算符

Microsoft Excel 包含 4 种类型的运算符：算术运算符、比较运算符、文本运算符和引用运算符。

①算术运算符　包括+（加号）、-（减号或负号）、*（星号或乘号）、/（除号）、%（百分号）、^（乘方），用于完成基本的数学运算，返回值为数值。例如，在单元格中输入"=3+3^2"后按"Enter"键，结果为 12。

②比较运算符　包括=（等号）、>（大于号）、<（小于号）、>=（大于等于号）、<=（小于等于号）、<>（不等于号），用以实现两个值的比较，结果是逻辑值 True 或 False。例如，在单元格中输入"=2>3"，结果为 False。

公式与函数

③文本运算符　文本运算符为"&"，用来连接文本或数值，结果是文本类型。例如，在单元格中输入"＝"计算机"&"应用""（注意文本输入时须加英文引号）后按"Enter"键，将产生"计算机应用"的结果。

④引用运算符　引用运算符包括":"","和空格，其中冒号为区域运算符，表示对两个单元格之间所有区域的引用，如(A1:D3)；逗号为联合运算符，可以将多个单元格区域合并为一个区域，如(A1:D3,B1:C5)；空格为交叉运算符，表示对两个区域共有单元格的引用，如(A1:D3 B1:C5)。

运算符优先级由高到低依次为：引用运算符；负号；百分比；乘方；乘除；加减；连接符；比较运算符。

(3)编制公式

选定要输入公式的单元格，输入一个等号(＝)，然后输入编制好的公式内容，确认输入，计算结果将自动填入该单元格。

4.3.1.2 单元格引用

Excel 公式输入中用到其他单元格在表格中的位置，称作单元格引用。引用的作用在于标识工作表中的单元格或单元格区域，并指明公式中所使用的数据的单元格位置。通过引用，可以在公式中使用工作表不同部分的数据，或者在多个公式中使用同一个单元格的数值，还可以引用同一个工作簿中不同工作表上的单元格或其他工作簿中的数据。引用不同工作簿中的单元格称为链接。单元格引用分为相对引用、绝对引用和混合引用3种。

(1)相对引用

相对引用也称为相对地址引用，是指在一个公式中直接用单元格的列标题与行号来取用某个单元格中的内容。例如在 A1 单元格中输入了一个公式"＝A2+B5/D8+20"，该公式中的 A2、B5、D8 都是相对引用。如果含有引用的公式被复制到另一个单元格，公式中的引用会随之发生相应的变化，变化的依据是公式所在原单元格到目标单元格所发生的行、列位移，公式中所有的单元格引用都会发生与公式相同的位移变化。

(2)绝对引用

绝对引用总是在指定位置引用单元格，如果公式所在单元格的位置改变，绝对引用保持不变。绝对引用的形式是在引用单元格的行列标题前面加"＄"符号，如＄A＄1就是对A1单元格的绝对引用。

(3)混合引用

混合引用具有绝对列和相对行，或是绝对行和相对列，如＄A1、＄B1 就是具有绝对列的混合引用，A＄1、B＄1 就是具有绝对引用行的混合引用。如果包含混合引用的公式所在单元格的位置改变，则混合引用中的相对引用位置改变，而其中的绝对引用位置不变。

4.3.1.3 内部引用与外部引用

在 Excel 公式中，可以引用相同工作表中的单元格，也可以引用不同工作表中的单元格，还可以引用不同工作簿中的单元格。引用同一工作表中的单元格称为内部引用；引用不同工作表中的单元格称为外部引用，下面几个公式是这几种引用的示例：

引用相同工作表中的单元格：=A2+B2+C3*10。

引用同一工作簿的不同工作表中的单元格号：=Sheet1！A3+Sheet1！A5+Sheet1！B7。

引用不同工作簿中的单元格号：=［Book1］Sheet1！＄A＄3+［Book1］Sheet2！＄B＄7。

同一公式中存在几种不同的引用：=［Book1］Sheet1！＄A＄5+Sheet1！E2+F9。

以上示例中，Sheet1、Sheet2 分别是工作表的名称，Book1 是保存的工作簿的名称。

4.3.2 快速计算

快速计算就是使用 Excel 设置的较常用的 5 种函数计算日常需要的数值，如图 4-52 所示，需要计算每个学生的平均成绩以及每门课程的最高分和最低分，具体操作如下：

①选中 E3 单元格，点击"公式"选项卡中"自动求和"下面的三角符号，在弹出的下拉列表中点击"平均值"，如图 4-52 所示。

②此时单元格会出现图示效果，表示 E3 单元格的值是通过 Average 这个函数计算得出（图 4-53）。目前不需要掌握函数的含义，我们只需要确认参与计算的范围是否正确，也就是虚线框框起来的内容

图 4-52 快速计算的 5 种函数

是否是进行平均值计算的范围即可。如果范围正确，按下"Enter"键，如果范围错误，将鼠标移动到虚线框边线上，当鼠标变为双向箭头形状时拖动鼠标扩大或缩小范围即可，计算结果如图 4-54 所示。由于之前对表格进行了套用表格格式的操作，所以整个表格 E 列都会使用平均值计算，最后两项没有数据参与运算，出现了"#DIV/0!"的错误提示，删除即可。

图 4-53 E3 单元格显示的公式效果

图 4-54 计算结果

③用相同的方法，选择最大值、最小值，计算表格对应课程的最高分、最低分。

4.3.3 输入公式

快速计算使用的是系统提供的函数，有些运算需要用户自行设置运算方式以及参与运算的数据，通常把这种运算表达式称为公式。

	A	B	C	D	E	F	G
1	学号	姓名	平时成绩	期中成绩	期末成绩	学期成绩	班级名次
2	C121401		97.00	96.00	102.00	=C2*0.4+D2*0.3+E2*0.3	
3	C121402		99.00	94.00	101.00		
4	C121403		98.00	82.00	91.00		
5	C121404		87.00	81.00	90.00		
6	C121405		103.00	98.00	96.00		
7	C121406		96.00	86.00	91.00		
8	C121407		109.00	112.00	104.00		
9	C121408		81.00	71.00	88.00		
10	C121409		103.00	108.00	106.00		
11	C121410		95.00	85.00	89.00		
12	C121411		90.00	94.00	93.00		
13	C121412		83.00	96.00	99.00		
14	C121413		101.00	100.00	96.00		

图 4-55 自定义公式输入

如图 4-55 所示表格，学期成绩在 Excel 中没有内置的函数可以完成运算，需要自行设置。具体操作如下：

选中 F2 单元格，此单元格内容对应着学号为 C121401 同学的学期成绩，按照学期成绩=平时成绩×40%+期中成绩×30%+期末成绩×30%的计算公式，在 F2 单元格中输入"=C2*0.4+D2*0.3+E2*0.3"，输入完毕按下"Enter"键完成计算。

注：参与公式运算的单元格引用可以通过键盘输入的方式，也可以通过鼠标选择的方式，输入完成后确认单元格是否输入正确，再按"Enter"键完成计算。

4.3.4 复制公式

在图 4-55 所示的表格中，其余同学的学期成绩和第一位同学的计算方式一样，只不过参与运算的具体单元格有变化，也就是说，学期成绩这一列都是按照平时成绩的 40%加期中成绩的 30%加期末成绩的 30%这样的方法进行计算的，为此，Excel 提供了复制公式的方法以简化操作。

具体操作方法如下：

①选中 F2 单元格（此时，单元格中已经设置好公式"=C2*0.4+D2*0.3+E2*0.3"）。

②在右下角的填充柄上（图 4-56）按住鼠标左键向下拖动，鼠标经过的地方会自动填充公式，效果如图 4-57 所示。

③选中 F3 单元格，点击编辑栏，可以看到 F3 内的公式变为了"=C3*0.4+D3*0.3+E3*0.3"，依次类推，F4 内的公式为"=C4*0.4+D4*0.3+E4*0.3"，如图 4-58 所示。

④拖动填充柄完成公式的复制操作。其变化规律是：将 F2 内的公式复制到 F3，行号增加 1，那么单元格内组成公式的引用行号也增加 1，复制到 F4；行号增加 2，那么公式里的单元格引用行号也增加 2。

注：只有相对引用的行号会变化。绝对引用复制公式时不变，这样的规律也应用于列的变化。例如，假设 G2 单元格内有公式=A2+B2+C2*0.2，将 G2 单元格复制到 H3，此时列增加 1，行增加 1，那么 H3 内的公式就是=B3+C3+D3*0.2。拖动填充柄的方式进行公式和函数的复制时，要注意分析公式和函数内哪些值是需要变化的，哪些值是不变的，从而可以将第一个公式或函数内的单元格引用按照需要改为绝对引用。

F2			fx	=C2*0.4+D2*0.3+E2*0.3			
	A	B	C	D	E	F	G
1	学号	姓名	平时成绩	期中成绩	期末成绩	学期成绩	班级名次
2	C121401		97.00	96.00	102.00	98.20	
3	C121402		99.00	94.00	101.00		
4	C121403		98.00	82.00	91.00		
5	C121404		87.00	81.00	90.00		
6	C121405		103.00	98.00	96.00		
7	C121406		96.00	86.00	91.00		
8	C121407		109.00	112.00	104.00		
9	C121408		81.00	71.00	88.00		
10	C121409		103.00	108.00	106.00		
11	C121410		95.00	85.00	89.00		
12	C121411		90.00	94.00	93.00		
13	C121412		83.00	96.00	99.00		
14	C121413		101.00	100.00	96.00		

图 4-56　拖动填充柄

F3			fx	=C3*0.4+D3*0.3+E3*0.3			
	A	B	C	D	E	F	G
1	学号	姓名	平时成绩	期中成绩	期末成绩	学期成绩	班级名次
2	C121401		97.00	96.00	102.00	98.20	
3	C121402		99.00	94.00	101.00	98.10	
4	C121403		98.00	82.00	91.00	91.10	
5	C121404		87.00	81.00	90.00	86.10	
6	C121405		103.00	98.00	96.00	99.40	
7	C121406		96.00	86.00	91.00	91.50	
8	C121407		109.00	112.00	104.00	108.40	
9	C121408		81.00	71.00	88.00	80.10	
10	C121409		103.00	108.00	106.00	105.40	
11	C121410		95.00	85.00	89.00	90.20	
12	C121411		90.00	94.00	93.00	92.10	
13	C121412		83.00	96.00	99.00	91.70	
14	C121413		101.00	100.00	96.00	99.20	

图 4-57　复制公式完成表格计算

F4			fx	=C4*0.4+D4*0.3+E4*0.3		
	A	B	C	D	E	F
1	学号	姓名	平时成绩	期中成绩	期末成绩	学期成绩
2	C121401		97	96	102	=C2*0.4+D2*0.3+E2*0.3
3	C121402		99	94	101	=C3*0.4+D3*0.3+E3*0.3
4	C121403		98	82	91	=C4*0.4+D4*0.3+E4*0.3
5	C121404		87	81	90	=C5*0.4+D5*0.3+E5*0.3
6	C121405		103	98	96	=C6*0.4+D6*0.3+E6*0.3
7	C121406		96	86	91	=C7*0.4+D7*0.3+E7*0.3
8	C121407		109	112	104	=C8*0.4+D8*0.3+E8*0.3
9	C121408		81	71	88	=C9*0.4+D9*0.3+E9*0.3
10	C121409		103	108	106	=C10*0.4+D10*0.3+E10*
11	C121410		95	85	89	=C11*0.4+D11*0.3+E11*
12	C121411		90	94	93	=C12*0.4+D12*0.3+E12*
13	C121412		83	96	99	=C13*0.4+D13*0.3+E13*
14	C121413		101	100	96	=C14*0.4+D14*0.3+E14*

图 4-58　显示公式

4.3.5 函数基本概念及引用

4.3.5.1 函数概念

函数是 Excel 中已经定义好的计算公式，函数使用是参数的特定数值，按照特定的顺序或结构进行计算。

Excel 按功能不同将函数分为 13 类，分别是财务函数、日期与时间、数学与三角函数、统计函数、查找与引用函数、数据库函数、文本函数、逻辑函数、信息函数、工程函数、多维数据集函数、兼容性函数、Web 函数等。

4.3.5.2 函数引用的格式

Excel 中函数引用的格式大致分为函数名和参数表两部分，其中参数可以是常量、单元格引用和其他函数。

函数同样必须以"="号开始，函数的格式一般为："=函数名(参数1，参数2，…)"，函数名称表明函数的功能，函数的参数指的是参与运算的数值、引用、条件等。有些函数没有参数，但是也必须有括号，如函数 PI 的作用是返回圆周率的值 π，在使用时也必须输入"=PI( )"。

4.3.5.3 函数引用方法

函数引用又称函数调用，其引用方法有以下几种：

(1) 在公式中直接输入

如果知道函数名称和需要的参数，可以在公式或表达式中直接输入函数。例如，求单元格区域 A1:D15 的数据总和，结果保存在 E1 单元格中。如果对汇总函数 SUM 非常熟悉，可以直接在 E1 单元格中输入公式"=Sum(A1:D15)"，输入完成并按"Enter"键后，Excel 就会自动把 A1:D15 区域中的所有数值之和显示在 E1 单元格中。

(2) 使用函数向导

Excel 提供了 300 多个可用的工作表函数，这些函数覆盖了许多应用领域，每个函数又允许使用多个参数，要记住所有函数的名称、参数及其用法是不可能的，当知道函数的类别以及需要计算的问题时，或知道函数的名称但不知道函数所需要的参数时，可以使用函数向导来完成函数的输入。具体方法如下：

①单击工具栏上的"插入函数"按钮 f_x，或者依次选择"公式""函数库""插入函数"命令，弹出如图 4-59 所示"插入函数"对话框。

②在"插入函数"对话框中选择函数类别及引用函数名。例如，为求平均值，应先选常用函数类别，再选求平均值函数 AVERAGE，然后单击"确定"按钮，弹出如图 4-60 所示的"函数参数"对话框。

图 4-59 "插入函数"对话框

图 4-60 "函数参数"对话框

③在"AVERAGE"参数栏中输入参数，即在 Number1，Number2 等输入框中输入要求平均值的单元格、单元格区域。可以直接输入，也可以用鼠标单击参数文本框右面的"引用"按钮，使"函数参数"对话框折叠起来，然后到工作表中选择引用单元格，选好之后，单击折叠后的"引用"按钮，即可恢复"函数参数"对话框，同时所选的引用单元格会自动出现在参数文本框中。

④当所有参数输入完后，单击"确定"按钮，此时结果出现在单元格中，而公式出现在编辑栏中。

(3) 通过功能区插入函数

在 Excel 中的"公式"选项卡中，可以看到 Excel 提供的所有函数，如图 4-61 所示。单击任意一个函数类型，就可以打开该类型的所有函数。将鼠标放置在某函数上，可出现该函数的相关说明，单击鼠标左键，即选择该函数，如图 4-62 所示。

图 4-61 "公式"选项卡

(4) 使用常用工作表函数

下面通过图 4-63 所示表格，介绍常用函数的用法。

图 4-63 所示表格，除了可以应用快速计算完成对应的单元格内容的计算之外，还可直接引用函数，下面使用 AVERAGE 函数计算平均成绩，使用 MIN 函数计算最低分，使用 MAX 函数计算最高分。

图 4-62　按类别选择并插入函数　　　　图 4-63　考试成绩表

具体操作步骤如下：

①选中 E3 单元格，点击"公式"选项卡 f_x 插入函数命令，在弹出的"插入函数"对话框中选择"统计"类别中的 AVERAGE 函数，点击"确定"，如图 4-64 所示。

②点击"确定"后会弹出这个函数的"函数参数"对话框，如图 4-65 所示，同时在编辑栏中可以看到该单元格函数的完整写法。

图 4-64　插入 AVERAGE 函数

图 4-65　AVERAGE 函数参数设置

③在参数中确认参与运算的单元格区域是否正确，如果正确，直接点击"确定"就可以完成操作；也可以在 Number1 中输入 B3，Number2 中输入 C3，Number3 中输入 D3，当点击 Number2 对应的输入框时会新增出现 Number3 输入框。

在 Excel 的函数应用中，要注意 3 个概念，一是函数名，对应着函数的功能；二是函数参数，指的是参与运算的运算对象；三是函数的返回值，也就是函数运算后得到的结果。掌握常用的函数名，可以提高工作效率，同时掌握某函数参数的类型，也会减少使用函数时出错。

对于不熟悉的函数，可以通过帮助文档学习。Excel 的函数帮助信息不但有关于该函数的描述，还有简单示例，通过示例可以很清楚地看懂并参照运用该函数。

例如，在图 4-66 示例中，F7 单元格要填入平均分低于 75 分的人数。

图 4-66 考试成绩表增加新的运算

如果用户从来没有进行过此类的操作，那么可以按照以下的操作步骤进行。首先，考虑计算人数属于统计类，那么在插入函数对话框中选择类别为"统计"，如图 4-67 所示。

然后在统计类函数列表中利用键盘的向下向上箭头按钮，逐个浏览函数名称，同时查看选中函数的简单说明，如图 4-68 所示。选择能够应用的函数，点击有关该函数的帮助，进入帮助文档，如图 4-69 所示。

图 4-67 按照函数类别查看函数

图 4-68 查看函数简要说明

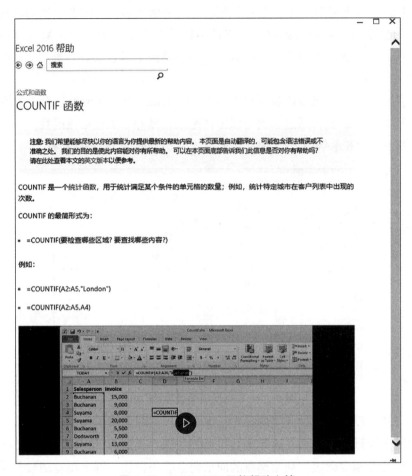

图 4-69　COUNTIF 函数帮助文档

通过学习帮助文档中的示例，掌握该函数参数的设置，就可以完成题目要求。在函数参数对话框中的参数应该如图 4-70 所示进行设置。

图 4-70　示例中 Contif 函数参数设置

【例4-4】 选用适当的函数计算学生成绩表中班级名次列，如图4-71所示。

学号	姓名	平时成绩	期中成绩	期末成绩	学期成绩	班级名次
C121401		97.00	96.00	102.00	98.20	
C121402		99.00	94.00	101.00	98.10	
C121403		98.00	82.00	91.00	91.10	
C121404		87.00	81.00	90.00	86.10	
C121405		103.00	98.00	96.00	99.40	
C121406		96.00	86.00	91.00	91.50	
C121407		109.00	112.00	104.00	108.40	
C121408		81.00	71.00	88.00	80.10	
C121409		103.00	108.00	106.00	105.40	
C121410		95.00	85.00	89.00	90.20	
C121411		90.00	94.00	93.00	92.10	
C121412		83.00	96.00	99.00	91.70	
C121413		101.00	100.00	96.00	99.20	
C121414		77.00	87.00	93.00	84.80	
C121415		95.00	88.00	98.00	93.80	

图4-71 学生成绩表

学生的名次就是该同学成绩在所有学生成绩中的排序位置，在这里使用RANK.EQ函数。具体步骤如下：

①选中G2单元格，点击公式选项卡插入函数命令，选择RANK.EQ函数，如图4-72所示。

图4-72 RANK.EQ函数参数

注：Number参数是要参加排序的数值，在这里选择或输入第一位同学学期成绩所在单元格即F2；Ref参数指要对比的其他数值，是一个引用，也就是一个范围，这里指所有同学的学期成绩，是一个单元格区域，可填入F2:F16（假设前15个同学排名次）；Order参数是逻辑值，输入0表示逻辑假，在这里表示降序，输入非0值表示逻辑真，在这里表示升序。成绩排名是由大到小，数值大的在前面，是降序排列，这里可以不用输入。

②参数设置完毕后点击"确定",G2 单元格的值计算完毕。

③点击进入 G2 单元格的编辑状态,G2 显示的公式为"=RANK.EQ(F2:F2:F16)"。第 G 列的其他单元格可以利用拖动填充柄的方式进行公式的复制完成计算。但是要注意,直接进行拖动填充时,函数里的相对引用会自动变化,G3 的函数为"=RANK.EQ(F3:F3:F17)",此时计算已经错误了,因为 F3:F17 区域不是正确的所有成绩范围,所以需要做改变。将 G2 里的函数修改为=RANK.EQ(F2:＄F＄2:＄F＄16),也就是将单元格区域由相对引用改为绝对引用,这样再次拖动填充时,绝对引用不会随着变化,满足排序要求,如图 4-73 所示。

图 4-73 改变函数参数为绝对引用

4.3.5.4 常用函数应用

下面结合 Excel 2016 的函数帮助文档对部分常用函数做简单讲解。由于篇幅有限,其他函数的用法可自行查阅帮助文档学习。

(1)条件统计相关函数的用法(表 4-3)

表 4-3 条件统计相关函数简介

序号	函数	主要功能	应用举例
1	条件求和函数 SUMIF(Range,Criteria,[Sum_Range])	对指定单元格区域中符合一个条件的单元格求和	(1)=SUMIF(B2:B10,">60"),表示对 B2:B10 区域中大于 60 的数值进行求和; (2)=SUMIF(B2:B10,"男",C2:C10),表示在区域 B2:B10 中,查找值为"男"的单元格,并在 C2:C10 区域中找到对应的单元格进行求和,以上要求可以描述为"计算男同学的语文课程成绩总和"
2	多条件求和函数 SUMIFS(Sum_Range,Criteria_Range1,Criteria1,[Criteria_Range2,Criteria2],…)	对指定单元格区域中符合多组条件的单元格求和	=SUMIFS(D2:D10,B2:B10,"男",C2:C10,"一年级"),表示对 D2:D10 区域中符合以下条件的单元格的数值求和:B2:B10 中的值为"男"且 C2:C10 中的相应值为"一年级"

(续)

序号	函数	主要功能	应用举例
3	条件平均值函数 AVERAGEIF(Range,Criteria,[Average_Range])	对指定单元格区域中符合一组条件的单元格求平均值	=AVERAGEIF(C2:C10,"1班",D2:D10)，表示对在 C2:C10 区域中查找等于"1班"的单元格，并计算 D2:D10 中对应单元格的算术平均值
4	多条件平均值函数 AVERAGEIFS(Average_Range,Criteria_Range1,Criteria1,[Criteria_Range2,Criteria2],…)	对指定单元格区域中符合多组条件的单元格求平均值	=AVERAGEIFS(D2:D10,B2:B10,"男",C2:C10,"1班")，表示对 D2:D10 区域中符合以下条件的单元格的数值求平均值：B2:B10 中的相应值等于"男"且 C2:C10 中的相应的值等于"1班"，可以理解为"计算1班男生的平均成绩"
5	条件计数函数 COUNTIF(Range,Criteria)	统计指定单元格区域中符合单个条件的单元格的个数	=COUNTIF(B2:B10,"男")，表示统计单元格区域 B2:B10 中值等于"男"的单元格的个数。可以理解为"统计参加考试的男生人数"
6	多条件计数函数 COUNTIFS(Criteria_Range1,Criteria1,[Criteria_Range2,Criteria2],…)	统计指定单元格区域中符合多组条件的单元格的个数	=COUNTIFS(B2:B10,"男",C2:C10,"1班")，表示统计同时满足以下条件的单元格的个数：B2:B10 单元格区域中等于"男"的单元格且 C2:C10 单元格区域中等于"1班"的单元格。可以理解为"统计参加考试的1班的男生人数"

(2)部分逻辑函数的用法(表4-4)

表4-4 部分逻辑函数简介

序号	函数	主要功能	应用举例
1	逻辑判断函数 IF(Logical_Test,[Value_if_True],[Value_if_False])	指定条件的计算结果为 True，IF 函数返回一个值；计算结果为 False，IF 函数返回另一个值	(1)=IF(D2>=60,"及格","不及格")，表示如果 D2 单元格中的数值大于等于60，则显示"及格"字样，反之显示"不及格"字样； (2)可以用 IF 函数的嵌套表示多重条件判断。例如，=IF(C2>=90,"优秀",IF(C2>=80,"良好",IF(C2>=60,"及格","不及格")))，表示"成绩大于等于90分，等级为优秀，成绩大于等于80分并小于90分，等级为良好，成绩大于等于60分并小于80分，等级为及格，成绩低于60，等级为不及格"

（续）

序号	函数	主要功能	应用举例
2	与运算 AND(Logical1,Logical2,…)	对两个逻辑表达式进行"与"运算。表达式同时成立时，结果为True，只要其中任意一个表达式不成立，结果为False。Logical表示检测表达式，内容可以是逻辑值、数组或引用	（1）=AND(1+2=3,2+3=5)，返回结果为True； （2）=AND(1+2=4,2+3=5)，返回结果为False
3	或运算 OR(Logical1,Logical2,…)	对两个逻辑表达式进行"或"运算。只要其中一个或一个以上的表达式成立，结果为True，所有表达式均不成立时，结果为False	（1）=OR(1+2=4,2+3=5)，返回结果为True； （2）=OR(1+2=4,2+3=6)，返回结果为False

(3) 部分查找与引用类函数的用法（表 4-5）

表 4-5 部分查找与引用类函数简介

序号	函数	主要功能	应用举例
1	ROW(Reference)	返回指定单元格所在的行，只返回数字。参数为单元格地址	=ROW(F13)，返回结果为13
2	COLUMN(Reference)	返回指定单元格所在的列数，只返回数字	=COLUMN(C18)，返回结果为3（C列是第3列）
3	垂直查询函数 VLOOKUP(Lookup_Value,Table_Array,Col,Index_Num,[Range_Lookup])	搜索指定单元格区域的第1列，然后返回该区域相同一行上任何指定单元格中的值	=VLOOKUP(E2,A2:B10,2,0)，要查找的区域为A2:B10，在此公式中A列为第1列，B列为第2列，表示使用精确匹配搜索A列（第1列）中是否有等于单元格E2的值，如果在A列中有，则返回同一行中B列（第2列）的值。如果A列中找不到相同值，则返回"#N/A"错误提示
4	横向查找函数 HLOOKUP(Lookup_value,Table_array,Row_index_num,[Range_lookup])	在表格或数值组的首行查找指定的数值，然后返回表格或数组当前列中指定行处的数值。当比较值位于数据表格的首行时，如果要向下查看指定的行数，则可使用HLOOKUP	=HLOOKUP(E1,A1:B10,5,0)，在A1:B10区域的第一行中精确匹配值为单元格E1的值，并返回对应列第5行的内容

(续)

序号	函数	主要功能	应用举例
5	LOOKUP 函数 LOOKUP（Lookup_Value, Lookup_Vector, Result_Vector）	从单行、单列或从数组中查找一个值	=LOOKUP（A2，E1：H10，F1：F10）表示从E1：H10 单元格区域中查找 A2 单元格的值，并返回 F1：F10 单元格区域相对应行的值
6	INDEX 函数 INDEX（Array，Row_Num, Column_Num）	在给定的单元格区域中，返回指定行列交叉处单元格的值，常与 MATCH 函数组合使用	=INDEX（E1：H10，5，2），获取区域 E1：H10 中第 5 行和第 2 列的交叉处，即单元格 F5 的值
7	MATCH 函数 MATCH（Lookup_Value, Lookup Array, Match_Type）	返回指定值在指定数据区域中的相对位置，通常作为 INDEX 函数的一个参数	=MATCH（E2，A2：A10，0），返回单元格值等于 E2 单元格的值，其在区域 A2：A10 中的位置

（4）部分时间日期类函数的用法（表 4-6）

表 4-6　部分时间日期类函数简介

序号	函数	主要功能	应用举例
1	当前日期和时间函数 NOW（）	返回当前系统日期和时间	=NOW（），确认后即可显示当前系统日期和时间
2	当前日期函数 TODAY（）	返回当前系统日期	=TODAY（），确认后即可显示当前系统日期
3	年份函数 YEAR（Serial_Number）	返回指定日期或引用单元格中对应的年份。返回值为 1900~9999 的整数	=YEAR（"2023/2/25"），返回年份 2023
4	月份函数 MONTH（Serial_Number）	返回指定日期或引用单元格中对应的月份，返回值为 1~12 的整数	=MONTH（"2023-2-25"），返回月份 2
5	HOUR（Serial_Number）、MINUTE（Serial_Number）、SECOND（Serial_Number）	分别表示提取时间中的时、分、秒	当在 A2 单元格中输入时间"9：23：45"时，公式 =HOUR（A2）返回时值"9"，=MINUTE（A2）返回分值"23"，=SECOND（A2）返回秒值"45"

(续)

序号	函数	主要功能	应用举例
6	WEEKDAY(Serial_Number,Return_Type)	判断日期是星期几。Serial_Number表示日期,第二个参数Return_Type是排序方式,一般使用2,表示星期一是每周的第一天,返回数字1就是星期一,返回数字7就是星期日,一一对应	=WEEKDAY("2022/02/25",2),返回6,表示星期六
7	DATE(Year,Month,Day)	构造日期,可以把年、月、日组合在一起,返回一个日期	输入=DATE(2023,1,28)后按回车键,单元格会以日期格式显示为"2023/1/28"
8	DAYS360(Start_Date,End_Date,Method)	计算两个日期间隔的天数,每月按30天,一年按360天计算	按一年360天计算2020年9月30日和2021年9月30日之间相差的天数,公式为"=DAYS360(DATE(2020,9,30),DATE(2021,9,30))",返回结果为360
9	DATEDIF(Start_Date,End_Date,Unit)	DATEDIF函数是Excel的隐藏函数,在帮助和插入公式里面没有,要手动输入。计算日期之间的差值	=DATEDIF("2003-4-1",TODAY(),"YD"),表示计算日期2003-4-1和当前日期的不计年数的间隔天数
10	DATEVALUE(date_text)	DATEVALUE函数将存储为文本的日期转换为Excel识别为日期的序列号	=DATEVALUE("2023-2-25"),返回文本日期2023-2-25的序列号44982

(5)部分文本类函数的用法(表4-7)

表4-7 部分文本类函数简介

序号	函数	主要功能	应用举例
1	文本合并函数CONCATENATE(Text1,[Text2],…)	将几个文本项合并为一个文本项	在单元格A2和B2中分别输入文本"计算机应用基础"和"考试",在B2单元格中输入公式=CONCATENATE(A2,B2,"成绩"),则结果为"计算机应用基础考试成绩"

(续)

序号	函数	主要功能	应用举例
2	截取字符串函数 MID(Text, Start_Num, Num_Chars)	从文本字符串的指定位置开始，截取指定数目的字符	在 B1 单元格中有文本"123456200112060011"，在 B2 单元格中输入公式＝MID(B1,7,4)，表示从单元格 B1 中的文本字符串中的第 7 格字符开始截取 4 个字符，结果为"2001"，即截取了身份证号码中的出生年份。用此方法还可以得到出生日期、性别等信息
3	左侧截取字符串函数 LEFT(Text,[Num_Chars])	从文本字符串的最左边（即第一个字符）开始，截取指定数目的字符。类似的用法还有右侧截取字符串函数 RIGHT(Text,[Num_Chars])	B1 单元格中有文本"等级考试"，在 B2 单元格中输入公式＝LEFT(B1,2)，表示从单元格 B2 中的文本字符串中截取前两个字符，结果为"等级"
4	文本替换函数 REPLACE(Old_Text, Start_Num, Num_Chars, New_Text)	替换字符串中指定内容，可用于屏蔽或隐藏字符，如隐藏手机号后四位	A2 单元格中有电话号码，将后 4 位数字替换为星号"*"，公式为＝REPLACE(A2,8,4,"****")
5	FIND(Find_Text,Within_Text,Start_Num)	寻找某一个字符串在另一个字符串中出现的起始位置（区分大小写）	＝FIND("O","HELLO WORLD")，结果为5；＝FIND("O","HELLO WORLD",6)，结果为8；＝FIND("o","HELLO WORLD")，结果为#VALUE!（值错误）
6	SEARCH(Find_Text, Within_Text, Start_Num)	与 Find 函数用法一样，区别在于 Find 函数是精确查找，区分大小写；SEARCH 函数是模糊查找，不区分大小写	＝SEARCH("O","HELLO WORLD")，结果为5；＝SEARCH("O","HELLO WORLD",6)，结果为8；＝SEARCH("o","HELLO WORLD")，结果为5

(6) Excel 中的数组公式

数组公式是指可以在数组的一项或多项上执行多个计算的公式。可以将数组视为一行值、一列值或行值和列值的组合。数组公式可以返回多个结果，也可返回一个结果。

数组公式通常称作 CSE(Ctrl+Shift+Enter)公式，因为在输入后不是只按回车键，而是要按 Ctrl+Shift+Enter 键完成公式。

【例 4-5】 计算总销售额(图 4-74)。

通常的思路为先计算每个销售人员的销售额,再相加,即在 D14 中输入 =SUM(B3*C3:B4*C4:B5*C5:B6*C6:B7*C7:B8*C8:B9*C9:B10*C10:B11*C11:B12*C12)。

若将 B3:B12 看成一个数组,C3:C12 看成一个数组,则销售总额为两列对应行相乘的和,可以使用数组公式来完成。在 D14 中输入 =SUM(B3:B12*C3:C12),再按快捷键"Ctrl+Shift+Enter"。在公式编辑栏则显示为{=SUM(B3:B12*C3:C12)},结果如图 4-75 所示。

图 4-74　例 4-5 数据

图 4-75　数组公式输入效果

【例 4-6】 计算 1 班的最高分(图 4-76)。

此例可以使用数组的思路求解,并嵌套 IF 函数。可以这样分析,如果班级为"1班",就返回对应的成绩值,对这些成绩值应用 MAX 函数求出最大值即为 1 班的最高分。这里 IF 函数的参数为两个数据区域,并且需要对区域值进行一一比对,这就是数组的应用。在 D14 单元格中输入{=MAX(IF(D2:D10="1班",E2:E10))},如图 4-77 所示。

图 4-76　例 4-6 数据

图 4-77　例 4-6 应用效果

4.4 数据库操作

Excel 除了具有对表中数据进行输入与计算功能外，还具有对表中的数据进行排序、筛选、分类汇总、合并及建立透视表等强大功能，以便于工作时进行复杂数据分析与处理。

数据库操作

4.4.1 数据库操作相关概念

4.4.1.1 数据清单

数据清单是指工作表中包含相关数据的一系列数据行，可以理解成工作表中的一张二维表格。在执行数据库操作，如排序、筛选或分类汇总时，Excel 会自动将数据清单视为数据库，并使用下列数据清单元素来组织数据。

- 数据清单中的列称为字段，行称为记录。
- 数据清单中的列标题是数据库中的字段名称。
- 数据清单中的每一行对应数据库中的一条记录。

数据清单应该尽量满足下列条件：

- 处理每一列必须要有列名，而且每一列中必须有相同的数据类型。
- 不要在一张工作表中创建多份数据清单。
- 数据清单不可以有空行或空列。
- 任何两行不可以完全相同。

4.4.1.2 排序

建立数据清单时，各记录按照输入的先后次序排列。但是，当需要从数据清单中查找需要的信息时很不方便，为了提高查找效率需要重新整理数据，其中最有效的方法就是对数据进行排序。

4.4.1.3 筛选

数据筛选是使数据清单中显示满足指定条件的数据记录，而将不满足条件的数据记录在视图中隐藏起来。Excel 同时提供了"自动筛选""高级筛选"和"自定义筛选"多种方法来筛选数据，自动筛选适用于简单条件，高级筛选适用于复杂条件。

4.4.1.4 分类汇总

分类汇总是指对工作表中的某一项数据进行分类，再对需要汇总的数据进行汇总计算，但在分类汇总前必须对分类字段进行排序。

4.4.1.5 数据透视表

数据透视表是一种交互式工作表，用于对现有工作表进行汇总和分析。创建数据透视表后，可以按不同的需要、以不同的关系来提取和组织数据。

4.4.2 数据排序

排序是数据组织的一种手段。通过排序操作可将数据清单中的数据按字母顺序、数值

图 4-78 "开始"选项卡中的排序命令

大小、姓氏笔画、单元格颜色、字体颜色等进行排序，排序分为降序和升序。通过排序可使用户更直观地分析数据，更准确地掌握数据。

通过"开始"选项卡下"排序和筛选"下拉列表的"升序""降序""自定义排序"命令（图4-78），或者"数据"选项卡下的"排序"命令完成排序操作（图4-79）。

排序：是指按照某个字段的值的大小顺序重新排列数据表中的记录。

主要关键字：按照某个字段的值的大小顺序重新排列数据，这个字段称为主要关键字。

次要关键字：按主要关键字排序后，出现排序结果相同时，为进一步精确排序，第二个考虑的排序字段称为次要关键字。

图 4-79 "数据"选项卡中的排序命令

在"排序"对话框中，设置"主要关键字""排序依据"和排序方式，如图 4-80 所示。

图 4-80 "排序"对话框

一般来说关键字都是 Excel 数据表的列标题，但是如果未定义列标题，可以选择列 A、列 B 等作为关键字；排序依据有"数值""单元格颜色""字体颜色"等，选择的排序依据不同，次序也会有所不同，如果依据数值来排，次序只有"升序""降序"两种选择。

数据排序可以使工作表中记录按照规定的顺序排列，从而使工作表中的记录更有规律，条理更清楚。排序的方式有很多，如简单排序（单条件排序）、多条件排序、按颜色排序等。如图 4-81

	A	B	C	D	E
1	考试成绩表				
2	学号	数学	英语	语文	平均成绩
3	S1	89	74	75	79.33
4	S2	77	73	73	74.33
5	S3	92	83	86	87.00
6	S4	67	86	45	66.00
7	S5	87	90	71	82.67
8	S6	71	84	95	83.33
9	S7	70	78	83	77.00
10	S8	79	67	80	75.33
11	S9	84	50	69	67.67
12	S10	55	72	69	65.33
13	最高分				
14	最低分				

图 4-81 某班级学生考试成绩表

所示的某班级学生考试成绩表按平均成绩由高到低排序。

单条件排序可以使用快速方法，单击选中排序依据列中的任意单元格，此时选中 E6（E3、E4 等平均成绩列中的数据均可），单击"数据"选项卡中的快速排序按钮，如图 4-82 所示。

图 4-82　快速排序按钮

快速排序图标中，A 在上的按钮表示升序排列，Z 在上的按钮表示降序排列，成绩排序要求由高到低，因此点击降序排列按钮，排序后效果如图 4-83 所示。

多条件排序需要设置主要关键字与次要关键字，如要求先按平均成绩降序排列，如果平均成绩相同，按数学成绩降序排列，那么就需要点击"数据"选项卡中的排序按钮；或者"开始"选项卡下"排序与筛选"下拉列表中的"自定义排序"按钮，如图 4-78、图 4-79 所示。点击后在弹出的排序对话框中选择添加条件，根据题目要求设置，如图 4-84 所示。

图 4-83　降序排列后效果

图 4-84　排序中的关键字设置

4.4.3　数据筛选

筛选是将工作表中满足条件的数据显示出来，不满足条件的数据隐藏。筛选分为自动筛选和高级筛选，自动筛选用于筛选条件简单的数据，高级筛选用于筛选条件复杂的数据，按多个条件筛选时有"与"和"或"两种运算方式。

与：在高级筛选时，多个条件必须同时满足，称为"与"关系，多个条件必须写在同一行。

或：在高级筛选时，多个条件只要满足其中一个，称为"或"关系，多个条件必须写在不同行。

4.4.3.1 自动筛选

自动筛选非常简单,依次选择"数据""排序和筛选""筛选"命令按钮,或依次选择"开始""编辑""排序和筛选",在下拉菜单项中选择"筛选",此时列标题右侧会自动出现下拉菜单按钮。下拉菜单按钮根据具体数据表会有所差别,但基本相同。

【例4-7】 使用自动筛选,选出语文成绩不及格的同学信息。

①鼠标选中数据区域内任意单元格,单击"数据"选项卡"筛选"命令按钮,此时表格列标题右侧出现下拉菜单按钮,点击"语文"列右侧的三角符号,在下拉菜单中选择"小于"选项,如图4-85所示。

②在弹出的"自定义自动筛选方式"对话框中输入60,如图4-86所示。点击"确定"后得到筛选结果,如图4-87所示。筛选完成后,会将满足条件的数据记录列出,列出的行号呈蓝色显示,不满足条件的隐藏。

③要取消筛选,可以再次点击"数据"选项卡"筛选"命令按钮。

注:自动筛选能实现单一条件筛选、同列的两个条件筛选,以及跨列的多条件筛选(即跨列的并且条件)。例如,在考试成绩表示例中,类似以下的要求可以使用自动筛选:筛选出语文成绩在70~80的学生信息,筛选出语文成绩在80分以上同时数学成绩在85分以上的信息,筛选出数学、英语、语文成绩均不及格的学生信息。但其不能实现跨列或者条件的筛选,如筛选出语文高于80分或者数学高于80分的学生信息,这种情况需要使用高级筛选完成。

图4-85 依据语文列数值进行自动筛选

图4-86 "自定义自动筛选方式"对话框

图4-87 自动删选结果

4.4.3.2 高级筛选

相对自动筛选，高级筛选既可在原数据表格中显示结果，也可在新的位置显示结果，还可以使用更加复杂的筛选条件。高级筛选关键要设置条件区域，而且条件区域与数据区域间至少保留一行或一列空白单元格，条件区域由标题行和条件行组成。

由于条件区域的列标题必须和待筛选数据区域一致，所以最好从原数据区域复制列标题，另外需注意条件的关系。

选择"数据"选项卡中的"排序和筛选"，点击"高级"命令按钮，弹出"高级筛选"对话框。在对话框内可以设定筛选结果显示方式，可以通过"高级筛选"对话框选择"列表区域""条件区域"以及"复制到"区域的左上角单元格。

【例4-8】 在学生成绩表中，筛选出语文成绩高于80分或者数学成绩高于80分的学生信息。

具体操作过程如下：

① 将数学、语文列标题复制到数据表的下方，与数据表隔开一行或多行(以便筛选后数据与条件区域互不影响，也可在表格上方插入几行放置条件)，在条件标题下方隔行写上条件(隔行写表示或运算，同行写表示并且运算)，如图4-88所示。

② 将鼠标选中成绩表数据区域任一单元格，依次点击"数据""排序和筛选""高级"命令按钮，会弹出"高级筛选"对话框，之后分别点击"列表区域"选取按钮和"条件区域"选取按钮，在数据表中选取正确的单元格区域。条件区域指用户自己设置的筛选条件区域，此例中指B17:C19，如图4-89所示。也可以根据需要选择筛选结果显示方式，设置完成后点击"确定"，即完成高级筛选，结果如图4-90所示。

图 4-88 高级筛选示例

图 4-89 高级筛选操作过程

图 4-90　高级筛选结果

4.4.4　分类汇总

4.4.4.1　分类汇总基本概念

所谓分类汇总，就是对数据清单按某字段进行分类，将字段值相同的连续记录作为一类，进行求和、平均和计数等汇总运算。在分类汇总前，必须对要分类的字段进行排序，否则分类汇总无意义。图 4-91"分类汇总"对话框中各个设置的含义如下：

图 4-91　"分类汇总"对话框

（1）分类字段

分类汇总一定要按照题目要求确定好分类字段，在分类汇总之前对分类字段进行排序，排序方式可以选择默认的"升序"。排序的目的是按照分类字段对数据进行重新排列。

(2) 汇总方式

汇总方式是指统计的方法，有求和、求平均值、求最大值、计数等。

(3) 汇总项

汇总项指需要计算的字段(列标题)。

4.4.4.2 分类汇总操作的基本流程

①按照分类字段排序。分类汇总首先必须按照分类字段进行排序，排序的意义在于让相同类别的数据集重新排列。

②将鼠标定位到需要汇总的数据区域中的任意单元格，依次选择"数据""分级显示""分类汇总"命令按钮。

③在弹出的"分类汇总"对话框中设定"分类字段"，分类字段一定是刚才排序的字段，否则分类汇总将无法达到目的；"汇总方式"指的是汇总的数据是求和、计数、平均值等；"选定汇总项"列表框内可以通过复选框勾选需要汇总的数据项。

④如果数据进行了多次分类汇总，还可以选择是否"替换当前分类汇总"，通过"汇总结果显示在数据下方"复选框，选择汇总数据显示的位置，然后单击"确定"按钮，完成分类汇总。

⑤如果想要恢复数据区域正常显示，可以在对话框中选择"全部删除"按钮，删除汇总结果。

⑥如果数据表被分类汇总，"分级显示"命令组上的"显示明细数据""隐藏明细数据"按钮会变为可用按钮，通过这两个按钮可以设置是否显示明细数据，还可以通过选择分类汇总结果左上角的数字 1、2 或 3 对分类汇总结果进行分级查看。

4.4.4.3 案例演示

在图 4-92 所示的某公司工资发放表中，要求列出每个部门实发工资最高的数据。具体操作如下：

	A	B	C	D	E	F	G
1	某公司工资发放表						
2	姓名	部门	职称	基本工资	奖金	津贴	实发工资
3	李丽	工程部	助理工程师	5200	630	140	5970
4	李丽萍	设计室	助理工程师	4900	586	140	5626
5	李四	工程部	助理工程师	5200	604	140	5944
6	任尚	后勤部	技术员	3200	594	100	3894
7	王刚	设计室	助理工程师	4900	622	140	5662
8	王五	工程部	工程师	5500	640	180	6320
9	武杰	后勤部	技术员	3600	550	100	4250
10	张三	工程部	工程师	5500	568	180	6248
11	张帅	工程部	技术员	3950	612	100	4662
12	赵六	工程部	技术员	3800	576	100	4476
13	赵伟	设计室	工程师	5500	658	180	6338
14	周久放	设计室	技术员	3800	600	100	4500

图 4-92 某公司工资发放表

①按题目要求进行分析,分类字段为"部门",汇总项为"实发工资",汇总方式为"最大值"。

②按部门排序(升序降序均可)。

③依次选择菜单栏上的"数据""分级显示""分类汇总"命令,弹出"分类汇总"对话框,如图4-93所示。

④在"分类汇总"对话框中依次设置"分类字段""汇总方式"和"选定汇总项"等,单击"确定"按钮,结果如图4-94所示。

图4-93 分类汇总案例中参数设置

图4-94 分类汇总结果

4.4.5 数据合并

Excel 的合并计算功能可以汇总或者合并多个数据源区域中的数据，具体方法有两种：一种是按类型合并计算，如图 4-95 所示数据；另一种是按区域合并计算，如图 4-96 所示数据。合并计算的数据源区域可以是同一工作表中的不同表格，也可以是同一工作簿中的不同工作表，还可以是不同工作簿中的表格。

	A	B	C	D	E	F	G	H	I	J
1	某水果超市当日水果销售流水							当日水果销售总额		
2	水果品名	销售量（公斤）	总价（元）	售出时间				水果品名	销售量（公斤）	总价（元）
3	苹果	3	30	10:30						
4	香蕉	2.5	17.5	10:30						
5	柚子	2	11.2	10:30						
6	苹果	2	20	10:45						
7	梨	2.5	30	10:45						
8	香蕉	1.5	10.5	10:45						
9	甜橙	3	18	11:02						
10	砂糖桔	5	20	11:02						
11	苹果	2	20	11:02						
12	砂糖桔	3	12	11:10						
13	车厘子	1	160	11:10						
14	砂糖桔	2	8	11:15						
15	苹果	2	20	11:15						
16	甜橙	2.5	15	11:22						
17	梨	1	12	11:22						
18	车厘子	0.5	80	11:22						
19	香蕉	2	14	13:10						
20	梨	1	12	13:10						
21	香蕉	2	14	13:22						
22	哈密瓜	2	39.2	13:22						
23	榴莲	3	192	13:22						
24	哈密瓜	2.5	49	14:02						
25	甜橙	1	6	14:02						

图 4-95 按类型合并计算数据清单

	A	B	C	D	E	F	G	H	I	J	K	L
1	公司一月份工资							公司二月份工资				
2	姓名	基本工资	奖金	津贴	实发工资			姓名	基本工资	奖金	津贴	实发工资
3	李丽	5200	630	140	5970			李丽	5200	550	140	5890
4	李四	5200	604	140	5944			李四	5200	640	140	5980
5	王五	5500	640	180	6320			王五	5500	630	180	6310
6	张三	5500	568	180	6248			张三	5500	580	180	6260
7	张帅	3950	612	100	4662			张帅	3950	620	100	4670
8	赵六	3800	576	100	4476			赵六	3800	660	100	4560
9	任尚	3200	594	100	3894			任尚	3200	670	100	3970
10	武杰	3600	550	100	4250			武杰	3600	680	100	4380
11	李丽萍	4900	586	140	5626			李丽萍	4900	700	140	5740
12	王刚	4900	622	140	5662			王刚	4900	620	140	5660
13	赵伟	5500	658	180	6338			赵伟	5500	580	180	6260
14	周久放	3800	600	100	4500			周久放	3800	700	100	4600
15												
16												
17		前两月工资合计										
18	姓名	基本工资	奖金	津贴	实发工资							

图 4-96 按区域合并计算数据清单

4.4.5.1 按类型进行合并计算

如图 4-95 所示，是某水果店当日销售流水，现在要求以"水果品名"进行"求和"合并计算。操作步骤如下：

①新建工作簿，建立如图 4-95 所示数据清单。

②将光标定位在需要放置"合并计算"结果数据区域的第一个空单元格上（本例在"水果品名"字段的下方），依次选择"数据""数据工具""合并计算"，打开如图 4-97 所示对话框，在对话框"函数"下拉列表中选择"求和"；在引用位置处点击引用按钮，选择数据清单区域（本例中因在合并计算显示区已事先设置好行标题，所以这里选择数据区域时，不需要选中首行），点击对话框上的"添加"命令按钮，即可将数据引用区域添加到"所有引用位置"框中（如果事先框里有引用单元格区域，但它不是我们任务中所需要的区域，就选择对话框上的"删除"命令按钮）。合并计算需要依据"水果品名"这个表格最左列的内容将相同的品名进行合并，所以在"标签位置"中勾选"最左列"复选框。

图 4-97 "合并计算"对话框

③点击图 4-97 所示对话框中的"确定"命令按钮，即可得到本次合并计算的结果，如图 4-98 所示。

	A	B	C	D	E	F	G	H	I	J
1	某水果超市当日水果销售流水							当日水果销售总额		
2	水果品名	销售量（公斤）	总价（元）	售出时间				水果品名	销售量（公斤）	总价（元）
3	苹果	3	30	10:30				苹果	9	90
4	香蕉	2.5	17.5	10:30				香蕉	8	56
5	柚子	2	11.2	10:30				柚子	2	11.2
6	苹果	2	20	10:45				梨	4.5	54
7	梨	2.5	30	10:45				甜橙	6.5	39
8	香蕉	1.5	10.5	10:45				砂糖桔	10	40
9	甜橙	3	18	11:02				车厘子	1.5	240
10	砂糖桔	5	20	11:02				哈密瓜	4.5	88.2
11	苹果	2	20	11:02				榴莲	3	192
12	砂糖桔	3	12	11:10						
13	车厘子	1	160	11:10						
14	砂糖桔	2	8	11:15						
15	苹果	2	20	11:15						
16	甜橙	2.5	15	11:22						
17	梨	1	12	11:22						
18	车厘子	0.5	80	11:22						
19	香蕉	2	14	13:10						
20	梨	1	12	13:10						
21	香蕉	2	14	13:22						
22	哈密瓜	2	39.2	13:22						
23	榴莲	3	192	13:22						
24	哈密瓜	2.5	49	14:02						

图 4-98 按类型进行合并计算结果

4.4.5.2 按区域进行合并计算

如图 4-96 所示，是某公司一月与二月的工资列表，要求在"前两月工资合计"数据区域中进行"求和"合并计算。从表中分析，这是分区域放置的两组数据，操作步骤如下：

①新建工作簿，建立如图 4-96 所示数据清单。

②将光标定位在需要放置"合并计算"结果数据区域的第一个空单元格上（本例在"姓名"字段的下方），依次选择"数据""数据工具""合并计算"，打开如图 4-99 所示对话框，在对话框"函数"下拉列表中选择"求和"；在引用位置处点击引用按钮，选择数据清单区域（本例中因在合并计算显示区已事先设置好行字段，这里只选择"姓名"字段下方的数据区域），如图 4-100 所示。

选取区域后点击对话框上的"添加"命令按钮，即可将数据引用区域添加到"所有引用位置"框中。因本例中要进行合并计算的数据分放在不同的区域中，所以要进行上述同样的数据区域引用操作，选择其他区域中的数据，直到将所有数据都引用添加到"所有引用位置"框中，如图 4-101 所示。

图 4-99 "合并计算"对话框

图 4-100 引用的第一个数据区域

③在图 4-101 中，选择对话框中的"最左列"（由于首行的标题内容已经在合计区域中输入完成，所以不需要选择"首行"选项），单击图 4-101 对话框中的"确定"命令按钮，即可得到本次合并计算的结果，如图 4-102 所示。

图 4-101　参与计算的数据区域添加完成

	A	B	C	D	E	F	G	H	I	J	K	L
1	公司一月份工资							公司二月份工资				
2	姓名	基本工资	奖金	津贴	实发工资			姓名	基本工资	奖金	津贴	实发工资
3	李丽	5200	630	140	5970			李丽	5200	550	140	5890
4	李四	5200	604	140	5944			李四	5200	640	140	5980
5	王五	5500	640	180	6320			王五	5500	630	180	6310
6	张三	5500	568	180	6248			张三	5500	580	180	6260
7	张帅	3950	612	100	4662			张帅	3950	620	100	4670
8	赵六	3800	576	100	4476			赵六	3800	660	100	4560
9	任尚	3200	594	100	3894			任尚	3200	670	100	3970
10	武杰	3600	550	100	4250			武杰	3600	680	100	4380
11	李丽萍	4900	586	140	5626			李丽萍	4900	700	140	5740
12	王刚	4900	622	140	5662			王刚	4900	620	140	5660
13	赵伟	5500	658	180	6338			赵伟	5500	580	180	6260
14	周久放	3800	600	100	4500			周久放	3800	700	100	4600
15												
16												
17			前两月工资合计									
18	姓名	基本工资	奖金	津贴	实发工资							
19	李丽	10400	1180	280	11860							
20	李四	10400	1244	280	11924							
21	王五	11000	1270	360	12630							
22	张三	11000	1148	360	12508							
23	张帅	7900	1232	200	9332							
24	赵六	7600	1236	200	9036							
25	任尚	6400	1264	200	7864							
26	武杰	7200	1230	200	8630							
27	李丽萍	9800	1286	280	11366							
28	王刚	9800	1242	280	11322							
29	赵伟	11000	1238	360	12598							
30	周久放	7600	1300	200	9100							

图 4-102　按区域进行数据合并计算结果

4.4.6 建立数据透视表

数据透视表是一种对复杂数据进行快速汇总和建立交叉列表的交互式表格。分类汇总一般只对一个字段分类汇总，如果想要对多个字段进行分类汇总，必须用到数据透视表。除此功能外，数据透视表还可以有多种组合方式，不同的组合方式反映不同的内容，从而帮助我们从不同角度分析解决问题。在数据透视表中，利用报表筛选可以筛选出用户需要的数据。

值：对数据进行汇总的方式，如求平均值、计数、求和等。

源数据：为数据透视表提供数据的基础行或数据库记录。

【例4-9】 如图4-103某公司工资发放表中，以"部门"为行字段，以"职称"为列字段，以实发工资最大值为汇总项，在新工作表中建立数据透视表。

具体操作如下：

①选中数据区域中任一单元格，依次选择"插入""表格""数据透视表"命令，弹出"创建数据透视表"对话框，确认数据区域和放置数据透视表的位置，点击"确定"，如图4-104所示。

②在弹出的"数据透视表字段列表"对话框中，定义数据透视表布局，将"部门"字段拖入行标签栏中；将"职称"字段拖入列标签栏中；将"实发工资"拖入数值栏。

③在"数值"栏中单击数据区的统计字段弹出菜单，在其中选择"值字段设置"改变统计算法为最大值，数据透视表设置如图4-105所示。

④在透视表字段中选择筛选需要显示的字段名，结果如图4-106所示。

图4-103 某公司工资发放表

图4-104 "创建数据透视表"对话框

图 4-105 数据透视表设置界面

图 4-106 工资表"数据透视表"设置结果

4.5 图表及打印设置

4.5.1 图表概述

4.5.1.1 概念

图表及打印设置

Excel 的图表具有图表、图片、SmartArt、形状、艺术字、剪贴画等不同类型，能够建立柱形图、折线图、散点图、饼图、条形图等多种类型的图表，提供了"迷你图"命令组，以及更多的图表修饰和美化工具，能够便捷地设置图表标题、修改图表背景色彩、格式化图表中的文本等。用户可以在数据所在的工作表中创建一张嵌入式图表，或者单独创建到一张新工作表中，图表一经创建，就可以保存到工作簿中。利用图表功能制作各种样式的统计图表，可以帮助用户更加直观地理解表格中的数据，轻松地获取有用信息，提高工作效率。

(1) 数据点

在 Excel 中，图表与源数据表不可分割，没有源数据表就没有图表。图表实质上是工作表中数据的图形化，数据点又称为数据标记，1 个数据点在本质上就是源工作表中 1 个单元格中数据值的图形表示，如图 4-107 中有 10 个数据点(10 个矩形)，每个点对应 1 个单元格数据。

图 4-107 图标的基本组成(嵌入式图表)

数据点在不同类型的图表中可能表现为不同的形状，例如，它可能表现为条形图中的一个柱形、折线图中的一个点、气泡图中的一个气泡等。

(2) 数据系列

绘制在图表中的一组相关联的数据点就是一个数据系列。数据系列中的数据源自数据表的行或列，同一数据系列具有相同的颜色或图案且用图表的图例予以标识。在同一图表中，可以绘制一个或多个数据系列。但有些图表，如饼图只能有一个数据系列，图4-103中就只有一个数据系列。

(3) 网格线

网格线是添加到图表中易于查看和计算数据的线条，是坐标轴上刻度线的延伸，并穿过绘图区。网格线包括水平网格线和垂直网格线两种，可根据需要设置或取消。合理而恰当地运用网格线可以增加图表数据的可读性，但若运用不当反而会使图表变得混乱不堪。例如，在数据较多的折线图或饼图中添加网格线，会使图表显得更复杂，图表中线条较多，难以辨别，在这种情况下，不用网格线反而更清楚。

(4) 轴

轴是指作为绘图区域一侧边界的直线，是为图表数据进行度量或比较提供参考的框架。对多数图表而言，数据值均沿数值轴（Y轴，通常为纵向）绘制，类别则沿分类轴（X轴，通常为横向）绘制。

大多数图表都有两条轴，一条是X轴，也称分类轴；另一条是Y轴，典型的如数值轴，某些图表还含有另一条数值轴（如双Y轴图），三维图表还含有Z轴（X轴和Y轴表示水平和垂直方向，Z轴则是在竖直方向上与X轴、Y轴所决定平面垂直的一条轴）。

(5) 刻度线与刻度线标志

刻度线是与轴交叉的起度量作用的短线，类似于标尺上的刻度。刻度线标志用于标明图表中的类别、数值或数据系列。刻度线标志来自创建图表的数据表中的单元格，在图4-107中，水平方向有10个刻度，分别表示S1至S10。

(6) 图例

图例用于说明每个数据系列中的数据点所采用的图形外表和色彩，它可能是一个方框、菱形、小三角形或其他小图块。

(7) 图表中的标题

标题用于表明图表或分类的内容。一般来说，用于表明图表内容的标题位于图表的顶部，用于表明分类的标题一般位于每条轴线的旁边。

(8) 图表类型

Excel提供了丰富的图表类型，包括柱形图、折线图、饼图、条形图、面积图、XY（散点图）、股价图、曲面图、圆环图、气泡图和雷达图等，每种图表类型又包括许多不同的图表式样，可以根据需要选择图表。

4.5.1.2 嵌入式图表和图表工作表

Excel提供了两种显示图表的方式，即嵌入式图表和图表工作表。

嵌入式图表是把图表直接插入其数据所在的工作表中，主要用于说明数据与工作表的关系，用图表来说明和解释工作表中的数据，具有很强的说服力，如图4-107所示。

图表工作表是把图表和与之相关的源数据表分开存放，图表放在一个独立的工作表中，用于创建图表中的数据表则存放于另一个独立的工作表中，图表专用于显示图表，其中没有任何单元格，如图4-108所示。

图 4-108 图表工作表

4.5.1.3 Excel 标准图表类型及适用范围

Excel 2016 提供了 15 种标准图表类型，每种图表类型都有许多不同的子类型，不同的图表类型有不同的特点和用途，具体采用哪种类型的图表，要根据实际情况确定。

（1）柱形图

柱形图常用来表示不同项目之间的比较结果，也可以用来对比数据在一段时间内的变化情况。

（2）折线图

折线图一般表示数据随时间而产生的变化情况，折线图的分类轴表现为时间，如年、季度、月份、日期等。

（3）饼图

饼图强调总体与部分的关系，常用于表示各组成部分在总体中所占的百分比。

（4）条形图

条形图显示了各个项目之间的比较情况，纵轴表示分类，横轴表示值。它主要强调各数据值之间的比较，并不太关心时间的变化情况。条形图中的堆积图显示了单个项目与整体的关系，可以把不同项目之间的关系描述得更清楚。

（5）面积图

面积图用于显示不同数据系列之间的对比关系，同时也显示各数据系列与整体的比例关系，尤其强调随时间的变化幅度。

（6）其他标准图表

除了上述几种标准图表之外，Excel 提供的标准图表类型还有圆环图、气泡图、雷达图、股价图、曲面图、XY（散点图）等，可阅读 Excel 帮助文档进一步了解相关图表的使用。

4.5.2　创建图表

4.5.2.1　创建嵌入式图表

①建立簇状柱形图，选中 E 列 I 列数据（E2:E12 和 I2:I12）。

②单击"插入"选项卡切换到插入功能区。插入功能区中具有许多向工作表添加特定内容的命令控件，如向工作表插入迷你图、艺术字、文本框、特殊符号、图形、图表及页眉页脚等内容的控件，如图 4-109 所示。

图 4-109　插入功能区

在"插入"选项卡中的"图表"组中，列出了 Excel 支持的图表类型，每种类型都包含有许多二维和三维的图形样式，单击某个图表样式按钮，Excel 就会在其下拉列表中显示出该类型的所有具体图表形状，选择其中某个具体图表形状，就能够以选中数据区域（或活动单元格所在的数据区域）为源数据创建对应的图表，并在活动工作表中显示建立的图表。在本例中，依次单击"插入柱形图或条形图""二维柱形图""簇状柱形图"按钮，显示结果如图 4-110 所示。

注：在图 4-110 中可以看见"图表工具"选项卡，此选项卡平时是隐藏的，只有激活某个图表时才会显示。

4.5.2.2　创建图表工作表

创建图表工作表的前两个步骤与嵌入式图表的创建步骤相同，但它还需要执行第三个步骤。也就是说，需要先创建一个嵌入式图表，在此基础上执行另一个操作才能够创建出图表工作表。操作过程如下：

①单击已创建的图表，显示"图表工具"选项卡。

②单击"图表工具"中的"设计"选项卡（图 4-111），在"设计"选项卡最右边的"位置"组中，单击"移动图表"按钮，Excel 会弹出"移动图表"对话框。

③在"移动图表"对话框中选中第一个选项"新工作表"，然后单击"确定"按钮，Excel 就会插入一个图表工作表 Chart1，并将当前工作表中选中的图表移到图表工作表中（图 4-112）。

图 4-110　制作簇状柱形图

图 4-111　"移动图表"按钮

图 4-112 "移动图表"对话框

4.5.3 编辑和修改图表

通过图表向导建立的图表可能不尽如人意,如没有标题、数据系列太多、图例显示位置不当、图表中的文字大小不合适。通过 Excel 2016 为图表提供的"设计"和"格式"功能选项卡,可以轻松完成图表的各种修改,设计出布局合理、内容恰当的高质量图表。

4.5.3.1 图表布局

应用预定义的图表布局时,会有一组特定的图表元素,如标题(说明性的文本,可以自动与坐标轴对齐或在图表顶部居中)、图例、数据表或数据标签(为数据标记提供附加信息的标签,数据标签代表源于数据表单元格的单个数据点或值)按特定的排列顺序在图表中显示,可以从为每种图表类型提供的各种布局中进行选择,还可以将图表作为图表模板保存,之后无论何时新建图表,都可以轻松地应用该模板创建图表,这就使图表创建工作更加容易了。

在图 4-110 中建立的图表,可以通过图表布局提供的功能为该图添加坐标轴标题和数据标签等选项。添加方法如下:

①激活图表(单击图表中的任何位置),显示出"图表工具"选项卡,如图 4-113 所示。

图 4-113 "图表工具"选项卡

②在"设计"中"快速布局"命令的下拉列表中,用鼠标单击一种图表布局式样,该布局就会立即被应用在第一步选中的图表中。如图 4-114 所示为应用了"布局 10"的样子,与默认图表相比增加了一些元素。

③单击图 4-113 中的"添加图表元素",在下拉列表中,选择"轴标题"中的"主要横轴标题"为图表添加横轴标题,如图 4-115 所示,在图中点击"坐标轴标题"文本框,输入"学号"作为横轴标题。

④使用类似的方法为图表添加纵轴标题,可以继续添加或改变图表元素,最终效果如图 4-116 所示。

图 4-114 应用快速布局

图 4-115 为图表添加元素

图 4-116　学生平均成绩簇状柱形图

4.5.3.2　图表样式

Excel 为各种类型的图表都提供了许多图表样式，应用这些样式可以很快地设计出精美的图表。

以图 4-116 为例，将图中柱形图改成"样式 11"图表样式，具体过程如下：

①单击图 4-116 中的"图表"，显示出"图表工具"选项卡。

②单击"图表工具"中的"图表样式"选项卡下拉箭头，打开如图 4-117 所示图表样式面板，选择样式面板中第 2 行第 3 列"样式 11"即可。

图 4-117　应用图表样式

4.5.3.3　修改图表类型

大多数二维图表(包括嵌入式图表和图表工作表)可以更改整个图表的图表类型，赋予其完全不同的外观，也可以为任何单个数据系列选择另一种图表类型，使图表转换为组合图表，但气泡图和大多数三维图表，只能更改整个图表的图表类型。以图4-117为例，将簇状柱形图修改成条形簇状条形图，操作方法如下：

①单击图4-117中的图表，显示出"图表工具"选项卡。

②依次单击"图表工具""设计""类型"组中的"更改图表类型"按钮，打开如图4-118所示"更改图表类型"选项面板，该对话框中列出了Excel的全部图表类型，从中选择需要的图表类型就能够实现图表类型的修改。

图4-118 "更改图表类型"选项面板

③单击"条形图"，从中选择簇状条形图，效果如图4-119所示。对于调整后不太理想的布局可以继续通过"图表布局"组和"图表样式"选项进行修改。

4.5.3.4 格式化图表

在利用Excel预定义的图表布局和图表样式对插入的图表进行初步处理之后，图表可能还会有一些不恰当的地方，例如，图例的位置和大小不当、标题字体太小、色彩搭配不当、数据标签字体大小不合理、坐标轴刻度间距太小等，可以通过图表格式化功能对不满意的图表部分进行修改，这样就能快速制作出精美的图表。

(1) 调整图表大小

Excel允许改变图表中各种图形对象(如图形区域、图例、图表和坐标轴的标题，数据标记等)的大小，移动图形对象的位置。

图形对象的移动非常简单，将鼠标指向要移动的图表对象，当发现鼠标指针变成可移动的四箭头形状时，按下鼠标左键并拖动图表对象，当拖到恰当位置后释放鼠标即可。

图 4-119　修改后的簇状条形图

改变图形对象大小的方法是，先用鼠标单击并选中它，被选中对象的边框上出现 8 个控点，把鼠标移动到某个控点上，待鼠标指针变成双向箭头或十字箭头形状时，按下鼠标左键并拖动鼠标。在拖动鼠标的过程中，图表对象的边框会发生改变，当边框大小合适时释放鼠标即可。

（2）图表对象格式化

在图表的任意位置右键单击，在弹出的右键菜单中选择设置图表格式命令（右键菜单会根据选中区域的不同显示不同命令，选中图表区菜单中会出现"设置图表区格式"，选中图表标题，则会出现"设置图表标题格式"命令），点击"设置图表区域格式"命令后，在工作区右侧会出现命令面板，如图 4-120 所示。

图 4-120　"设置图表区格式"命令面板

命令面板中的填充改变的是图表对象的内部颜色。在更改图表对象的填充颜色时，还可以选择填充纹理、图片或渐变。渐变是颜色和底纹的逐渐过渡，通常是从一种颜色过渡到另一种颜色，或者从一种底纹过渡到同一颜色的另一种底纹，效果包含阴影、发光、柔化边缘、三维格式等，通过相关设置可以让图表更加美观。

4.5.4 数据保护

Excel 提供的数据保护包括工作簿、工作表及允许用户编辑区域设置等。

在前面所做的案例中，如果要对统计结果进行保护，以防不小心丢失或被他人修改，可以在"审阅"选项卡的"更改"组中完成。具体操作方法如下：

4.5.4.1 设计允许编辑区

①在"审阅"选项卡的"更改"组中单击"允许用户编辑区域"按钮（图4-121），弹出"允许用户编辑区域"对话框，如图4-122所示。

②单击"新建"按钮，弹出"新区域"对话框，如图4-123所示。

图 4-121 "审阅"选项卡的"更改"组

图 4-122 "允许用户编辑区域"对话框　　图 4-123 "新区域"对话框

③在"标题"文本框中输入"允许编辑区域"，在"引用单元格"文本框中输入要保护的数据区域，在"区域密码"文本框中输入保护密码，单击"确定"按钮；再次输入密码，单击"确定"按钮。

④在图4-122所示的"允许用户编辑区域"对话框中单击"保护工作表"按钮，弹出"保护工作表"对话框，如图4-124所示。在"取消工作表保护时使用的密码"文本框中输入密码，单击"确定"按钮；再次输入密码，单击"确定"按钮。

至此完成了允许用户编辑区域的设置。在这种设置下，允许用户编辑区域以外的单元格被保护了起来，如果进行更改操作，则会弹出如图4-125所示的提示信息。要想继续编辑修改，则要依次选择"审阅""更改""撤销工作表保护"命令，在图4-124所示的对话框中输入密码，就可取消工作表保护。

要修改用户设置的允许编辑区域，即图4-123所设置的单元格区域(此处设置的为E1:I12单元格区域)，则会弹出如图4-126所示的对话框，输入之前的区域密码就可以正常编辑区域内容了。

4.5.4.2 保护工作簿

① 在"审阅"选项卡的"更改"组中单击"保护工作簿"按钮，弹出"保护结构和窗口"对话框，如图4-127所示。

图4-124 "保护工作表"对话框

图4-125 提示信息

② 选中"结构"复选框，在"密码"文本框中输入密码，单击"确定"按钮，弹出"确认密码"对话框，再次输入密码，单击"确定"按钮。保护工作簿可阻止其他用户添加、移动、删除、隐藏和重命名此工作簿下的工作表。

图4-126 "取消锁定区域"对话框

4.5.4.3 设置打开和修改权限

① 选择"文件"菜单下的"另存为"命令，在"另存为"对话框中设置保存位置和保存名称，单击"另存为"对话框下面的"工具"按钮，在下拉列表中选择"常规选项"，弹出"常规选项"对话框，如图4-128所示，通过"打开权限密码""修改权限密码"进行密码修改。

图4-127 "保护结构和窗口"对话框

图4-128 "常规选项"对话框

②单击"确定"按钮,依次弹出两个"确认密码"对话框,分别输入打开权限密码和修改权限密码,单击"确定"按钮,返回"另存为"对话框,单击"保存"按钮。打开和修改权限的设置,指定打开或修改文件的密码。需要为不同用户提供只读或编辑访问权限时,使用此选项。

注:
- 设置完可编辑区域,必须单击"保护工作表"按钮,设置才会生效,撤销可编辑区域只需要撤销工作表保护即可。
- 保护工作表设置完成后,"保护工作表"按钮会变为"撤销工作表保护"按钮。
- 保护工作簿时,"保护工作簿"按钮为高亮突出显示,撤销保护只需要再次单击"保护工作簿"按钮,正确输入密码即可。
- 设置工作簿打开和修改权限,要先关闭工作簿,再重新打开工作簿才会生效。先输入打开密码,再输入修改密码,才能打开工作簿,并进行修改。若用户只有打开密码,没有修改密码,则只能以只读方式打开工作簿。
- 要防止用户意外或故意更改、移动或删除重要数据,可以通过设置密码,保护某些工作表或工作簿元素(Excel 密码最多可有 255 个字母、数字、空格等,在设置和输入密码时,必须输入正确的大小写字母)。

4.5.5 查看工作表数据

4.5.5.1 "视图"选项卡

Excel 的"视图"选项卡提供了多种查看数据的方法,包括:工作簿查看方式,如页面视图、普通视图、分页预览等;窗口查看方式,如窗口冻结、拆分、并排比较;按比例缩放查看工作表(图 4-129)。用户可以用不同的方式查看工作表中的数据,以便更快、更轻松地查找所需要的信息。

图 4-129　Excel 2016 视图选项卡

4.5.5.2 在多窗口中查看数据

有时需要对比同一个工作表中两个不同区域中的数据,如果工作表数据较多,那么当查看后面的数据时,前面的数据会看不见(滚动到屏幕最上而被隐藏起来);当查看前面的数据时,又看不见后面的数据,这个问题的解决方法是拆分工作表。

在任何时候,要单独查看或滚动工作表不同部分,可以将工作表水平或垂直拆分成多个单独的窗格,将工作表拆分成多个窗格后,就可以同时查看工作表的不同部分。这种方法在对比查看同一工作表中不同区域的数据,或在较大工作表中的不同区域间粘贴数据时非常有用。图 4-130 是拆分一个较大工作表的示例,拆分后,可以在上、下、左、右 4 个窗口中对比。拆分工作表的操作方法如下:

图 4-130　拆分工作表按钮

①用鼠标单击要进行窗口分隔的单元格位置。

②依次单击"视图""窗口""拆分"命令按钮。

③如果对拆分的比例不满意，可以用鼠标拖动分隔线，重新进行定位，这样就可以重新划分各个窗格的大小。

④要撤销对窗口的分隔，使整个屏幕恢复分隔前的状态，只显示一个 Excel 工作窗口，只需要再次单击"视图""窗口""拆分"命令按钮即可。

4.5.5.3　冻结行列标题查看数据

在一般情况下，工作表的前几行中很可能包含了表格的标题，而表格最左边的几列则相当于本行数据的标识。如果工作表中的数据较多，表格前面的标题和左边的标识性数据会不可见，需要上下或左右滚动工作表。

为了在滚动工作表时保持行或列标题或者其他数据可见，可以"冻结"顶部的一些行或左边的一些列。当在工作表中部分滚动数据时，被"冻结"的行或列将始终保持可见而不会滚动。冻结窗口的操作方法如下：

①用鼠标单击要冻结的行下方，要冻结列右边的交叉点的单元格。

②依次单击"视图""窗口""拆分"命令按钮。

③依次单击"视图""窗口""冻结窗格""冻结拆分窗格"命令按钮。

经上述操作，在"冻结窗格"的命令列表中，将显示出"取消冻结窗格"命令按钮，单击它可取消窗口冻结，让工作表恢复原状。

4.5.5.4　并排查看两个工作表中的数据

有些时候，需要对来源于不同工作簿中的两个工作表进行比较，以查找数据差异或问题所在，在这种情况下，可以利用 Excel 的"并排查看"功能对两个工作表进行同步比较。设置了并排查看功能的两个工作表，当在一个工作表中上下滚动数据行时，另一个工作表中的数据行也会跟着一起滚动，能够方便地对工作表数据进行对比。图 4-131 是按水平方向并排查看两个工作表的情况（还可以按垂直方向并排查看），操作方法如下：

①打开要进行比较的两个工作表。

②依次单击"视图""窗口""并排查看"命令按钮。

③再次单击"并排查看"命令按钮可取消并排查看，只显示其中一个工作表数据。

图 4-131　并排查看两个工作表中的数据

4.5.6　工作表打印

4.5.6.1　打印界面

工作表的打印非常简单，只要打印机连接正确，装有打印纸，而且处于工作状态，选择"文件"选项卡中的"打印"命令就可以显示出如图 4-118 所示的界面，该界面集成了打印设置、打印预览和打印等功能，在界面中可以设定打印机、打印份数、打印纸张大小、边界和打印方向等内容，并将工作表打印出来。

4.5.6.2　打印纸及页面设置

（1）设置打印纸的大小

单击图 4-132 中"纸张大小"下拉列表框的下三角按钮，然后从列表中选择与打印机中型号相同的打印纸。

（2）设置打印纸的边距

单击图 4-132 中的"页面边距"选项，或选择 Excel 功能选项卡上的页面布局，在页面设置选项栏中选择"页边距"，选择所需要的边距参数。如果没有所需要的参数，可选择自定义边距，打开如图 4-133 所示对话框，然后在"上""下""左""右"4 个边距的微调框中输入几个边框的值。一般情况，为了让打印的内容在表格的正中央，还会选中"水平"和"垂直"两个复选框。

图 4-132 打印预览效果

4.5.6.3 打印预览及分页预览

(1) 打印预览

打印预览是一个很实用的功能,它是打印稿的屏幕预现,其效果与最终的打印效果没有什么区别。在进行工作表的正式打印之前,有必要进行打印预览,以便及早发现问题,进行页面和纸张的重新设置,避免打印出无用的表格。如在图 4-132 中,右边为打印数据的预览结果,通过预览看工作表的内容能否被完整打印在设定的纸张上,如果不能,打印结果肯定是不合理的,应该对打印纸的左右边距进行重新设置,使全部内容布局合理。

(2) 分页预览

分页预览是 Excel 提供的一种工作表查看方式,它能够显示要打印的区域和分页符,在一个分页符后面的表格内容将被打印到下

图 4-133 "页面设置"中的"页边距"标签

一张打印纸上,要打印的区域显示为白色,自动分页符显示为虚线,手动分页符显示为实线(图 4-134)。

在分页预览视图中可以调整当前工作表的分页符,分页符是为了便于打印,将一张工作表分隔为多页的分隔符。Excel 根据纸张的大小、页边距的设置、缩放选项和插入的任意手动分页符的位置来插入自动分页符。在分页预览视图中还可以调整打印区域(打印区

图 4-134 分页预览视图界面

域是在不需要打印整个工作表时，打印的一个或多个单元格区域，如果工作表包含打印区域，则只打印"打印区域"中的内容）的大小。

依次单击"视图""工作簿视图""分页预览"命令按钮，Excel 就将以分页预览的方式显示工作表。在这种视图中，能够看见该工作表将被打印成几页，每页的分页符在什么位置，并可调整分页符的位置，以使打印结果更理想。图 4-134 中的两条水平和垂直方向上的直线就是分页符，水平分页符的上边和下边将被打印在不同的纸张上，垂直分页符的左边和右边也将被打印在不同的纸张上，图 4-134 中的工作表至少会被打印在 4 张纸上。

4.5.6.4　缩放打印比例以适应打印纸大小

在打印工作表的过程中，有时会遇到一些比较糟糕的情况：只有一两行（列）的内容被打在了另一页上。对页面进行调整后，依然不能将它们打印到同一页（在某些场合，打印纸的大小有统一规定）；而另一种情况则与之相反，打印的内容不足一页，整张打印纸显得内容较少，页面比较难看。在遇到这两种情况时，可以按一定比例对工作表进行缩小或放大打印。方法如下：

①选中"页面设置"对话框中的"页面"选项卡（图4-135），然后在"缩放比例"微调框中输入一个比例数据，并进行预览，不断调整比例，直到满意为止。

②也可以直接设置打印稿的页数，让系统自动进行打印缩放比例的调整。其方法是：选中"页面设置"对话框的"调整为"单选项，然后指定打印纸的页面尺寸（图4-135）。

4.5.6.5 打印标题、页码、全工作簿、指定工作表或工作表区域

Excel"页面布局"功能选项卡中提供了许多与打印设置和打印纸页面布局相关的功能，通过它可以完成如纸张大小、纸张方向、打印纸边界等的设置，如图4-136所示。

图4-135 "页面设置"对话框中的"页面"标签

图4-136 页面布局选项卡

当一个工作表内容较多，需要用多张打印纸才能打印完毕时，表格的标题很可能只会被打印在第一页打印纸上，若要将标题打印在每张纸上，可用下面的方法：

(1) 通过页眉打印标题

页眉位于打印纸的最上方，即打印内容上边距到打印纸张上边界之间的区域，页眉中的文本将被打印到工作表的每张打印纸上。常常在页眉中设置工作表的页码、制表日期、作者或标题等内容，用页眉设置工作表标题的方法如下：

①单击图4-136"页面设置"右下角的对话框启动器按钮，然后在弹出的"页面设置"对话框中，单击"页眉/页脚"中的"自定义页眉"命令按钮，系统会弹出如图4-137所示的"页眉"对话框。

②如果要用日期、时间、页码、第×页、共×页之类的内容作为页眉，可单击图4-137中的对应按钮设置页眉内容，然后将其格式化为需要的样式。

③如果要在每页都打印工作表的标题，如"××公司销售明细表""××学校学生档案表"之类，则在左、中、右的文本框中输入标题内容，然后单击"确定"按钮，经过上述设置后页眉将被打印在工作表的每张打印纸上。

(2) 通过页面设置打印标题

通过页面设置打印标题的方法如下：

图 4-137 "页眉"对话框

①选择"页面设置"对话框中的"工作表"选项卡，如图 4-138 所示。

②在图 4-138 的"顶端标题行"文本框中输入标题所在的行。如果标题在第一行则输入 $1：$1，如果需要打印的标题在前两行则输入 $1：$2，以此类推。设置之后，在工作表的每页打印纸上都会有设定行的标题。

（3）打印整个工作簿、指定工作表或工作表区域

在默认情况下，Excel 会将当前工作表的内容显示出来。如果需要打印工作簿中的全部内容工作表，或打印一个工作表的指定区域，可按如下方法进行：

①依次单击"文件""打印""设置"下拉列表。从中可以选择"打印整个工作簿"。

图 4-138 设置打印标题

②单击"打印选定区域"，或者"打印活动工作表"选项，完成相应的打印任务。

拓展知识

大数据

现代社会是一个高速发展的社会，科技发达，信息流通，人们之间的交流越来越密切，生活也越来越方便，大数据就是这个高科技时代的产物。如今，大数据已成为一种资本，全球各个大型技术公司无不基于大数据工作原理，在各种大数据应用场景中通过持续分析数据提高运营效率，促进新产品研发。

1. 大数据的定义

大数据,IT行业称为巨量数据集合。

研究机构高德纳(Gartner)给出了这样的定义:大数据是需要新处理模式才能具有更强的决策力、洞察发现力和流程优化能力来适应海量、高增长率和多样化的信息资产。

麦肯锡全球研究所(Mckinsey)给出的定义是:一种规模大到在获取、存储、管理、分析方面大大超出了传统数据库软件工具能力范围的数据集合,具有海量的数据规模、快速的数据流转、多样的数据类型和价值密度低四大特征。

IBM提出大数据具有"5V"特点:volume(大量)、velocity(高速)、variety(多样)、value(低价值密度)、veracity(真实性)。

2. 大数据技术的意义和价值

大数据技术的战略意义不在于掌握庞大的数据信息,而在于对这些含有意义的数据进行专业化处理。换言之,如果把大数据比作一种产业,那么这种产业实现盈利的关键,在于提高对数据的"加工能力",通过"加工"实现数据的"增值"。

大数据的价值体现在以下几个方面:

①对大量消费者提供产品或服务的企业可以利用大数据进行精准营销;

②小而美模式的中小微企业可以利用大数据进行服务转型;

③互联网压力之下必须转型的传统企业需要与时俱进充分利用大数据的价值。

3. 大数据技术应用趋势

(1)数据的资源化

资源化是指大数据成为企业和社会关注的重要战略资源,并已成为大家争相抢夺的新焦点。因而,企业必须要提前制订大数据营销战略计划,抢占市场先机。

(2)与云计算的深度结合

大数据离不开云处理,云处理为大数据提供了弹性可拓展的基础设备,是产生大数据的平台之一。自2013年开始,大数据技术已开始和云计算技术紧密结合,预计未来两者关系将更为密切。除此之外,物联网、移动互联网等新兴计算形态,也将一齐助力大数据革命,让大数据营销发挥出更大的影响力。

(3)科学理论的突破

随着大数据的快速发展,就像计算机和互联网一样,大数据很有可能引发新一轮的技术革命。随之兴起的数据挖掘、机器学习和人工智能等相关技术,可能会改变数据世界里的很多算法和基础理论,实现科学技术上的突破。

(4)数据科学和数据联盟的成立

未来,数据科学将成为一门专门的学科,被越来越多的人所认知。各大高校将设立专门的数据科学类专业,也会催生一批与之相关的新的就业岗位。与此同时,基于数据这个基础平台,也将建立起跨领域的数据共享平台。之后,数据共享将扩展到企业层面,并且成为未来产业的核心环节。

(5) 数据泄露泛滥

未来几年数据泄露事件的增长率也许会达到100%,除非数据在其源头就能够得到安全保障。在未来,每个个人或企业都可能面临数据攻击,无论他们是否已经做好安全防范。所有企业,无论规模大小,都需要重新审视今天对安全的定义。企业需要从新的角度来确保自身以及客户数据安全,所有数据在创建之初便需要获得安全保障,而非在数据保存的最后一个环节,仅仅加强后者的安全措施已被证明于事无补。

(6) 数据管理成为核心竞争力

数据管理成为核心竞争力,直接影响财务表现。当"数据资产是企业核心资产"的概念深入人心之后,企业对于数据管理便有了更清晰的界定,将数据管理作为企业核心竞争力持续发展,战略性规划与运用数据资产,成为企业数据管理的核心。数据资产管理效率与主营业务收入增长率、销售收入增长率显著正相关。此外,对于具有互联网思维的企业而言,数据资产竞争力所占比重为36.8%,数据资产的管理效果将直接影响企业的财务表现。

(7) 数据质量是商业智能(BI)成功的关键

采用自助式商业智能工具进行大数据处理的企业将会脱颖而出。其中要面临的一个挑战是,数据源中存在大量低质量数据。想要成功,企业需要理解原始数据与数据分析之间的差距,从而消除低质量数据并通过BI获得更佳决策。

(8) 数据生态系统复合化程度加强

大数据的世界不只是一个单一的、巨大的计算机网络,而是一个由大量活动构件与多元参与者所构成的生态系统,是终端设备提供商、基础设施提供商、网络服务提供商、网络接入服务提供商、数据服务提供商、数据服务零售商等一系列的参与者共同构建的生态系统。而今,这样一套数据生态系统的基本雏形已然形成,接下来的发展将趋向于系统内部角色的细分(即市场的细分)、系统机制的调整(即商业模式的创新)、系统结构的调整(即竞争环境的调整)等,从而使数据生态系统复合化程度逐渐增强。

4. 大数据相关技术

适用于大数据的技术包括大规模并行处理(MPP)数据库、数据挖掘、分布式文件系统、分布式数据库、云计算平台、互联网和可扩展的存储系统。

5. 大数据的挑战

大数据蕴含着无穷潜力,同时也带来了诸多挑战。

首先,大数据体量庞大。虽然人们为数据存储开发了许多新技术,但数据量却在以每两年翻一番的速度增长。目前,各企业都在努力应对数据的快速增长,不断寻找更高效的数据存储方式。

其次,仅存储数据是不够的。数据的价值在于运用,而这又取决于数据管理。目前,人们需要做很多工作才能获得清洁数据,也就是与客户密切相关并以有利于分析的方式整理的数据。在真正开始使用数据之前,通常要耗费50%~80%的时间来管理和准备数据。

最后,大数据技术的更新速度非常快。几年前,Apache Hadoop是广为流行的大数处理技术。2014年，Apache Spark问世。如今，只有结合这两种框架才能打造出理想解决方案。总而言之，紧跟大数据技术的发展脚步是一项持久性挑战。

6. 国产数据库技术的突围

党的二十大报告在"过去五年的工作和新时代十年的伟大变革"中提道："一些关键核心技术实现突破，战略性新兴产业发展壮大，载人航天、探月探火、深海深地探测、超级计算机、卫星导航、量子信息、核电技术、大飞机制造、生物医药等取得重大成果，进入创新型国家行列。"同样，通过国家的支持，一批人和一批企业的不懈努力，我国在大数据技术之一的数据库领域也取得了长足的发展。

以前，数据库行业有甲骨文、IBM和微软三巨头。如今，尽管国内数据库市场依然是欧美企业占有绝对优势，但相比于操作系统和芯片，数据库已经取得了一定的进展。

按照时间线索，大体可分为以下4个阶段：

1978—2000年，海外垄断：美国三巨头在全球攻城略地，20世纪90年代席卷中国。

2000—2009年，国产萌芽：第一批国产数据库成立和艰难生长。

2009—2014年，星星之火：国内互联网和IT巨头涌入，"去IOE"浪潮兴起，国产替代开启。

2014年至今，百花齐放：国产数据库进入更大的政策和市场红利期，百花齐放，集中效应初显。除了传统数据库厂商（人大金仓、达梦、神舟通用、南大通用等）以外，也有大厂的"云数据库"（阿里云、腾讯云、华为云等），还有新兴数据库，如PingCAP的通用数据库TiDB、涛思数据的时序数据库TDengine、欧若数网的图数据库Nebula Graph。此外，还有巨杉、中兴、浪潮、易鲸捷等的数据库产品，在国内外企业中有了不少的用户。

大数据技术的发展，正体现了党的二十大报告中提出的"……完善科技创新体系，坚持创新在我国现代化建设全局中的核心地位，健全新型举国体制，强化国家战略科技力量，提升国家创新体系整体效能，形成具有全球竞争力的开放创新生态。加快实施创新驱动发展战略，加快实现高水平科技自立自强，以国家战略需求为导向，积聚力量进行原创性引领性科技攻关，坚决打赢关键核心技术攻坚战，加快实施一批具有战略性全局性前瞻性的国家重大科技项目，增强自主创新能力"。

单元5 PowerPoint应用

Microsoft Office PowerPoint 是指微软公司的演示文稿软件。用户可以在投影仪或者计算机上进行演示，也可以将演示文稿打印出来，制作成胶片，以便应用到更广泛的领域中。

5.1 PowerPoint 基本操作

PowerPoint 基本操作

5.1.1 启动演示文稿

PowerPoint 的启动有 3 种方式：

①依次单击"开始""所有程序""Microsoft Office""Microsoft PowerPoint"命令。

②双击桌面上的 PowerPoint 快捷方式图标。

③双击文件夹中的 PowerPoint 演示文稿文件(其扩展名为 .pptx 或 .ppt 的文件)。

注：用①、②两种方法启动 PowerPoint，系统会在 PowerPoint 窗口中自动生成一个名为"演示文稿1"的空白演示文稿。

5.1.2 窗口组成

PowerPoint 窗口由访问工具栏/标题栏、菜单栏、功能区、视图区、幻灯片工作区、模板/样式区、备注窗格、快速状态栏 8 个部分组成，如图 5-1 所示。

①访问工具栏及标题栏　显示应用程序名和当前文档的名称(演示文稿 1-PowerPoint)，左侧常用快速访问工具按钮显示当前文件名称和应用程序名，右侧是"最小化、最大化/还原、关闭"按钮。

②菜单栏　通过选择相应的菜单项，完成演示文稿的所有编辑操作。

③功能区　显示每个菜单的常用命令按钮，方便调用。将每个菜单的一些常用命令用图标按钮代替，按菜单功能分别组织到不同的工具栏上，可以提高工作效率。

图 5-1　PowerPoint 窗口组成

④视图区　可以在幻灯片视图与大纲视图及其他视图之间进行切换。

⑤幻灯片工作区　用来查看和编辑每张幻灯片。

⑥模板/样式区　快速选择幻灯片模板和样式。

⑦备注窗格　用来编辑和保存备注信息。

⑧快速状态栏　显示页数、总页数、设计模板、拼写检查等信息。

5.1.3　打开演示文稿

常用的演示文稿打开方式有 6 种，如图 5-2 所示。

图 5-2　演示文稿打开方式

注：一次打开多个演示文稿：在弹出的"打开"对话框中找到目标演示文稿文件夹，按住"Ctrl"键单击多个要打开的演示文稿或按住"Shift"键连续选择要打开的演示文稿，然后单击"打开"即可。

①以普通方式打开演示文稿　单击"文件"菜单下的"打开"命令，弹出"打开"对话框，选择文件名打开。

②以只读方式打开演示文稿　在"打开"按钮的下拉列表中，单击"以只读方式打开"选项，此方式打开的文件只能浏览不能编辑。

③以副本方式打开演示文稿　在"打开"按钮的下拉列表中，单击"以副本方式打开"选项，此方式打开文件的同时，在相同的文件夹中创建一份完全相同的演示文稿。

④在浏览器中打开演示文稿　只打开保存成网页文件的演示文稿。

⑤在受保护的视图中打开演示文稿　受保护视图模式是 PowerPoint 2010 中新增的一项功能，它是在打开可能包含病毒或其他任何不安全因素的演示文稿前的一种保护性措施，此时大多数编辑功能都被禁用，用户可以检查演示文稿中的内容，以便降低可能发生的任何危险。

⑥打开并修复演示文稿　在打开演示文稿时若发现有错误提示，可以使用此方式进行修复并打开。

5.1.4 退出及关闭演示文稿

常用的演示文稿的退出与关闭方式有 3 种：

①单击"文件"菜单下的"关闭"命令关闭演示文稿，但不退出 PowerPoint。

②单击 PowerPoint 窗口右上角的"关闭"按钮，会关闭演示文稿并退出 PowerPoint。

③右击任务栏上 PowerPoint 图标，在弹出的菜单中选择"关闭窗口"命令，则关闭演示文稿并退出 PowerPoint。

5.2 演示文稿制作

5.2.1 演示文稿创建与保存

演示文稿制作

5.2.1.1 演示文稿创建

创建演示文稿的常用方式有 3 种：

(1) 创建空白演示文稿

①启动 PowerPoint 时自动创建一个空白演示文稿。

②在 PowerPoint 已经启动的情况下，单击"文件"菜单下的"新建"命令，如图 5-3 所示，在右侧"可用的模板和主题"中选择"空白演示文稿"，单击右侧的"创建"按钮即可。

(2) 用主题创建演示文稿

主题是对幻灯片中标题、文字、背景、图片等项目进行的一组配置，包括主题颜色、主题效果、主题字体等；主题规定了演示文稿的母版、配色、文字格式和效果等设置。使用主题方式，可以简化演示文稿风格设计的大量工作，快速创建所选主题的演示文稿。

图 5-3 创建空白演示文稿

单击"文件",在出现的菜单中选择"新建"命令,在右侧"可用的模板和主题"中选择"主题",如图 5-4 所示,在随后出现的主题列表中选择一个主题,并单击右侧的"创建"按钮即可。

图 5-4 用主题创建演示文稿

(3)用模板创建演示文稿

模板是预先设计好的演示文稿样本,包括已定义好的主题、母版、版式、颜色以及一些建议性的文稿内容等。使用模板方式可以在系统提供的各式各样的模板中,根据自己的需要选用其中一种内容最接近自己需求的模板，方便快捷地创建演示文稿。

单击"文件"菜单下的"新建"命令，在右侧"可用的模板和主题"中选择类别，如商业版或教育、图表、信息图等，在随后出现的模板列表中选择一个模板，如图 5-5 所示，并单击右侧的"创建"按钮。也可以直接双击模板列表中所选模板。

图 5-5　用模板创建演示文稿

注：模板与主题的区别：①主题不提供内容，仅提供格式；模板既提供内容，也提供格式；②模板可以单独存盘，是一个文件；主题不可单独存盘，是一个格式。

5.2.1.2　演示文稿保存

演示文稿完成后可以保存到本地驱动器、SharePoint 库中或指定位置。演示文稿的保存方法有 4 种：

①单击访问工具栏上的"保存"按钮 ▣ 。

②单击组合快捷键"Ctrl+S"。

③单击"文件"菜单下的"保存"或"另存为"命令即可弹出"另存为"对话框，如图 5-6 所示，在其中可选定位置和文件类型进行保存。

注：新建的演示文稿在首次单击"保存"按钮或执行"保存"命令时也会弹出"另存为"对话框。

④自动保存　为了防止突然停电、死机和其他意外情况引起的尚未保存就误关机情况出现，PowerPoint 设置了自动保护功能，只需要用户进行设置就可以自动保存演示文稿。具体方法如下：

• 单击"文件"选项，在下拉菜单中找到"选项"命令，如图 5-7 所示，单击进入 PowerPoint 选项对话框。

图 5-6 "另存为"对话框

图 5-7 "文件"菜单中的"选项"命令

• 选择"保存"选项卡,如图 5-8 所示,通过单击鼠标微调或者直接在文本框中输入数值 2,将"保存自动恢复信息时间间隔"设置为 2 分钟,并选中复选框"如果我没有保存就关闭,请保留上次自动保留的版本",单击"确定"完成设置。这样以后系统每间隔 2 分钟自动保存一次演示文稿,突然断电,或者没保存就关闭,下次打开的时候,就可以恢复到停电前 2 分钟内的内容并标识出自动恢复文件的位置,最多损失最后 2 分钟的操作内容。

图 5-8 "选项"中的"保存"对话框

● 除设置自动保存时间外，若选择了"默认情况下保存到计算机"，一旦出现开头提到的类似断电等情况，文件会自动保存到默认本地文件位置"C:/Users/lenovo/Documents/"，可以通过这条路径找到演示文稿。也可以通过"浏览"按钮重新设置默认保存位置。

5.2.1.3 演示文稿保存类型

演示文稿保存类型主要有以下几种(图 5-9)：

- .ppt/.pptx：97-2003 版本/高版本编辑格式，打开即编辑。
- .pps/.ppsx：97-2003 版本/高版本放映格式，打开即放映。
- .pot/.potx：97-2003 版本/高版本模板格式。
- .ppa/.ppam：97-2003 版本/高版本加载宏格式。
- .pptm：启用宏的演示文稿格式。
- .rtf：大纲或多文本格式。
- .wmv、.mp4：视频格式。
- .gif、.jpg、.bmp、.png、.tif、.wmf、.emf：图片格式。
- .pdf：是 Adobe 公司开发的电子文档文件格式。
- .thmx：主题文档格式。
- .xps、.xml：电子文件格式，使用者不需拥有制造该文件的软件就可以浏览或打印该文件。

此外，还可以打包成 CD。

图 5-9　演示文稿保存类型

5.2.2　幻灯片制作和编辑

在 PowerPoint 中，演示文稿和幻灯片这两个概念是有差别的。利用 PowerPoint 做出来的是演示文稿，它是一个文件。而演示文稿中的每一页叫幻灯片，每张幻灯片都是演示文稿中既相互独立又相互联系的内容页，利用它可以更生动直观地表达内容，能够将图表和文字清晰、快速地呈现出来。在演示文稿的工作区即幻灯片编辑区可以插入图画、动画、备注和讲义等丰富的内容。

幻灯片制作和编辑

5.2.2.1　新建幻灯片

演示文稿窗口启动后，在窗口中自动创建第一张幻灯片。如图 5-10 所示，在"开始"或"插入"选项卡功能区单击"新建幻灯片"，就能够以前一张幻灯片为母板，插入一张新幻灯片。幻灯片母版由占位符组成，占位符是幻灯片母版的重要组成要素。占位符可以规划幻灯片结构，其外在显示形式是一个虚框，可以输入文本，作用与文本框没有区别。用户可以根据需要直接在这些具有预设格式的占位符中添加内容，如文字、图片和表格等，这些占位符的格式以及在幻灯片中的位置可以通过幻灯片母版进行设置（详见 5.3.6）。

5.2.2.2　编辑幻灯片

（1）文本输入

单击添加文本占位符，可进行文本的输入。

图 5-10 新建幻灯片

(2) 文本选择

①连续单行/多行选取　先将光标定位到幻灯片中想要选取文本内容的起始位置，按住鼠标左键拖曳至该行(或多行)的结束位置，松开鼠标左键即可；或将光标定位到想要选取文本内容的起始位置，再按住"Shift"键，在结束位置单击，完成连续单行/多行选取。

②全部文本选取　按住鼠标左键拖曳选取；按"Ctrl+A"组合键选取；在段落中连续3次单击鼠标左键选取；在"开始"菜单功能区中单击"选择"下拉按钮，再单击"全选"选取（图5-11）。

图 5-11 "开始"菜单功能区中的"全选"

(3)文本编辑

在图 5-12 中的"开始"工具栏中,能看到"字体"和"段落"选项。在它们的右下角,有一个小方框 ,点击进入"字体"和"段落"的设置。

图 5-12 文本编辑

①字体格式　选定文本,打开"字体"对话框,如图 5-13 所示,在其中可进行字体、字体样式、字体大小、字体颜色、字体效果、字体间距的设置。

②段落格式　将光标定位在段落中,打开"段落"对话框,如图 5-14 所示,在其中可进行段落对齐方式、文本缩进、段落间距、行距、中文版式的设置。

(4)文本替换

在"开始"选项卡功能区中单击"替换"下拉按钮,如图 5-15 所示,再单击"替换",可打开"替换"对话框,如图 5-16 所示。

图 5-13 "字体"对话框　　　　　　图 5-14 "段落"对话框

图 5-15 "开始"菜单功能区中的"替换"

图 5-16 "替换"对话框

在弹出的对话框中输入要查找的内容以及替换的内容,然后点击"查找下一个"完成查找工作,单击"全部替换",弹出替换多少处的提示对话框,点击"确定"即可完成替换操作。

(5)文本插入

①利用已有的文本框插入文字　此方法是利用幻灯片中已有的文本框来插入文字,不同版式的幻灯片,提供了不同数量的文本框,图 5-17 中就只提供了两个文本框。鼠标在要插入文字的文本框中单击,此时文本框被激活,在文本框中会有一个闪烁光标,启动输入法,输入用户需要的文字即可。输入完成后,用鼠标在文本框外任意区域单击即可。

②添加图形文本框　当幻灯片中提供的文本框不能满足用户的需要时,用户可以自行添加文本框。如图 5-17 中的幻灯片中只有两个文本框,现在需要在幻灯片的左上角添加一行文字,这个时候就只有自行添加文本框。选择"开始"功能菜单,单击工具栏中的"形状"按钮,在弹出的下拉列表中选择一种形状,在幻灯片中需要输入文字的地方拖动出一个图形文本框,输入文字即可(图 5-18)。

图 5-17　插入文本框

图 5-18　添加图形文本框

图 5-19　插入文本框

③插入文本框　选择"插入"选项卡，依次单击工具栏中的"文本""文本框"下拉按钮，在弹出的下拉列表中选择横排或竖排文本框，输入文字即可（图 5-19）。

(6) 文本删除

①键盘删除法　用鼠标在要删除的文本框内单击，文本框四周就会显示出文本框的边框线和 8 个控点，且边框线的线形为虚线，实际上这时并没有真正选中文本框。移动鼠标在文本框虚线上单击，等虚线变成实线后，才表示选中了此文本框，如图 5-20 所示。当文本框被选中后，按键盘上的"Delete"键，此时被选中的文本框就会被删除。

②剪切法　用与上面同样的方法将要删除的文本框选中，确定光标在要删除的文本框边线上，右击鼠标，如图 5-20 所示，在弹出的右键菜单中选择"剪切"命令即可。

图 5-20　文本删除

(7) 文本移动与复制

①鼠标拖动法　选中需要移动的文本框，当鼠标变成十字形状时，按住左键不放，移动鼠标即可移动文本框。在按住左键移动鼠标的同时，按住"Ctrl"键可完成文本框的复制。

②命令法　选中需要移动的文本框，确定光标在要移动的文本框边线上，右击鼠标，在弹出的右键菜单中选择"剪切"命令，再将光标定位到文本框插入位置，右击鼠标，如图 5-20 所示，在弹出的右键菜单中选择"粘贴"命令即可完成文本框移动。同样方式依次执行"复制"和"粘贴"命令即可完成文本框复制、粘贴。

5.2.2.3 选择幻灯片

(1) 选择一张幻灯片

用鼠标左键单击需要选中的幻灯片。

(2) 选择多张相邻幻灯片

将光标定位到想要选取幻灯片的起始位置,再按住"Shift"键,在结束位置单击可完成连续选择。

(3) 选择多张不相邻幻灯片

将光标定位到想要选取幻灯片位置,再按住"Ctrl"键,在需要选取的不同幻灯片上单击即可完成不相邻幻灯片的选择。

5.2.2.4 删除幻灯片

① 当幻灯片被选中后,按键盘上的"Delete"键,此时被选中的幻灯片就会被删除。

② 当幻灯片被选中后,移动光标至选定的幻灯片上,右击鼠标,如图 5-21 所示,在弹出的右键菜单中选择"删除幻灯片"或"剪切"命令即可完成幻灯片删除。

图 5-21 删除幻灯片

5.2.3 打印演示文稿

在"文件"菜单中单击"打印"命令,弹出图 5-22 打印窗口,在选项中可以设置打印份数、打印范围、打印版式、打印方式、打印机属性等。

① 打印份数 通过微调按钮输入或直接输入具体数字。

② 打印范围 可根据实际打印需要,设置打印整个演示文稿、仅打印所选幻灯片、仅打印当前幻灯片、自定义打印范围、打印隐藏幻灯片等选项,如图 5-23 所示。

打印演示文稿

③ 打印版式 设置每页纸上可打印的幻灯片张数、幻灯片放置顺序、幻灯片是否加框,同时可以调整纸张大小,并选择是否打印幻灯片的批注和墨迹。每页纸上最多打印 9 张幻灯片,如图 5-24 所示。

图 5-22　演示文稿打印窗口

图 5-23　打印范围设置

图 5-24　打印版式设置

④**打印方式**　选择双面或单面打印、打印顺序、横向或纵向打印、装订位置及色彩等，如图 5-25 所示。

⑤**打印机属性**　单击"打印机属性"按钮，弹出图 5-26 左侧对话框，可进行打印布局、纸张选择、纸张质量的设置；单击"高级"按钮，弹出图 5-26 右侧对话框，可进行纸张规格、输出份数、图形打印质量和色彩、文档选项、打印机功能的调整，不同打印机其高级选项功能不同。

图 5-25　打印方式设置

图 5-26　打印机属性及高级设置

5.3　演示文稿视图

PowerPoint 软件给我们提供了视图功能，通过视图功能，应用人员可以方便地查看相关信息，为某些操作带来方便。PowerPoint 提供的视图有普通视图、大纲视图、幻灯片浏览视图、备注页视图、阅读视图、母版视图 6 种。

演示文稿视图

单击"视图"菜单选项卡，弹出其功能选项，如图 5-27 所示，在不同的视图选项上单击可进行视图窗口切换，或通过窗口状态栏上的普通视图按钮 、幻灯片浏览视图按钮 、阅读视图按钮 等进行视图窗口的切换。

5.3.1　普通视图

普通视图是创建演示文稿的默认视图，最适合编辑幻灯片，如插入对象、修改文本等。该视图由三部分构成，如图 5-28 所示，显示的 3 个窗格大小是可以调节的，将鼠标放到分隔线上变成双向箭头后拖动鼠标就可以调整窗格大小。

（1）大纲栏

主要用于显示幻灯片的缩略图，方便查看整体效果，可以在此窗格对幻灯片进行移动（顺序调整）、复制、删除。

图 5-27 "视图"功能选项

图 5-28 普通视图窗口

(2)幻灯片栏

主要用于显示、编辑演示文稿中单张幻灯片的详细内容，对幻灯片进行编辑(拖动分隔条，可调整窗格大小)。

(3)备注栏

主要用于为对应的幻灯片添加提示信息，对使用者起备忘、提示作用，在实际播放演示文稿时学生看不到备注栏中的信息。

5.3.2 大纲视图

大纲视图在左侧窗格中以大纲形式显示幻灯片中的标题文本，易于把握整个演示文稿的主题设计，如图 5-29 所示。

图 5-29　大纲视图窗口

左侧窗格可以方便地查看、编辑幻灯片中的文字内容。在左侧窗格中输入或编辑文字时，右侧窗格能看到变化。右侧窗格与普通视图大致相同，会自动显示备注并进行编辑。另外，若在右侧窗格中使用了插入的文本框，插入文本框中的标题内容不显示在左侧窗格的大纲中。

5.3.3 幻灯片浏览视图

幻灯片浏览视图可以显示多张幻灯片的缩略图，能够看到整个演示文稿的外观，如图 5-30 所示。在该视图模式下可以进行的编辑有：调整幻灯片的顺序、添加或删除幻灯片、复制幻灯片、设置放映效果等，但不能对幻灯片进行内容编辑。

图 5-30　幻灯片浏览视图窗口

5.3.4 备注页视图

备注页视图主要用于为幻灯片添加备注内容,如演讲者备注信息、解释说明信息等,如图 5-31 所示,这个视图是专门用于编辑备注内容的,正文内容不可编辑。

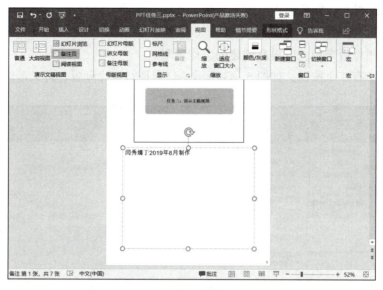

图 5-31 备注页视图窗口

5.3.5 阅读视图

阅读视图是以窗口形式对演示文稿中的切换效果和动画效果进行放映,如图 5-32 所示,在放映过程中可以单击切换放映幻灯片按钮 ◁ 和 ▷ 进行便捷操作,或单击按钮 ☰ 弹出图 5-32 中标识的菜单,通过菜单命令进行幻灯片的切换,也可以单击 ⛶ 按钮全屏显示幻灯片,退出时按"Esc"键。

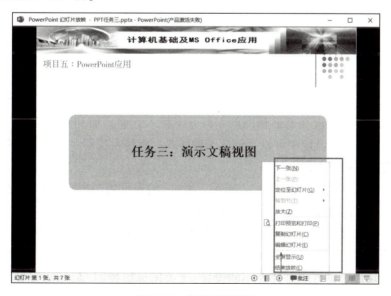

图 5-32 阅读视图窗口

5.3.6 母版视图

母版规定了演示文稿(幻灯片、讲义及备注)的文本、背景、日期及页码格式,母版体现了演示文稿的外观,包含了演示文稿中的共有信息。每个演示文稿提供了一个母版集合,包括幻灯片母版、标题母版、讲义母版、备注母版等。母版是一类特殊幻灯片,它能控制基于它的所有幻灯片,对母版的任何修改会体现在很多幻灯片上,所以每张幻灯片的相同内容往往用母版来做,以提高创建的工作效率。

母版视图中有 3 个按钮,如图 5-33 所示,分别是幻灯片母版、讲义母版和备注母版。

图 5-33 "母版视图"界面

5.3.6.1 幻灯片母版

可以修改占位符的位置、大小和格式,可以修改背景,可以对主题、幻灯片的大小进行更改,可以像更改任何幻灯片一样更改幻灯片母版。但母版上的文本只用于样式,实际的文本(如标题和列表)应在普通视图的幻灯片上键入,而页眉和页脚应在"页眉和页脚"对话框中键入。在母板设定中可以看到有 5 种样式:标题占位符、文本占位符、数字占位符、日期占位符和页脚占位符等。

在幻灯片母版模式下,如图 5-34 所示,通过"编辑母版"功能可插入幻灯片母版、插入版式、重命名版式名称、删除选定幻灯片母版;通过"母版版式"功能可插入占位符、选择标题与页脚的显示;通过"编辑主题"功能可选择母版的主题风格,如图 5-35 所示;通过"背景"功能可进行母版背景样式、颜色、字体、效果的设置,如图 5-36 所示;通过"幻灯片大小"功能可进行幻灯片大小的设置;"关闭母版视图"后所有设置即可全部应用到编辑的幻灯片中。

图 5-34 "幻灯片母版"编辑窗口

图 5-35 "幻灯片母版"中的"主题"选项

图 5-36 "幻灯片母版"中的"效果"选项

5.3.6.2 讲义母版

通过"页面设置"功能设置讲义方向、幻灯片大小、每页幻灯片的数量;通过"占位符"功能选择幻灯片的页眉、页脚、日期、页码,如图5-37所示。其编辑主题、背景设置与幻灯片母版的设置相同。

图5-37 "讲义母版"窗口

5.3.6.3 备注母版

备注母版是指向各幻灯片添加"备注"文本的默认样式。通过"页面设置"功能设置备注页方向、幻灯片大小;通过"占位符"功能选择幻灯片的页眉、页脚、日期、页码、幻灯片图像和正文,如图5-38所示。其编辑主题、背景设置与幻灯片母版的设置相同。

图5-38 "备注母版"窗口

5.4 幻灯片外观修饰

5.4.1 幻灯片内置主题应用

演示文稿中的内置主题可为设置好的幻灯片更换统一的颜色、背景等，主要包含以下几个方面：

①模板　演示文稿中的一类特殊文件，扩展名为.pot，如图5-39所示，用于提供样式文稿的格式、配色方案、母版样式及产生特效的字体样式等。应用设计模板可快速生成风格统一的演示文稿。

②母版　规定了演示文稿（幻灯片、讲义及备注）的文本、背景、日期及页码格式，如图5-40所示。母版体现了演示文稿的外观，包含了演示文稿中的共有信息。每个演示文稿提供了一个母版集合，包括幻灯片母版、讲义母版、备注母版等母版集合，如图5-41所示。

图5-39　模板文件

图5-40　"幻灯片母版"窗口

图5-41　母版类型

幻灯片母版为除了"标题幻灯片"外的一组或全部幻灯片提供下列样式："自动版式标题"的默认样式；"自动版式文本对象"的默认样式；"页脚"的默认样式，包括日期时间区、页脚文字区和页码数字区等，统一的背景颜色或图案。

模板与母版的作用和区别在于：模板是一个专门的页面格式，它会告诉你什么地方填什么、什么地方可以拖动修改。母版是一个系列的幻灯片，例如，底色和每页都会显示出的边框或日期、页眉页脚等，设置一次，以后的每一页全部相同，达到统一且美观的效果。母版是一类特殊幻灯片，它能控制基于它的所有幻灯片，对母版的任何修改会体现在很多幻灯片上，所以每张幻灯片的相同内容往往用母版来做，以提高创建的工作效率。更改幻灯片母版时，已对单张幻灯片进行的更改将被保留。

在应用设计模板时，会在演示文稿上添加幻灯片母版。通常，模板也包含标题母版，用户可以在标题母版上进行更改以应用于具有"标题幻灯片"版式（版式图表上元素包含标题和副标题文本、列表、图片、表格、图表、自选图形和影片的排列）的幻灯片。

5.4.2 幻灯片背景设置

幻灯片背景设置包括设置背景颜色、设置背景图片和设置图案填充背景。

5.4.2.1 设置背景颜色

选择"设计"选项卡，单击"设置背景格式"按钮，在右侧出现设置框。如果填充颜色就选择"纯色填充"，再选择合适的背景色，即可完成，如图5-42所示。在选择颜色后如果单击"应用到全部"，则会让所有的幻灯片都改变背景颜色，包括以后新增的幻灯片。

图5-42 背景颜色设置窗口

5.4.2.2 设置背景图片

第一种方法：先在"设置背景格式"窗格里选择"图片或纹理填充"，然后直接选择"插入…"按钮，最后选定想要的图片即可，如图5-43所示。

第二种方法：如果设置背景前在幻灯片中复制或者剪切过图片，那么在"设置背景格式"窗格里直接单击"剪贴板"即可将之前复制或者剪切过的图片设置为背景图片，如图5-43所示。

图 5-43　背景图片设置窗口

5.4.2.3　设置图案填充背景

①在"设置背景格式"窗格里选择"图案填充"选项。

②单击选择下方不同的图案样式。

③设置图案的前景或者背景颜色，如图 5-44 所示。

图 5-44　图案填充设置窗口

5.5　插入对象

5.5.1　插入剪贴画、图片

5.5.1.1　插入剪贴画

①打开演示文稿，选中一张幻灯片，切换到"插入"选项卡。

②单击"图像"命令组中的"联机图片"按钮，如图 5-45 所示。

插入剪贴画、图片

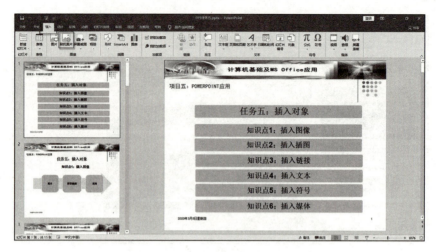

图 5-45　插入联机图片按钮界面

③打开"必应图像搜索"窗口，单击"必应图像搜索"按钮或者在搜索框中输入要搜索的图片内容，单击"搜索"按钮，如图 5-46 所示。

图 5-46　必应图像搜索界面

④搜索出相关图片后，选择合适的图片，单击"插入"按钮即可完成，如图 5-47 所示。

5.5.1.2　插入图片

PowerPoint 2016 幻灯片中插入图片分为多种情况，一般情况下用户可以插入文件中的图片，如果文件中不包含需要的图片，也可以插入屏幕截图或从相册中插入。用户应该提前准备好幻灯片需要用到的图片，然后利用插入图片的功能将图片插入幻灯片中。具体操作如下：

①打开演示文稿，选中一张幻灯片，切换到"插入"选项卡，单击"图像"命令组中的"图片"按钮，如图 5-48 所示。

图 5-47　插入搜索图片界面

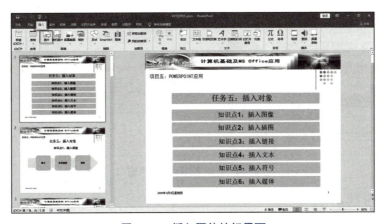

图 5-48　插入图片按钮界面

②弹出"插入图片"对话框，选择图片保存的路径后，选中要插入的图片，单击"插入"按钮，如图 5-49 所示。

图 5-49　"插入图片"对话框

③双击插入的图片，在功能区弹出"图片工具"，如图 5-50 所示。通过这些工具可进行更改图片、调整图片效果、设置图片样式、调整图片大小、对图片重新排列等操作。

④选中图片后，单击鼠标右键菜单中的"设置图片格式"命令，在工作区弹出"设置图片格式"窗口，如图 5-51 所示，可根据实际需要进行图片的修饰和编辑。

图 5-50　图片工具

图 5-51　"设置图片格式"窗口

5.5.2　插入形状

①新建一个幻灯片之后，点击顶部菜单中的"插入"选项卡，在"插图"命令组中点击"形状"按钮，如图 5-52 所示。

插入形状

图 5-52　插入形状按钮界面

②在弹出的"形状"下拉列表中,选择不同类型的形状(图 5-53)。

③在幻灯片中确定合适的位置,按住鼠标左键画出所需的形状。

④选中形状后,通过鼠标左键拖动调整形状的位置或将鼠标移动到形状控点上拖动改变其大小;也可以双击鼠标左键或单击鼠标右键,选择"设置形状格式"命令。如图 5-54 所示,打开"设置形状格式"窗口,设置形状的相关属性。

图 5-53 形状类型　　　　　图 5-54 设置形状格式界面

5.5.3 插入艺术字

①新建幻灯片之后,点击菜单栏中的"插入"选项卡,在"文本"命令组中,点击"艺术字"按钮(图 5-55)。

②在弹出的"艺术字"列表框中选择需要的艺术字类型,即可在幻灯片中添加艺术字,如图 5-56 所示。

插入艺术字

图 5-55 插入艺术字按钮界面

图 5-56 艺术字类型

图 5-57 艺术字"修饰工具"

③在插入的艺术字边框上单击鼠标右键,弹出艺术字"修饰工具",如图 5-57 所示。可根据需要对艺术字的样式、填充效果、边框颜色、批注等进行编辑。

5.5.4 插入 SmartArt 图

①点击"插入"选项卡,在图 5-58"插图"命令组中,点击"SmartArt"按钮。

②在弹出的"选择 SmartArt 图形"对话框左侧,选择 SmartArt 图形类型,在右侧列表框中选择具体的 SmartArt 图形,点击"确定"按钮(图 5-59),即插入 SmartArt 图形。

③在添加的 SmartArt 图形左侧输入文字或添加图片,如图 5-60 所示,即完成想要添加的 SmartArt 图形。

图 5-58　SmartArt 插入界面

图 5-59　"选择 SmartArt 图形"对话框

图 5-60　SmartArt 图形编辑界面

5.5.5 插入链接

①选中文字或图形等对象后,点击"超链接"按钮。

②选择"现有文件或网页(X)"可以从当前文件夹中选定链接文件,如图 5-61 所示;选择"本文档中的位置(A)"可以从当前正在编辑的 PPT 文档中选定链接文件,如图 5-62 所示;选择"新建文档(N)"可以在指定位置新建任何类型的链接文件,如图 5-63 所示;选择"电子邮件地址(M)"可以在指定的邮箱中选定链接文件,如图 5-64 所示。

③点击"屏幕提示(P)"按钮,可以设置"设置超链接屏幕提示",如图 5-65 所示。

插入链接

图 5-61　链接到现有文件或网页界面

图 5-62　链接到本文档中的位置界面

图 5-63 链接到新建文档界面

图 5-64 链接到电子邮件地址界面

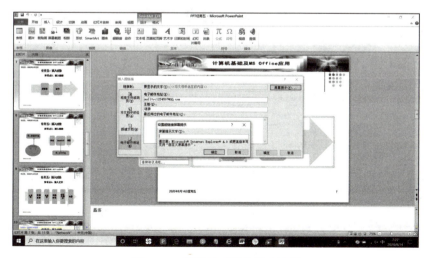

图 5-65 插链接到屏幕提示界面

5.5.6 插入音频和视频

5.5.6.1 插入音频

音频的插入有 3 种方式：文件中的音频、剪贴画音频、录制音频，如图 5-66 所示。

①点击"文件中的音频(F)"，如图 5-67 所示，可以选择音频文件后直接插入或链接到文件。

插入音频和视频

图 5-66　插入音频的 3 种方式

图 5-67　"文件中的音频"插入界面

图 5-68 "剪贴画音频"插入界面

图 5-69 "录制音频"界面

②点击"剪贴画音频(C)",如图 5-68 所示,可以选择剪贴画音频文件插入文件。

③点击"录制音频(R)",如图 5-69 所示,可以实时录制音频文件插入文件。

5.5.6.2 插入视频

视频的插入有 3 种方式:文件中的视频、来自网站的视频、剪贴画视频,如图 5-70 所示。

①点击"文件中的视频(F)",如图 5-71 所示,可以选择视频文件后直接插入或链接到文件。

图 5-70　插入视频的 3 种方式

图 5-71　"文件中的视频"插入界面

②点击"来自网站的视频（W）"，如图 5-72 所示，从网站复制嵌入代码，并将其粘贴到文本框中，即可将网站视频插入文件。

图 5-72　"来自网站的视频"插入界面

图 5-73 "剪贴画视频"插入界面

③点击"剪贴画视频(C)",如图 5-73 所示,可以选择剪贴画视频文件插入文件。

5.6 插入表格

5.6.1 创建表格

①点击"插入"选项卡,在"表格"命令组中,点击"表格"按钮(图 5-74)。

②在"表格"下拉列表中,可以使用鼠标选择行数和列数来插入表格,也可以依次点击"插入表格""绘制表格""Excel 电子表格"按钮来插入表格,如图 5-75 所示。其中,"插入表格"命令允许用户通过输入行数和列数的方式创建表格;"绘制表格"命令则是让用户通过绘制的方式"画"出表格,而且每次只能画一个单元格;"Excel 电子表格"命令则是让用户通过调用电子表格工具创建表格。

图 5-74 插入表格按钮界面

图 5-75 插入表格界面

5.6.2 编辑表格

编辑表格有以下 3 种方法：

①在表格上双击鼠标左键，弹出"表格工具"，根据需要对表格进行编辑和修饰（图 5-76）。

②单击某一需要添加文字的单元格，直接输入文字，并设置大小。

③需要修改某一单元格内容时，先选择单元格内容，再编辑，即可完成修改，如图 5-76 所示。

图 5-76　编辑单元格内容界面

5.6.3 设置表格

①单击表格，表格边框上会出现 8 个控点，按住鼠标左键向右或向下方拖动右下角的控点可调节表格宽度或高度，如果同时按住键盘上的"Shift"键，可等比例放大或缩小表格，如图 5-77 所示。

②双击表格，出现表格工具，选择"表格工具"选项卡中的表格样式，选择样式效果，完成表格样式设置，如图 5-78 所示。

③选择"表格样式"命令组里的"底纹"按钮，弹出下拉列表，可以根据需要选择不同的底纹效果，如图 5-79 所示。

④选择"表格样式"命令组里的"效果"按钮，弹出下拉菜单，可以设置单元格效果。如图 5-80 所示，选择"单元格凹凸效果"里的样式效果。

⑤选择表格内容，选择"开始"选项卡中"段落"命令组的居中选项，文字和数据就会居中，如图 5-81 所示。

⑥用鼠标点击表格的第一个单元格，然后选择"表格样式"命令组中的"边框"命令，最后点击下拉列表中的"斜下框线"命令，即可为第一个单元格添加右斜线（图 5-82）。

图 5-77　调整表格大小界面

图 5-78　表格样式界面

图 5-79　底纹设置界面

图 5-80　单元格效果设置界面

图 5-81　表格内容居中效果

图 5-82　添加右斜线界面

5.7 幻灯片放映设置

5.7.1 演示文稿放映

①打开演示文稿后,点击"幻灯片放映"选项卡,如图 5-83 所示,选择"幻灯片放映"命令组中的"从头开始"按钮,即可从第一张幻灯片开始放映。如果点击"从当时幻灯片开始"按钮,即可从当前选中的幻灯片开始放映。

演示文稿放映

图 5-83 放映演示文稿界面

②单击演示文稿底部状态栏右侧的幻灯片放映按钮,如图 5-84 所示,也可以从当前选中的幻灯片开始放映。

③按住键盘上的"F5"键即可从第一张幻灯片进行幻灯片放映。如果同时按住"Shift+F5"组合键,则会从当前选中的幻灯片开始放映。

图 5-84 状态栏放映按钮界面

5.7.2 幻灯片对象动画设置

幻灯片对象动画设置

PowerPoint 2016 为用户创建对象动画提供了大量的动画效果，分为进入、强调、退出和动作路径 4 类，用户可以根据需要选择使用。与以前的版本相比，利用 PowerPoint 2016 为幻灯片的对象添加动画更为简便，用户可以直接在"动画"选项卡中进行设置。下面以 PowerPoint 2016 幻灯片中的文本框对象添加进入动画效果为例，介绍为对象添加动画效果的具体操作方法。

①打开演示文稿，在幻灯片中选择需要添加动画效果的对象，如当前幻灯片中的文本框。在"动画"选项卡中单击"动画"命令组中动画样式列表框上的"其他"按钮，在打开的下拉列表中选择预设的进入动画(图 5-85)。

图 5-85　进入动画效果设置界面

②如果"动画样式"列表中没有满意的进入动画效果，用户可以选择列表中的"更多进入效果"选项，如图 5-86 所示，此时将打开"更多进入效果"对话框，在列表框中选择需要使用的动画选项后单击"确定"按钮。

图 5-86　"更多进入效果"选项界面

图 5-87 预览动画效果界面

③选中的对象将被添加选择的动画效果,单击"预览"按钮能够预览到当前对象添加的动画效果,如图 5-87 所示。

5.7.3 幻灯片切换效果设置

①打开演示文稿,选中要添加切换效果的幻灯片,在"切换"选项卡中单击"切换到此幻灯片"命令组中动画样式列表框上的"其他"按钮,如图 5-88 所示,在打开的下拉列表中选择预设的切换效果,如图 5-89 所示。

幻灯片切换效果设置

②点击选择切换效果之后,右侧"计时"命令组中的设置选项变为可用状态。

③根据自己的喜好进行选择,可以设置声音、持续时间、换片方式等,如图 5-90 所示。

④设置好之后,可以点击左上方的预览效果查看。

图 5-88 幻灯片切换效果设置界面

图 5-89　幻灯片切换效果选择界面

图 5-90　幻灯片切换效果设置界面

5.7.4　幻灯片放映方式设置

在 PowerPoint 2016 中，演示文稿的放映方式包括演讲者放映、观众自行浏览和在展台浏览 3 种。

5.7.4.1　演讲者放映

演示文稿放映方式中的演讲者放映是指由演讲者一边讲解一边放映幻灯片，此演示方式一般用于比较正式的场合，如专题讲座、学术报告等。设置演讲者放映的具体操作方法如下：

幻灯片放映方式设置

①单击"幻灯片放映"选项卡下"设置"命令组中的"设置幻灯片放映"按钮。

②在弹出的"设置放映方式"对话框中，默认设置类型就是演讲者放映方式（图 5-91）。

5.7.4.2　观众自行浏览

观众自行浏览是指由观众自己动手使用计算机观看幻灯片。如果希望观众自己浏览多媒体幻灯片，可以将多媒体演讲的放映方式设置成观众自行浏览。

①单击"幻灯片放映"选项卡下"设置"命令组中的"设置幻灯片放映"按钮，弹出"设置放映方式"对话框（图 5-92）。

图 5-91　演讲者放映方式设置界面

图 5-92　观众自行浏览放映方式设置界面

②在"放映类型"区域中单击选中"观众自行浏览窗口"。

③在"放映幻灯片"区域中可以单击选中"从……到……",并在 2 个文本框中输入幻灯片页数,设置放映幻灯片的范围,单击"确定"按钮。

5.7.4.3　在展台浏览

展台浏览的放映方式可以让多媒体幻灯片自动放映而不需要演讲者操作,如用于展览会的产品展示等。

①打开演示文稿后,在"幻灯片放映"选项卡的"设置"命令组中单击"设置幻灯片放映"按钮。

②在弹出的"设置放映方式"对话框的"放映类型"区域中单击选中"在展台浏览(全屏幕)",单击"确定"按钮,即可将演示方式设置为在展台浏览(图5-93)。

图 5-93　在展台浏览放映方式设置界面

5.8　演示文稿打包及自动放映方式设置

演示文稿打包及直接放映方式设置

5.8.1　演示文稿打包

①打开演示文稿,点击"文件"菜单,选择"导出"菜单项,选择右侧窗口中的"将演示文稿打包成CD",点击最右侧按钮"打包成CD",如图5-94所示。

②在弹出的"打包成CD"对话框中,可以点击"复制到文件夹"按钮,选择添加更多的演示文稿一起打包,也可以删除不需要打包的演示文稿(图5-95)。

③选择路径跟演示文稿打包后的文件夹名称,可以选择想要存放的位置路径,也可以保持默认不变。系统默认有"在完成后打开文件夹"的功能,不需要则可以取消掉前面的勾选。

④点击"确定"按钮后,系统会自动运行打包复制到文件夹程序,并自动弹出打包好的演示文稿文件夹,其中会看到一个 autorun.inf 自动运行文件,如果是打包到 CD 光盘上,它是具备自动播放功能的。

图 5-94　演示文稿打包界面

图 5-95　演示文稿打包设置界面

5.8.2　演示文稿自动放映方式设置

在放映演示文稿的时候，如果每次都是手动播放下一张是很麻烦的。那么，如何设置幻灯片自动播放下一页，具体的操作方法如下：

①打开演示文稿，切换到"幻灯片放映"选项卡，在"设置"命令组里单击"设置幻灯片放映"选项。

②将"设置放映方式"对话框中的"推进幻灯片"设置成"如果出现计时，则使用它"，单击"确定"按钮后退出（图 5-96）。

③在"幻灯片放映"选项卡的"设置"命令组里，勾选"使用计时"选项，如图 5-97 所示。

④单击"切换"选项卡，首先为幻灯片设置切换动画，然后在"计时"命令组里将"单击鼠标时"的换片方式设置成"设置自动换片时间"，如图 5-98 所示。

图 5-96　设置推进幻灯片方式

图 5-97　"使用计时"选项设置

图 5-98　设置自动换片方式

拓展知识

项目管理

党的二十大报告指出：我们国家要建设现代化产业体系，坚持把发展经济的着力点放在实体经济上，推进新型工业化，加快建设制造强国、质量强国、航天强国、交通强国、网络强国、数字中国。要加快构建新发展格局，着力推动高质量发展。这就需要应用项目管理新理论推进建设的高质量的发展。

1. 项目管理概述

项目管理是项目的管理者在有限的资源约束下，运用系统的观点、方法和理论，对项目涉及的全部工作进行有效的管理。即对项目的投资决策开始到项目结束的全过程进行计划、组织、指挥、协调、控制和评价，以实现项目的目标。

按照传统的做法，当企业设定了一个项目后，参与这个项目的至少有好几个部门，包括财务部门、市场部门、行政部门等，而不同部门在运作项目过程中不可避免地会产生摩擦，必须进行协调，而这无疑会增加项目的成本，影响项目实施的效率。

而项目管理的做法则不同。不同职能部门的成员因为某一个项目而组成团队，项目经理是项目团队的领导者，他们所肩负的责任就是领导团队准时、优质地完成全部工作，在不超出预算的情况下实现项目目标。项目的管理者不仅是项目执行者，还参与项目的需求确定、选择、计划直至收尾的全过程，并在时间、成本、质量、风险、合同、采购、人力资源等各个方面对项目进行全方位的管理，因此，项目管理可以帮助企业处理需要跨领域解决的复杂问题，并实现更高的运营效率。

2. 项目管理起源与发展

项目管理是第二次世界大战后期发展起来的新管理技术之一，有代表性的项目管理技术有关键路径法（CPM）和计划评审技术（PERT）。

CPM 是美国杜邦公司和兰德公司于 1957 年联合研究提出的，它假设每项活动的作业时间是确定值，重点在于费用和成本的控制。

PERT 出现于 1958 年，由美国海军特种计划局和洛克希德航空公司在规划和研究在核潜艇上发射"北极星"导弹的计划中首先提出。与 CPM 不同的是，PERT 中作业时间是不确定的，是用概率的方法进行估计的估算值，另外，它也并不十分关心项目费用和成本，重点在于时间控制，被主要应用于含有大量不确定因素的大规模开发研究项目。

随后两者有发展一致的趋势，常常被结合使用，以求得时间和费用的最佳控制。

20 世纪 60 年代，项目管理的应用范围还只是局限于建筑、国防和航天等少数领域，但因为项目管理在美国的阿波罗登月项目中取得巨大成功，由此风靡全球。许多人对项目管理产生了浓厚的兴趣，并逐渐形成了两大项目管理研究体系，一个是以欧洲为首的体系——国际项目管理协会（IPMA）；另一个是以美国为首的体系——美国项目管理协会（PMI）。多年来，他们的工作卓有成效，为推动国际项目管理现代化发挥了积极的作用。

项目管理发展史研究专家以 20 世纪 80 年代为界把项目管理划分为两个阶段。

项目管理(project management, PM)是美国最早的曼哈顿计划开始的名称。后由华罗庚教授20世纪50年代引进中国(由于历史原因叫统筹法和优选法)。

在史普托尼克危机(苏联发射第一颗人造卫星)之前,项目管理还没有用作一个独立的概念。之后,美国国防部需要加速军事项目的进展以及发明完成这个目标的新的工具(模型)。在1958年,美国发明了计划评估和审查技术(PERT),用于北极星导弹潜艇项目,后来被工作分解结构(WBS)所扩展。与此同时,杜邦公司发明了一个类似的模型,称为关键路径方法(CPM)。军事任务的这种过程流和结构很快传播到许多私人企业中。

随着时间的推移,更多的指导方法被发明出来,这些方法可以用于形式上精确地说明项目是如何被管理的。这些方法包括项目管理知识体系(PMBOK)、个体软件过程(PSP)、团队软件过程(TSP)、IBM全球项目管理方法(WWPMM)、PRINCE2。这些技术试图把开发小组的活动标准化,使其更容易预测、管理和跟踪。

3. 项目管理内容

(1)项目范围管理

项目范围管理是为了实现项目的目标,对项目的工作内容进行控制的管理过程。它包括范围的界定、范围的规划、范围的调整等。

(2)项目时间管理

项目时间管理是为了确保项目最终按时完成的一系列管理过程。它包括具体活动界定、活动排序、时间估计、进度安排及时间控制等各项工作。很多人把GTD(getting things done)时间管理引入其中,大幅提高工作效率。

(3)项目成本管理

项目成本管理是为了保证完成项目的实际成本、费用不超过预算成本、费用的管理过程。它包括资源的配置,成本、费用的预算以及费用的控制等工作。

(4)项目质量管理

项目质量管理是为了确保项目达到客户所规定的质量要求而实施的一系列管理过程。它包括质量规划、质量控制和质量保证等。

(5)项目人力资源管理

项目人力资源管理是为了保证所有项目关系人的能力和积极性都得到最有效的发挥和利用所采取的一系列管理措施。它包括组织的规划、团队的建设、人员的选聘和项目的班子建设等一系列工作。

(6)项目沟通管理

项目沟通管理是为了确保项目信息的合理收集和传输所需要实施的一系列措施,它包括沟通规划、信息传输和进度报告等。

(7)项目风险管理

项目风险管理涉及项目可能遇到各种不确定因素。它包括风险识别、风险量化、制定对策和风险控制等。

(8)项目采购管理

项目采购管理是为了从项目实施组织之外获得所需资源或服务而采取的一系列管理措施。它包括采购计划、采购与征购、资源的选择以及合同的管理等工作。

(9)项目集成管理

项目集成管理是指为确保项目各项工作能够有机地协调和配合所展开的综合性和全局性的项目管理工作和过程。它包括项目集成计划的制订、项目集成计划的实施、项目变动的总体控制等。

(10)项目干系人管理

项目干系人管理是指对项目干系人需要、希望和期望的识别,并通过沟通管理来满足其需要、解决其问题的过程。项目干系人管理将会赢得更多人的支持,从而能够确保项目取得成功。

4. 项目管理方法

项目管理的方法,按管理目标分类,有进度管理、质量管理、成本管理、安全管理、现场管理5种方法。按管理的评价方式分类,有定性、定量和综合管理3种方法。按管理的专业性质分类,有行政管理、经济管理、技术管理和法律管理方法等。

项目管理方法的应用,必须有合理的应用步骤:

第一步,研究管理任务,明确其专业要求和管理方法应用目的。

第二步,调查进行该项管理所处的环境,以便对选择管理方法提供决策依据。

第三步,选择适用、可行的管理方法。选择的方法应专业对路,能实现任务目标,且条件允许。

第四步,对所选方法在应用中可能遇到的问题进行分析,找出关键,制定保证措施。

第五步,在实施选用方法的过程中加强动态管理,解决矛盾,使之产生实效。

第六步,在应用过程结束后,进行总结,以提高管理方法的应用水平。

5. 项目管理过程

项目管理可分为5个过程组,每个过程组的主要目标为:

①启动过程组　明确并核准项目或项目阶段。

②规划过程组　确定和细化目标,并为实现项目目标和完成项目要解决的问题范围而规划必要的行动路线。

③执行过程组　协调人与其他资源以实施项目管理计划。

④监控过程组　定期测量并监控绩效情况,发现偏离项目管理计划之处,以采取纠正措施来实现项目的目标。

⑤收尾过程组　正式验收产品、服务或成果,并有条不紊地结束项目或项目阶段。项目管理的过程组包括以各自的依据和成果相互联系的项目管理子过程,也就是说,一个过程的结果或成果变成了另一个过程的依据。

6. 信息化建设在项目管理中的重要性

项目实施中,需要考虑项目成本,提高执行效率,这就需要一套成熟的系统的信息化工具来执行，目的是使项目的整个过程更加透明、规范、科学，从而达到有效控制项目成本的目的。

项目管理信息化，就是为了通过软件规范项目管理的各个分部分项，明确告诉项目实施人员应该做什么和必须做什么。整个信息化的目的就是让公司项目管理理念形成一种统一的模式，而管理方法又可以多样化，也可以说是公司在施工过程中的企业文化。当公司在完成信息化项目管理后，在工作中员工可以通过相应的辅助手段明确当前的工作内容和工作目标。

项目管理的最佳状态是项目的软性技能和硬性技能完美结合，即项目管理信息化。企业一旦建立项目管理信息化，对企业的整体项目发展将起到举足轻重的作用。而项目管理的信息化建设，是企业项目管理发展的必然趋势，尤其是企业将项目管理作为主要战略管理，或者成为战略管理的重要组成部分时，信息化建设将能够在很大程度上帮助企业解决大量问题。

20世纪，著名信息化建设专家诺兰就对一个企业的信息化建设提出了自己的观点，即诺兰模型。诺兰模型是将企业对信息化的建设分成了6个不同的层级，这6个不同的层级说明了一个企业在管理过程中对待数据的方式，或者说企业在发展过程中信息化诞生和处理的方式，即6个阶段：初级阶段、信息扩散阶段、信息控制阶段、信息集成阶段、数据管理阶段、成熟阶段。

单元6
因特网基础与简单应用

计算机网络是计算机发展和通信技术紧密结合的产物,它的理论发展和应用水平直接反映了一个国家高新技术的发展水平,也是一个国家现代化程度和综合国力的重要标志。在以信息化带动工业化和工业化促进信息化的进程中,计算机网络扮演了越来越重要的角色。

6.1 计算机网络基本概念

计算机网络基本概念

6.1.1 计算机网络

6.1.1.1 计算机网络的概念

计算机网络是指相互共享资源方式互连的自治计算机系统集合。即分布在不同地理位置上的具有独立功能的多个计算机系统,通过通信设备和通信线路互相连接起来,实现数据传输和资源共享的系统。计算机网络结构如图6-1所示。

6.1.1.2 计算机网络的特点

计算机网络的特点,一是共享资源;二是分布式独立的自治计算机。

6.1.2 数据通信

6.1.2.1 信道

（1）信道的定义

信道是信息传输的媒介或渠道,作用是把携带信息的信号从它的输入端传递到输出

图6-1 计算机网络结构

端。狭义信道可以是传输光或电信号的各种传输媒介；广义信道由传输媒介和部分收发端的通信设备组成，常用的有调制信道和编码信道。

(2)信道分类

根据信道或传输媒质的特性以及分析问题的需要，可以将信道分为有线信道和无线信道两大类。

①有线信道　常见的有双绞线、同轴电缆、光缆等。

双绞线：是综合布线工程中最常用的一种传输介质，它由两根具有绝缘保护层的铜导线组成。把两根绝缘的铜导线按一定密度互相绞在一起，每一根导线在传输中辐射出来的电波会被另一根导线上发出的电波抵消，有效降低信号干扰的程度。日常生活中一般把双绞线电缆直接称为双绞线，如图6-2所示。

同轴电缆：是指有两个同心导体，而导体和屏蔽层又共用同一轴心的电缆。最常见的同轴电缆由绝缘材料隔离的铜线导体组成，在里层绝缘材料的外部是另一层环形导体及其绝缘体，然后整个电缆由聚氯乙烯或特氟纶材料的护套包住，如图6-3所示。

图6-2　双绞线　　　　　　图6-3　同轴电缆　　　　　　图6-4　光缆

光缆：是为了满足光学、机械或环境的性能规范而制造的，它是利用置于包覆护套中的一根或多根光纤作为传输媒质并可以单独或成组使用的通信线缆组件。光缆主要是由光导纤维(细如头发的玻璃丝)和塑料保护套管及塑料外皮构成，光缆内没有金、银、铜、铝等金属，一般无回收价值，如图6-4所示。

②无线信道　常见的介质有地波传播、短波、超短波、人造卫星中继等。

地波传播：无线电波沿地球表面附近空间传播，传播时可随地球表面的弯曲而改变传播方向。

短波：是指频率为3~30MHz的无线电波。短波的波长短，沿地球表面传播的地波绕射能力差，传播的有效距离短。短波以天波形式传播时，在电离层中受到的吸收作用小，有利于电离层的反射。

超短波：又称甚高频(VHF)波、米波(波长范围为1~10m)，是频率为30~300MHz的无线电波，传播频带宽，短距离传播依靠电磁的辐射特性，用于电视广播和无线话筒传送音频信号，采用锐方向性的天线可补偿传输过程的衰减。

人造卫星中继：利用中继卫星作为转发站，对中低轨卫星、飞船等飞行器的信号进行中继转发的卫星通信方式。其一般是利用与地球同步的中继卫星在中低轨飞行器和地面站之间建立一条全天候、实时的高速通信链路，可为卫星、飞船等飞行器提供数据中继和测控服务,极大提高各类卫星使用效率和应急能力,能使资源卫星、环境卫星等数据实时下传,为应对重大自然灾害赢得更多预警时间。

6.1.2.2 数字信号和模拟信号

(1)数字信号

数字信号指自变量是离散的、因变量也是离散的信号。这种信号的自变量用整数表示,因变量用有限数字中的一个数字来表示。在计算机中,数字信号的大小常用有限位的二进制数表示。计算机产生的电信号用两种不同的电平表示0和1。

(2)模拟信号

模拟信号指用连续变化的物理量表示的信息,其信号的幅度、频率、相位随时间做连续变化,或在一段连续的时间间隔内,其代表信息的特征量可以在任意瞬间呈现为任意数值的信号。

6.1.2.3 调制与解调

①调制(modulation) 是将数字信号转换成模拟信号的过程。

②解调(demodulation) 是将模拟信号还原成数字信号的过程。

③调制解调器(modem) 是调制器和解调器组成的一种计算机硬件,它能把计算机的数字信号翻译成可沿普通电话线传送的模拟信号,而这些模拟信号又可被线路另一端的另一个调制解调器接收,并译成计算机可懂的语言。简而言之,它是将调制和解调两种功能结合在一起的设备,如图6-5所示。

图6-5 调制解调器

6.1.2.4 带宽与传输速率

(1)宽带

带宽(bandwidth)是指该信号所包含的各种不同频率成分所占据的频率范围,表示信道传输信息的能力,单位是Hz、kHz、MHz或GHz。

(2)传输速率

传输速率,又称比特率,泛指数据从一点向另一点传输的速率,表示信道的传输能力,单位是bps、kbps、Mbps、Gbps和Tbps。

6.1.2.5 误码率

误码率是指二进制比特在数据传输系统中被传错的概率,是通信系统的可靠性指标。误码率=传输中的误码/所传输的总码数×100%。

计算机网络系统中,一般要求误码率低于10×10^{-6}。

6.1.3 网络产生与分类

6.1.3.1 网络产生与发展

随着计算机技术和通信技术的不断发展,计算机网络也经历了从简单到复杂的过程,其发展过程大致可以分为以下4个阶段。

(1)第一阶段:面向终端的具有通信功能的单机系统

1954年,美国军方的半自动地面防空系统将远距离的雷达和测控仪器所探测到的信息传送到某个基地的一台IBM计算机上进行处理,再将处理好的数据通过通信线路送回到各自的终端设备,这就是一个简单的计算机网络系统。该系统是早期计算机网络的主要形式,它是以单个计算机为中心,经过通信线路与若干终端直接连接,网络功能以数据通信为主。

(2)第二阶段:从Arpanet与分组交换技术开始,以共享资源为主要目的

20世纪60年代末到70年代初为计算机网络发展的萌芽阶段。其主要特征是:为了增加系统的计算能力和资源共享,把小型计算机连成实验性的网络。第一个远程分组交换网叫Arpanet,是由美国国防部于1969年建成的,第一次实现了由通信网络和资源网络复合构成计算机网络系统。最初的Arpanet虽然只连接了4台计算机,但标志着计算机网络的诞生,Arpanet是这一阶段的典型代表。

20世纪70年代中后期是局域网(LAN)发展的重要阶段。其主要特征为:局域网作为一种新型的计算机体系结构开始进入产业部门。局域网技术是从远程分组交换通信网络和I/O总线结构计算机系统派生出来。1974年,英国剑桥大学计算机研究所开发了剑桥环(Cambridge Ring)局域网;1976年,美国Xerox公司的PaloAlio研究中心推出以太网(Ethernet),它成功地采用了夏威夷大学Aloha无线电网络系统的基本原理,使之发展成为第一个总线竞争式局域网络。这些网络的成功实现,一方面标志着局域网络的产生;另一方面,它们形成的环网及以太网对以后局域网络的发展起到导航的作用。

(3)第三阶段:广域网、局域网与公用分组交换网发展

各种不同的网络体系结构相继出现,最著名的有IBM公司的SNA(系统网络体系结构)和DEC公司的DNA(数字网络结构)。不同体系结构的网络设备想要互连十分困难。为了使不同体系结构的网络也能相互交换信息,国际标准化组织(ISO)于1978年成立了专门机构并制定了世界范围内的网络互连标准,称为开放系统互连(open systems interconnection/reference model,OSI/RM)参考模型,给网络的发展提供了一个可以遵循的规则。

整个20世纪80年代是计算机局域网的发展时期。其主要特征是:局域网完全从硬件上实现了ISO的开放系统互连通信模式协议的能力。计算机局域网及其互连产品的集成,使得局域网与局域网互连、局域网与各类主机互连,以及局域网与广域网互连的技术越来越成熟。综合业务数据通信网络(ISDN)和智能化网络(IN)的发展,标志着局域网的飞速发展。1980年2月美国电气和电子工程师学会(JEEE)下属的802局域网络标准委员会宣告成立,并相继提出IEEE 801.5~802.6等局域网络标准草案,其中的绝大部分内容已被ISO正式认可。作为局域网的国际标准,它标志着局域网协议及其标准化的确定,为局域网的进一步发展奠定了基础。

(4)第四阶段:高速、智能的计算机网络阶段

20世纪90年代初开始,互联网、信息高速公路、无线网络与网络安全迅速发展,信息时代全面到来,这是计算机网络飞速发展的阶段。其主要特征是计算机网络化、协同计算能力发展以及全球互连网络盛行。计算机的发展已经完全与网络融为一体,体现了"网络就是计算机"的口号。目前,计算机网络已经真正进入社会各行各业,为社会各行各业所采用。另外,虚拟网络、光纤分布式数据接口(FDDI)及异步传输模式(ATM)技术的应用,使网络技术蓬勃发展并迅速走向市场,走进平民百姓的生活,真正实现了资源共享、数据通信和分布处理的目标。

6.1.3.2 网络分类

计算机网络可以按照不同的标准进行划分,在此按计算机网络所覆盖的地理范围、信息的传递速率及其应用目的,将计算机网络分为局域网、城域网和广域网3种。

(1)局域网

局域网(local area network,LAN)是在一个有限地理范围内(十几千米以内)将计算机、外部设备和网络互连设备连接在一起的网络系统,常见于在一幢大楼、一所学校或一个企业内,如图6-6所示。局域网具有距离短、延迟小、数据速率高、传输可靠等特点。局域网通常采用以太网、令牌技术、无线局域网等技术。

(2)城域网

城域网(metropolitan area network,MAN)介于广域网和局域网之间,其覆盖范围通常为一个城市或地区,距离从几十千米到上百千米,如图6-7所示。其目的是在一个较大的地理区域内提供数据、声音和图像的传输。城域网中可包含若干个彼此互连的局域网,可以采用不同的系统硬件、软件和通信传输介质,从而使不同类型的局域网能有效地共享信息资源。城域网通常采用光纤作为网络的主干通道。

图6-6 局域网　　　　　　图6-7 城域网

(3)广域网

广域网(wide area network,WAN)是实现计算机远距离连接的计算机网络,可以把众

多的城域网、局域网连接起来，也可以把全球的城域网、局域网连接起来，如图6-8所示。其涉辖的范围较大，一般从几百千米到几万千米，用于通信传输的装置和介质一般由电信部门提供，能实现大范围内的资源共享。

图6-8 广域网

6.1.4 网络拓扑结构

计算机网络的拓扑结构采用图论的拓扑方法，抛开网络中的具体设备，把工作站、服务器等网络单元抽象为"点"，把网络中的传输介质抽象为"线"，这样从拓扑学的观点看计算机网络系统，就形成了由点和线组成的几何图形，从而得到网络系统结构的抽象模型。我们称这种采用拓扑学方法抽象出的网络结构为计算机网络的拓扑结构。常见的网络拓扑结构有总线结构、星型结构、环型结构、树型结构和网状结构。

6.1.4.1 总线结构

总线结构是比较普遍采用的一种方式，它将所有网络内的计算机接到一条通信线上（图6-9）。为防止信号反射，一般在总线两端接有终结器匹配线路阻抗。

图6-9 总线结构

总线结构的优点是结构简单,信道利用率较高,价格相对便宜;缺点是同一时刻只能有一个网络节点向网络发送数据,网络延伸距离有限,网络容纳节点数有限。

6.1.4.2 星型结构

星型结构是以一个节点为中心的网络系统,各种类型的入网机器均与该中心节点物理链路直接相连(图6-10),而其他节点彼此不能直接相连,这些节点之间的通信需要通过中心节点转发。因此,中心节点必须有较强的性能和较高的可靠性。

星型结构的优点是结构简单,建网容易,控制相对简单;缺点是属集中控制,主节点负载过重,可靠性低,通信线路利用率低。

6.1.4.3 环型结构

环型结构是将各台联网的计算机用通信线路连接成一个闭合的环(图6-11)。在环型结构的网络中,信息按固定方向流动,或顺时针方向、或逆时针方向。

图6-10 星型结构　　　　图6-11 环型结构

环型结构的优点是一次通信信息在网中传输的最大传输延迟是固定的,每个网上节点只与其他两个节点的物理链路直接互连,因此,传输控制机制较为简单,实时性强;缺点是一个节点出现故障可能会终止全网运行,因此可靠性较差。

6.1.4.4 树型结构

树型结构实际上是星型结构的一种变形(图6-12),它将原来用单独链路直接连接的节点通过多级处理主机进行分级连接。

这种结构与星型结构相比降低了通信线路的成本,但增加了网络复杂性。网络中除最低层节点及其连线外,任一节点或连线的故障均影响其所在支路网络的正常工作。

6.1.4.5 网状结构

网状结构分为全连接网状和不完全连接网状两种形式(图6-13)。全连接网状结构中,每一个节点和网中其他节点均有链路连接。不完全连接网状结构中,两节点之间不一定有直接链路连接,它们之间的通信依靠其他节点转接。这种网络的优点是节点间路径多,碰

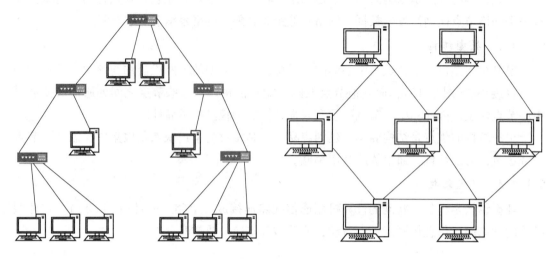

图 6-12 树型结构　　　　图 6-13 不完全连接网状结构

撞和阻塞可大大减少，局部的故障不会影响整个网络的正常工作，可靠性高，网络扩充和主机入网比较灵活、简单；缺点是网络关系复杂，建网困难，网络控制机制复杂。广域网中一般采用不完全连接网状结构。

以上介绍的是最基本的网络拓扑结构，组建局域网时，常采用总线结构、星型结构、环型结构和树型结构，树型结构和网状结构在广域网中比较常见，但是在一个实际的网络中，可能是上述几种网络构型的混合。

6.1.5　网络硬件

计算机网络系统由客户机、通信设备、服务器、网络操作系统等组成，网络设备是构成整个计算机网络的物质基础，了解基本的网络设备有助于我们认识和运用网络。常见网络硬件有传输介质、网络接口卡、交换机、无线访问接入点和路由器等。

6.1.5.1　传输介质

局域网的各种设备之间需要传输介质才能进行数据传输，常用的传输介质有双绞线电缆、同轴电缆、光纤、无线传输介质等。

（1）双绞线电缆

将一对以上的双绞线封装在一个绝缘外套中构成双绞线电缆（TP）。为了降低信号的干扰，电缆中的每一对导线都是由两根绝缘铜导线相互扭绕而成，因此把它称为双绞线。双绞线分为非屏蔽双绞线（UTP）和屏蔽双绞线（STP）两大类。

双绞线是 8 芯铜线，分成 4 对绞绕而成。在局域网中使用双绞线连接网卡与集线器，最大网线长度为 100m。如果要扩大网络的范围，在两段双绞线之间可安装中继器，最多可安装 4 个中继器。若使用 4 个中继器连接 5 个网段，最大传输范围可达 500m。双绞线连接交换机、网卡等设备时需要使用 RJ-45 接头（8 槽水晶头）。RJ-45 接头的接线线序有两种标准：T568A 标准和 T568B 标准，见表 6-1 所列。

表 6-1　T568A 和 T568B 线序标准

T568A 线序		T568B 线序	
1	绿白	1	橙白
2	绿	2	橙
3	橙白	3	绿白
4	蓝	4	蓝
5	蓝白	5	蓝白
6	橙	6	绿
7	棕白	7	棕白
8	棕	8	棕

一段双绞线的两端使用同一种规范的接头称为平行接法，常用于不同设备的连接。使用不同规范的接头，称为交叉接法，常用于同类设备的连接。按照传输速度将双绞线分为 3 类、5 类、超 5 类和 6 类几种。3 类双绞线只支持 10Mb/s 的速度，5 类、超 5 类和 6 类双绞线则支持 100Mb/s，甚至 1000Mb/s 的高速连接。双绞线在两个节点间的有效传输距离为 100m，过长则需要使用中继器。STP 的传输性能高于 UTP，但价格却高很多。

（2）同轴电缆

同轴电缆由一根空心的外圆柱导体和一根位于中心轴线的内导线组成，内导线和圆柱导体及外界之间用绝缘材料隔开，按直径的不同可分为粗缆和细缆两种，只支持 10Mb/s 的传输速度。前者与 9 芯 D 型 AUI 连接，有效传输距离为 50m；后者用 T 形头连接网卡的 BNC 口，传输距离为 185m，结构如图 6-3 所示。

（3）光纤

光纤主要由一组细小而柔韧的光导纤维组成，是用来传播光信号的传输介质。光纤利用全反射原理将特定频率的光束限制在光纤内传播，由于不存在折射，所以没有光信号的泄漏。光发送机将电信号变为光信号，并把光信号导入光纤，在另一端由光接收机接收光纤上传来的光信号，并把它变为电信号，解码后再处理。与其他传输介质相比，光纤的电磁绝缘性能好、信号衰减小、频带宽、传输速度快、传输距离长。主要用于要求传输距离较长、布线条件特殊的主干网连接。

光纤分为单模光纤和多模光纤。单模光纤由激光作为光源，仅有一条光通路，传输距离长（在 2km 以上）；多模光纤由二极管发光，速度慢，传输距离短（在 2km 以内）。

（4）无线传输介质

除了上述有线传输介质外，还可以使用开放的无线传输，常见的有红外、蓝牙、激光、微波和卫星等。

6.1.5.2　网络接口卡

网络接口卡（NIC）又称网络适配器，工作于物理层和数据链路层的 MAC 子层，是计算机进行联网的必需设备（图 6-14）。它一般做成插卡的形式或内置于主板上，接口有 ISA、PCI、USB 3 种，连接方式有双绞线、同轴电缆和无线 3 种，如图 6-14 所示。

图 6-14　网络接口卡

6.1.5.3 交换机

交换机(switch)是工作在数据链路层的局域网连接设备(图 6-15)。速度通常在 100Mb/s 以上,且带宽是各个端口独占的。交换机的功能不断变化,有的可堆叠,有的支持网关,有的还具有第三层(ISO/OSI 参考模型的第三层,即网络层)的功能,也就是所谓的三层交换机。三层交换机既具有三层路由的功能,又具有二层交换的网络速度,对于规模较大的局域网是必不可少的,尤其是核心骨干网一定要用三层交换机,否则整个网络的众多计算机都在一个子网中(划分子网又不方便互访),不仅安全有忧,也会受制于广播风暴(用路由器虽然可以隔离广播,但是性能和速度大打折扣)。

图 6-15 交换机

6.1.5.4 无线访问接入点

无线访问接入点(wireless access point)是一个无线网络的接入点,俗称"热点"(图 6-16)。主要有路由交换接入一体设备和纯接入设备,一体设备执行接入和路由工作,纯接入设备只负责无线客户端的接入。纯接入设备通常作为无线网络扩展使用,与其他访问接入点或者主访问接入点连接,以扩大无线覆盖范围,而一体设备一般是无线网络的核心。

6.1.5.5 路由器

路由器(router)是用来连接局域网与广域网的设备,是局域网的核心设备(图 6-17)。路由器工作在网络层,具有地址翻译、协议转换和数据格式转换等功能。通过分组转发来实现网络互连,有很强的异构网连接能力,并有路由选择和子网划分功能。

图 6-16 无线访问接入点

图 6-17 路由器

6.1.6 网络软件

计算机网络是由许多计算机组成的。要实现网络计算机之间数据传输，就必须知道数据传输的目的地址和保证数据迅速可靠传输的措施。互联网使用一种专门的计算机协议，保证数据安全、可靠地到达目的地，即 TCP/IP 协议。它分为传输控制协议(transmission control protocol，TCP)和网际协议(internet protocol，IP)两部分，是最重要的网络软件之一，是商业化网络协议，也是工业标准。

6.1.6.1 TCP/IP 协议含义

TCP/IP 协议是传输控制协议/网际协议，是指能够在多个不同网络间实现信息传输的协议族。TCP/IP 协议不仅是指 TCP 和 IP 两个协议，还指一个由 FTP、SMTP、TCP、UDP、IP 等协议构成的协议族，只是因为在 TCP/IP 协议中，TCP 协议和 IP 协议最具代表性，所以被称为 TCP/IP 协议。TCP/IP 协议是连入互联网的所有计算机在网上进行各种交换和传输必须采用的协议，是一个普遍使用的网络互连标准协议。

(1) TCP 协议

TCP 协议属于传输层协议，负责把数据分成若干个数据包，并给每个数据包加上包头，包头上有相应的编号，以保证在数据接收端能将数据还原为原来的格式。主要向应用层提供面向连接服务，确保网上发送的数据被完整地接收，实现错误重发，确保发送端到接收端的可靠传输。

(2) IP 协议

IP 协议属于网络层协议。

TCP 协议和 IP 协议是 TCP/IP 协议中两个最基础的协议，在每个包头上再加上接收端主机地址，这样数据能找到自己要去的地方，如果传输过程中出现数据丢失、失真等情况，TCP 协议会自动要求数据重传。

6.1.6.2 TCP/IP 协议结构

(1) 应用层

TCP/IP 中的应用层(application layer)相当于 OSI 模型中的会话层、表示层和应用层的结合。用户通过应用层提供的服务来访问网络，用户可以使用的协议和服务包括 HTTP、FTP、Telnet、SMTP、DNS、SNMP 等。

(2) 传输层

传输层(transport layer)的主要功能是分割并重新组装上层提供的数据流，为数据流提供端对端的传输服务。在发送方，传输层将应用层提供的数据流分段，并将这些数据段加上标识，包括由哪个应用程序发出、由哪个应用程序处理、使用什么传输层协议、校验和、报文长度等，这种标识称为传输层报文头，如 TCP 报文头、UDP 报文头。在接收方，传输层去掉传输层报文头，利用报文头中的校验和检验数据在传输过程中是否出错，以一定的顺序将数据段重新组装成数据流交给应用程序处理。

(3) 网络互联层

网络互联层(internet layer)负责将数据分组路由到正确的目的地。在发送方，Internet

层将传输层提供的数据段封装到数据报中,并填入IP报头(包括源IP地址、目标IP地址、使用什么协议、校验等);在接收方,Internet层通过读取IP报头中的信息决定如何处理数据报。如果是路由器收到数据报,它则通过校验和检验其有效性,决定是做本地处理还是转发该数据报;如果是目标主机收到该数据报,通过校验后,它会去掉IP报头交给传输层处理。

(4)网络接口层

在发送方,网络接口层(network access layer)负责将Internet层提供的数据封装成帧,帧头中包含源物理地址、目标物理地址、使用何种链路封装协议(如HDLC、PPP)等信息,然后把帧发送出去;在接收方,该层读取帧头中的信息,如果是发给自己的则拆开帧头,将数据报交给网络层处理,如果不是发给自己的则丢弃该帧。

网络接口层既可以是面向连接的,也可以是无连接的,是否面向连接取决于是否往帧中加入不同的报头。如果是面向连接的,则报头必须指明分组中帧的数量和在目的地中帧需要重新装配的顺序,网络接口层通过循环冗余校验(CRC)的方法来确保所有的帧都能被正确接收。对于无连接来说,每个分组的处理信息都独立于所有其他分组,无连接协议中的分组被称为数据报,每个分组都是独立寻址。

TCP/IP协议族是一组不同层次上的多个协议的组合。TCP/IP通常被认为是一个四层协议系统,其地址与层次的关系如图6-18所示。

图6-18 TCP/IP中地址与层次的关系

6.1.7 无线局域网

6.1.7.1 无线局域网概念

WLAN(wireless local area network)是指应用无线通信技术将计算机设备互联起来,构成可以互相通信和实现资源共享的网络体系。无线局域网本质的特点是不再使用通信电缆将计算机与网络连接起来,而是通过无线的方式连接,从而使网络的构建和终端的移动更加灵活。

无线局域网是非常便利的数据传输系统,它利用射频(radio frequency,RF)技术,使用电磁波取代旧式的双绞铜线(coaxial)所构成的局域网络,在空中进行通信连接,使得无线局域网络能利用简单的存取架构,让用户透过它,达到"信息随身化、便利走天下"的理想境界,无线局域网结构如图 6-19 所示。

6.1.7.2 Wi-Fi

(1)Wi-Fi 概念

Wi-Fi(wireless fidelity)又叫无线保真,与蓝牙技术一样,同属于在办公室和家庭中使用的短距离无线技术,是允许电子设备连接到一个无线局域网的技术。常见的 Wi-Fi 标志如图 6-20 所示。

图 6-19　无线局域网结构　　　　图 6-20　Wi-Fi 标志

(2)Wi-Fi 优点

①无线电波的覆盖范围广　基于蓝牙技术的电波覆盖范围非常小,半径只有 15m 左右,而 Wi-Fi 的半径则可达 100m 左右,在整栋大楼中也可使用。

②虽然由 Wi-Fi 技术传输的无线通信质量不是很好,数据安全性能比蓝牙技术差一些,传输质量也有待改进,但传输速度非常快,例如,Wi-Fi 6 速度可达 9.6Gbps,符合个人和社会信息化的需求。

6.2　Internet 基础

6.2.1　Internet 概念

Internet 基础

因特网是 Internet 的中文译名,起源于 Arpanet。Internet 是计算机和通信技术相结合的产物,是当代计算机技术发展的一个重要方向,目的是将各地不同的主机以一种对等的通信方式连接起来。Internet 的出现使人们的生活方式发生了巨大的变化,它是人类文明史上的一个里程碑。20 世纪 80 年代,世界先进工业国家纷纷接入 Internet,使 Internet 迅速发展。我国于 1994 年 4 月正式接入 Internet,从此中国的网络建设进入了大规模发展阶段。

Internet 是世界上最大的互连网络,它是通过分层结构实现的,包含了物理网、协议、应用软件、信息四大部分。其中，物理网是 Internet 的物质基础，它是由世界上各个地方接入到 Internet 中来的大大小小网络软、硬件及网络拓扑结构各异的局域网、城域网和广域网，通过成千上万个路由器或网关及各种通信线路连接而成的。

Internet 使用 TCP/IP 协议组。Internet 正是通过 TCP/IP 协议组才实现各种不同网络的互连，可以说没有 TCP/IP 协议就没有 Internet。

Internet 的核心是全球信息共享，包括文本、图形、图像、音频和视频等多媒体信息。Internet 好比是一个包罗万象、无比庞大的图书馆，可以连接到其中的全球任何一台计算机，就像是开启了通往图书馆的一扇大门，无论何时何地都可以进入图书馆汲取养分，如图 6-21 所示。

图 6-21　Internet 图解

6.2.2　Internet 客户机/服务器体系结构

6.2.2.1　客户机/服务器体系结构含义

在因特网的 TCP/IP 环境中，联网计算机之间相互进程通信的模式主要采用客户机/服务器(Client/Server, C/S)结构，C/S 结构是两层结构。服务器负责数据的管理，客户机负责完成与用户的交互任务。

通过 C/S 结构可以充分利用两端硬件环境的优势，将任务合理分配到 Client 端和 Server 端来实现，降低了系统的通信开销。服务器通常采用高性能的 PC、工作站或小型机，并采用大型数据库系统，如 Oracle、Sybase、Informix 或 SQL Server，客户端需要安装专用的客户端软件。C/S 结构的进程通信如图 6-22 所示。

图 6-22　C/S 结构的进程通信

6.2.2.2　客户机/服务器体系结构应用

①Telnet 远程登录。

②FTP 文件传输服务。

③HTTP 超文本传输服务。

④电子邮件服务(SMTP、POP3)　POP3 全名为 post office protocol-version 3，即邮局协议版本 3，是 TCP/IP 协议族中的一员。本协议主要用于支持使用客户端远程管理在服务器上的电子邮件。

6.2.3　IP 地址和域名

6.2.3.1　IP 地址

在庞大而复杂的 Internet 中，不同网络终端间要进行通信和交流，就要给每个终端分配一个唯一的标识符，以便在网络中能够被识别和找到。地址是一种标识符，用于标记设备在网络中的位置。在网络中，设备的地址有两种：物理地址和 IP 地址。

物理地址　也称 MAC 地址，是一个 48 位地址，每个网络设备在出厂时都分配一个全球唯一的 48 位地址。

IP 地址是 IP 协议提供的能够反映网络设备连接的逻辑关系的地址，也称为逻辑地址。IP 地址由 32 位二进制或 4 个字节组成，每个字节对应一个 0~255 的十进制数，数字之间用小数点隔开，格式为：xxx.xxx.xxx.xxx，如 192.168.1.119。

当一个设备接入网络时，会给它分配一个 IP 地址，因此一个网络设备的物理地址和它的 IP 地址是对应的，二者之间的映射关系由地址解析协议管理，并将最新的映射关系存放在 ARP 缓存中。

(1)IP 地址格式

IP 地址采用分层结构，由网络标识和主机标识两部分组成，如图 6-23 所示。

网络标识用于标记设备所在的网络，主机标识用来标记设备在此网络中的位置。

(2)IP 地址类型

IP 地址分为 5 类，即 A、B、C、D、E。其中 A、B、C 类 IP 地址为基本地址，如图 6-24 所示。

图 6-23　IP 地址格式

图 6-24　IP 地址类型

①A 类 IP 地址　如果用二进制表示 IP 地址，则 A 类 IP 地址的第一个字节为网络号码，其余的 3 个字节为本地计算机的号码，而且网络地址的最高位必须是 0。A 类 IP 地址中，网络标识的长度为 7 位，主机标识的长度为 24 位，A 类 IP 地址数量较少，可以用于主机数达 1600 多万台的大型网络。

②B 类 IP 地址　B 类 IP 地址由 2 字节的网络地址和 2 字节的主机地址组成，网络地址的最高位必须是 10。B 类 IP 地址中网络标识的长度为 14 位，主机标识的长度为 16 位。B 类 IP 地址适用于中等规模的网络，每个网络所能容纳的计算机数为 6 万多台。

③C 类 IP 地址　C 类 IP 地址由 3 字节的网络地址和 1 字节的主机地址组成，网络地址的最高位必须是 110。C 类 IP 地址中网络标识的长度为 21 位，主机标识的长度为 8 位。C 类 IP 地址数量较多，适用于小规模的局域网络，每个网络最多只能包含 254 台计算机。

④D 类 IP 地址　历史上被叫作多播地址（multicast address），即组播地址。在以太网中，多播地址命名了一组应该在这个网络中应用接收到一个分组的站点。多播地址的最高位必须是 1110，范围从 224.0.0.0 到 239.255.255.255。

⑤E 类 IP 地址　不分网络地址和主机地址，它的第 1 个字节的前 5 位固定为 11110。E 类地址范围从 240.0.0.1 到 255.255.255.254。

除以上 IP 地址外，TCP/IP 协议还规定了一些特殊的 IP 地址，具体如下：

IP 地址中的第一个字节以 1110 开始的地址都叫多播地址，因此，任何第一个字节大于 223 且小于 240 的 IP 地址都是多播地址；IP 地址中的每一个字节都为 0 的 IP 地址

("0.0.0.0")对应当前主机；IP 地址中的每一个字节都为 1 的 IP 地址("255.255.255.255")是当前子网的广播地址；IP 地址中凡是以 1110 开始的地址保留，用于特殊用途；IP 地址不能以十进制 127 作为开头，127.1.1.1 用于回路测试；IP 地址的第一个 6 位组也不能全部为 0，全部为 0 表示本地网络。

6.2.3.2 域名

(1)域名概念

IP 地址是一串二进制或十进制数字，这对于计算机等机器设备来说是容易识别和理解的，但对于人来说就变得很困难，为此，Internet 引入了一组由字符组成的名字代替 IP 地址。

(2)域名系统

域名系统(domain name system，DNS)由域名空间划分、域名管理、地址转换三部分组成。TCP/IP 采用分层次结构方法命名域名，将名字分成若干层次。DNS 的工作原理如图 6-25 所示。

(3)顶级域名

顶级域名分为区域名和类型名两类。其中，区域名用两个字母表示世界上的国家和地区，常用顶级域名见表 6-2 所列。

图 6-25 DNS 工作原理

表 6-2 常用顶级域名

代码	机构名称	代码	国家或地区名称
com	商业机构	cn	中国
edu	教育机构	jp	日本
gov	政府机构	hk	中国香港
int	国际组织	uk	英国
mil	军事机构	ca	加拿大
net	网络服务机构	de	德国
org	非营利机构	fr	法国

6.2.4 下一代因特网及接入因特网

6.2.4.1 下一代因特网

(1)概念

下一代因特网英文名为 next generation internet，简称 NGI，它是地址空间更大、更安全、更快、更方便的因特网。下一代因特网发展远景是将彩色视像、声音和文字等多媒体集成在大型计算机上，以便能在网络上展示，并建立一个工作、学习、购物、金融服务以及休闲的环境。

(2)IP 协议趋势

IPv6 成为互联网和移动通信网的公用基本协议，它在扩展网络的地址容量、安全性、移动性、服务质量以及对流的支持方面都具有明显的优势。

6.2.4.2 接入因特网

接入因特网需要向因特网服务供应商(internet service provider，ISP)提出申请。ISP 的服务主要是指因特网接入服务，即通过网络连线把计算机或其他终端设备连入因特网，如中国电信、中国移动、中国联通等的数据业务部门。

(1)有线连接

①广电网络 利用现有的有线电视网络以及有线电视电缆的一个频道进行数据传送，如图 6-26 所示。

②光纤网络 利用数字宽带技术，将光纤直接接入小区，用户再通过小区内的交换机，采用普通的双绞线实现连接的一种高速接入方式，如图 6-27 所示。

图 6-26 广电网络

图 6-27 光纤网络

(2)ADSL 接入

非对称数字用户线路(asymmetric digital subscriber line，ADSL)是数字用户线路(digital subscriber line，DSL)服务中最流行的一种，采用频分复用技术将电话线传输分为低频(用于语音通信)和高频(用于网络传输),只需安装分离器和 ADSL Modem,并在计算机内安装网卡即可,ADSL 工作机制如图 6-28 所示。

图 6-28 ADSL 工作机制

(3)无线连接

无线连接是指使用 Wi-Fi、4G、5G 等无线技术建立设备之间的通信链路,为设备之间的数据通信提供基础。常用的实现无线连接的设备有无线路由器、蜂窝设备等。

采用无线手段连接因特网的接入技术,可分为固定接入和移动接入两类。无线应用协议 WAP 接入因特网如图 6-29 所示,无线局域网 WLAN 接入因特网如图 6-30 所示。WAP 和 WLAN 均属于移动接入。

图 6-29 无线应用协议 WAP

(4)电话拨号接入

电话拨号即调制解调器(Modem,俗称"猫")拨号接入,是指将已有的电话线路,通过安装在计算机上的 Modem,拨号连接到互联网服务提供商(ISP),从而享受互联网服务的一种上网接入方式。只要有普通的电话线路、计算机、调制解调器就可接入因特网。特点是:连接简单方便、数据传输速率较低、接入稳定性较差,电话拨号如图 6-31 所示。

图 6-30　无线局域网 WLAN

图 6-31　电话拨号接入方式

6.3　Internet 简单应用

6.3.1　网上漫游

6.3.1.1　相关概念

（1）万维网（WWW）

万维网是环球信息网 World Wide Web 的缩写，简称 Web，分为 Web 客户端和 Web 服务器程序。WWW 服务将文本、图像、文件和其他资源以超文本的形式提供给它的访问者。

（2）超文本和超链接

超文本是把一些信息根据需要连接起来的信息管理技术，人们可以通过一个文本的链接指针打开另一个相关的文本。超链接是万维网上的一种链接技巧，它是内嵌在文本或图像中的，通过已定义好的关键字和图形，只要单击某个图标或某段文字，就可以自动连上相对应的其他文件。

（3）统一资源定位器（URL）

URL（uniform resource locator）用于定位万维网上的资源，如文档（或其他数据）。URL 好比 Internet 的门牌号，万维网中的任何资源，如一个文件，无论它以何种方式存在于何种服务器中都有一个唯一的 URL 地址，用户只要给出正确的所要访问资源的 URL 地址，WWW 服务器就能准确无误地将它找到并且传送到发出请求的万维网客户机。

URL 由三部分组成：资源类型、资源主机域名和资源文件名。例如，http：//www.Bxait.cn/01/show.php？itemid=165，其中：资源类型为 http（超文本传输协议），资源主机域名为 www.Bxait.cn，资源文件名为 01/show.php？itemid=165。

（4）浏览器

浏览器是可以显示网页服务器或者文件系统的 HTML 文件内容，并让用户与这些文件交互的一种软件，专门用于定位和访问 Web 信息的导航工具。目前除了操作系统自带的浏览器（如微软公司的 Internet Explorer）外，还出现了功能性好的第三方浏览器软件。如 Netscape、Maxthon、Firefox、Google、360、搜狗等。

6.3.1.2 网页浏览

以 IE（Internet Explorer）浏览器为例，说明浏览器的功能和操作方法。

（1）启动 IE 浏览器

启动 IE 浏览器的方法有以下 3 种：

①双击桌面上的 Internet Explorer 快捷方式图标。

②单击任务栏中的 Internet Explorer 快捷方式图标。

③依次单击"开始""程序""Internet Explorer"，启动 IE 浏览器。

（2）IE 浏览器界面及操作

IE 浏览器界面及操作如图 6-32 所示。

图 6-32 IE 浏览器界面

6.3.1.3 网页保存和阅读

网页的保存和阅读有 3 个步骤：

①点击"保存"按钮或在弹出的下拉菜单文件中选择"另存为"，如图 6-33 所示。

②在弹出的对话框中，选择保存类型，然后点击"确定"按钮，如图 6-34 所示。

图 6-33　IE 浏览器另存为界面

图 6-34　保存对话框

③如需阅读网页内容，只需在浏览器的地址栏输入网址，打开网页浏览即可。

6.3.1.4　主页更改

主页更改的步骤如下：

①在打开的浏览器中点击"设置"按钮，如图 6-35 所示，然后选择"Internet 选项"。

②在"Internet 选项"对话框中设置主页地址，如图 6-36 所示。

图 6-35　IE 浏览器界面 Internet 选项卡　　图 6-36　主页地址设置界面

6.3.1.5 历史记录使用

打开历史记录的步骤如下：

①点击浏览器的"历史记录"按钮，如图 6-37 所示。

②选择要打开的网址，鼠标点击自动打开该网址，如图 6-38 所示。

图 6-37　历史记录按钮

图 6-38　选择历史网址

6.3.1.6 收藏夹使用

①打开 IE 浏览器，选中 IE 浏览器的"收藏夹"按钮，如图 6-39 所示。

②点击收藏夹，进入收藏夹栏，如图 6-40 所示，选择要打开的网址即可。

图 6-39　浏览器收藏夹

图 6-40　浏览器收藏夹栏

6.3.2 信息搜索

6.3.2.1 概念

（1）信息检索

信息检索（information retrieval）是用户查询和获取信息的主要方式，是查找信息的方法和手段。一般情况下，信息检索指将信息按一定的方式进行加工、整理、组织并存储起来，再根据信息用户特定的需要将相关信息准确地查找出来的过程。

(2)搜索引擎

搜索引擎是指互联网上专门提供检索服务的一类网站,这些站点的服务器通过网络搜索软件(如网络搜索机器人)或网络登录等方式,将 Intemet 上大量网站的页面信息收集到本地,经过加工处理建立信息数据库和索引数据库,从而对用户提出的各种检索做出响应,提供用户所需的信息或相关指针。

6.3.2.2 类型

(1)按检索对象划分

①文献检索 利用各种检索工具和方法,对出版或发表的文献进行系统性的搜索、筛选、评估和整理的过程。

②数据检索 从文件、数据库或存储装置中查找和选取所需数据的操作或过程。

③事实检索 是情报检索的一种类型。广义的事实检索既包括数值数据的检索、算术运算、比较和数学推导,也包括非数值数据(如事实、概念、思想、知识等)的检索、比较、演绎和逻辑推理。

数据检索和事实检索是要检索出包含在文献中的信息本身,而文献检索则检索出包含所需要信息的文献即可。

(2)按检索手段划分

①手工检索 是一种传统的检索方法,即以手工翻检的方式,利用工具(包括图书、期刊、目录卡片等)来检索信息的一种检索手段。

②机械检索 即利用探针或检索器件,对代表检索标识的穿孔卡片进行选取。这种机械的扫描大大提高了检索效率。

③计算机检索 即把情报及其检索标识转换成电子计算机可以阅读的二进制编码存储在磁性载体上,由计算机根据程序进行查找与输出。特点是检索方便快捷、检索功能强大、获得信息类型多、检索范围广泛。

④光电检索 即把检索标识变成黑白点矩阵或条形码存储在缩微胶片(卷)上,利用光电效应,通过检索机械进行查找。

发展比较迅速的计算机检索是网络信息检索,即网络信息搜索,是指互联网用户在网络终端,通过特定的网络搜索工具或通过浏览的方式,查找并获取信息的行为。

(3)按检索途径划分

有直接检索、间接检索。

(4)按信息载体划分

有文献信息检索、非有文献信息检索。

6.3.2.3 方法

信息检索方法包括普通法、追溯法和分段法。

(1)普通法

普通法是利用书目、文摘、索引等检索工具进行文献资料查找的方法。运用这种方法的关键在于熟悉各种检索工具的性质、特点和查找过程,从不同角度查找。普通法又可分为顺检法和倒检法。顺检法是从过去到现在按时间顺序检索，费用多、效率低；倒检法是逆时间顺序从近期向远期检索，它强调近期资料，重视当前的信息，主动性强，效果较好。

(2) 追溯法

追溯法是利用已有文献所附的参考文献不断追踪查找的方法，在没有检索工具或检索工具不全时，此法可获得针对性很强的资料，查准率较高，查全率较差。

(3) 分段法

分段法是追溯法和普通法的综合，它将两种方法分期、分段交替使用，直至查到所需资料为止。

6.3.2.4 常见的搜索引擎

常见搜索引擎包括百度(https://www.baidu.com)、谷歌(https://www.google.com)、搜狐(https://www.sohu.com)、搜狗(https://www.sogou.com)、新浪(https://www.sina.com.cn)、网易(https://www.163.com)、Bing(https://cn.bing.com)。

6.3.2.5 检索基本原理

信息检索基本原理的核心是用户信息需求与文献信息集合的比较和选择，是两者匹配的过程。

一方面是用户的信息需求；另一方面是组织有序的文献信息集合，检索就是从用户特定的信息需求出发，对特定的信息集合采用一定的方法、技术手段，根据一定的线索与规则从中找出相关的信息。

匹配有其标准，主要包括匹配的一致性和相关度两方面，通常采用词义消歧、同义词扩展、近义词扩展、停用词过滤技术提高匹配的准确性和有效性。

信息检索的过程往往需要一个评价反馈途径，多次比较匹配，以获得最终的检索结果。其图示如图6-41所示。

图 6-41 信息检索

6.3.2.6 信息检索技术阶段

主要有5个阶段,分别是初始阶段、手工检索阶段、计算机检索阶段、网络检索时代、智能信息检索时代。

其中,初始阶段和手工检索阶段是传统信息检索,计算机检索阶段和网络检索时代属于现代信息检索,智能信息检索时代是是利用人工智能、自然语言处理、机器学习等技术,实现更加智能化、自动化的信息检索和知识发现。

6.3.3 FTP 文件传输

文件传输协议(FTP)可以在不同的计算机之间传送文件,并与计算机所处的位置、连接方式以及使用的操作系统无关,因此可以使用 FTP 从远程计算机下载文件到本地计算机,或将本地计算机上的文件传送(上传)到远程计算机。可以在浏览器中使用 FTP 访问匿名站点,为此,在 IE 浏览器的地址栏中输入 FTP 地址,如 ftp://ftp.sjtu.edu.cn/,然后点击地址栏右端的"转至"按钮,就可以进入 FTP 服务器,如图 6-42 所示。

图 6-42　FTP 文件下载界面

在打开的页面中,查找所需要的文件资料,选中查找到的信息并点击鼠标右键,在弹出的快捷菜单中选择"复制到文件夹",在弹出的浏览文件夹下指定文件存放路径,就可以把文件下载到本地计算机中。

为了上传文件到远程 FTP 服务器,用户通常需要有一个 FTP 服务器账户,否则只能用匿名账户,但是权限会受到限制。例如,匿名账户只能上传文件,但不能在远程计算机上建立或者修改已存在的文件。

首先在本地计算机中选择想要上传的文件,点击"上传"或"上传为",或复制文件;然后使用账户及密码登录到远程 FTP 服务器相应的文件夹中,点击"粘贴",就可以把文件上传到 FTP 服务器,如图 6-43 所示。

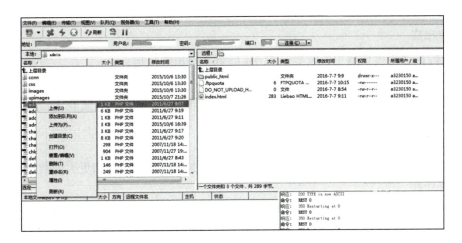

图 6-43 文件上传到 FTP 界面

6.3.4 电子邮件

6.3.4.1 概念

电子邮件(E-mail)是一种应用计算机网络进行信息传递的通信手段。在 Internet 上使用电子邮件，每一个用户必须拥有一个电子邮件地址，又称 E-mail 地址。

6.3.4.2 电子邮箱的格式

电子邮箱的构成：<用户标识>@<主机域名>。如 benlinus@sohu.com。

6.3.4.3 信件的构成

一个完整的信件有信头和信体，信头相当于信封(包含收件人、抄送、主题)，信体即信件内容。

> **拓展知识**

5G"全球大战"

5G 指第五代移动通信技术，是继 2G、3G 和 4G 之后的最新一代移动通信技术。5G 的性能目标是高数据速率、减少延迟、节省能源、降低成本、提高系统容量和大规模设备连接。5G 网络是数字蜂窝网络，在这种网络中，供应商覆盖的服务区域被划分为许多被称为蜂窝的小地理区域。随着智能手机和移动设备的普及，人们对移动数据的需求越来越大，移动数据流量呈现爆炸式增长的趋势。原来的 4G 网络容量已经无法满足移动数据爆炸式增长的需求，需要新一代移动通信技术来提升网络容量。随着物联网技术的发展，越来越多的设备需要联网，新兴应用如自动驾驶、智能家居、虚拟现实等对网络的带宽和延迟要求更高，需要更先进的移动通信技术来支持。物联网、人工智能等新技术的不断进步为 5G 的发展提供了技术支持。

1. 5G 特点

(1) 速率高

5G 的传输速率可达数 10GB/秒，是 4G 的数十倍至数百倍。

(2) 时延短

5G 网络的延迟可控制在 1 毫秒以下，比 4G 网络低 10 倍以上，能够支持更多的实时应用。

(3) 容量大

5G 网络的容量是 4G 网络的 100 倍以上，能够支持更多的连接和更大的数据流量。

(4) 低功耗

5G 要支持大规模物联网应用，5G 创建的新型毫米波显著降低网络的成本和功耗，其可用于所有物联网应用。

(5) 兼容性好

5G 通信选用多输入多输出技术，通过部署大规模天线阵列，能够支持几百根天线同时工作，兼容性特别好，抗干扰能力特别强。

(6) 重构安全

5G 网络构建中，在底层就解决安全问题，从网络建设之初，就加入安全机制，信息加密，网络并不是开放的，对于特殊的服务需要建立起专门的安全机制。

(7) 应用范围广

5G 技术广泛用于云计算、可穿戴设备、智能家居、远程医疗、沉浸式虚拟现实、自动驾驶等一系列新兴产业，能与物联网及人工智能技术深度融合。5G 时代，通信行业将成为一个基础设施行业，同多种硬件系统、软件系统等一起构成升级版的社会技术生态系统。

2. 5G 发展历程

(1) 研究阶段

2013—2015 年，5G 被提出作为下一代移动通信技术的发展方向。各国开始启动 5G 的研究和标准化工作，制定 5G 技术路线图和标准。

(2) 试验阶段

2016—2018 年，各国开始进行 5G 试验和实验，验证 5G 技术的可行性和性能。同时，5G 标准化工作也在加速推进，为 5G 商用做好准备。

(3) 商用阶段

2019—2020 年，各国相继推出 5G 商用网络和终端设备。5G 技术逐渐成熟，应用场景也在不断扩大。

(4) 发展阶段

2021 年至今，5G 进一步发展，应用场景更加多样化和复杂化。同时，5G 与其他新兴技术如物联网、人工智能等的融合也将加速推进。

3. 5G 关键技术

5G 采用了许多新的关键技术，这些技术的应用将为 5G 带来更快的速度、更低的延迟、更大的容量和更广泛的应用场景，主要有：

(1) 毫米波技术

5G采用毫米波频段(30~300GHz)进行通信，相比于4G的低频段，毫米波频段具有更高的频率和更大的带宽，可以实现更快的数据传输速度。

(2) 大规模天线阵列技术

5G采用大规模天线阵列技术，通过多个天线进行信号的发射和接收，可以实现更大面积的信号覆盖和更多的连接。

(3) 软件定义网络技术

5G采用软件定义网络技术，实现网络资源的灵活配置和管理，可以根据不同应用的需求，实现网络的快速部署和优化。

(4) 网络切片技术

5G采用网络切片技术，将网络资源进行切割，实现不同应用的网络隔离和独立部署，可以满足不同应用的网络需求。

(5) 虚拟化技术

5G采用虚拟化技术，将网络功能进行虚拟化，实现网络资源的共享和灵活配置，提高网络的效率和灵活性。

(6) Edge Computing 技术

5G采用 Edge Computing 技术，将计算资源移动到网络边缘，实现更快的数据处理和更低的延迟，可以支持更多的实时应用。

4. 5G 应用领域

(1) 交通方面

驱动汽车产业变革的关键技术——自动驾驶、远程控制等，需要安全、可靠、低延迟和高带宽的连接，这些连接特性在高速公路和密集城市中至关重要，只有5G才能满足这样严格的要求。

(2) 医疗方面

高清直播、远程会诊、智能机器人、远程外科手术等，需要低延迟的网络环境才能满足要求。像无线内窥镜和超声波这样的远程诊断依赖设备终端和患者之间的交互作用，尤其依赖5G网络的低延迟和高服务质量保障特性。

(3) 智慧能源方面

馈线自动化(FA)系统对可再生能源具有特别重要的价值，需要超低时延的通信网络支撑。通过为能源供应商提供智能分布式馈线系统所需的专用网络切片，能够进行智能分析并实时响应异常信息，从而实现更快速准确的电网控制。

(4) 智能电网方面

因电网高安全性要求与全覆盖的广度特性，智能电网必须在海量连接以及广覆盖的测量处理体系中，做到99.999%的高可靠度；超大数量末端设备的同时接入、小于20毫秒的超低时延，以及终端深度覆盖、信号平稳等是其安全工作的基本要求。

(5)金融方面

移动互联网的发展成就了互联网金融,金融的服务方式和触达渠道创新,金融服务的丰富化和便捷化随之实现,连接速度、产品形态、服务模式、触达渠道等逐渐成为人们生活的一部分,如移动支付、手机银行、互联网保险等都是在万物互联的背景下,探索金融服务的发展和变革。

综上所述,5G是整个第四次科技革命的技术基础,它的发展将直接影响这场时代大变革的态势,继而决定到未来国家间的实力对比,这才是5G真正的价值。

参 考 文 献

本书编写组，2022. 党的二十大报告学习辅导百问[M]. 北京：党建读物出版社，学习出版社.
陈安娜，2020. 结合思维导图的 Excel 函数案例教学[J]. 襄阳职业技术学院学报(3)：80-83.
陈伟，2009. 基于 web 技术的中小制造企业 ERP 系统构建研究[D]. 唐山：河北理工大学.
陈信，2020. 探析计算机系统安全及其维护策略[J]. 通讯世界(2)：102-103.
丁向民，2021. 数字媒体技术导论[M]. 3 版. 北京：清华大学出版社.
董爱堂，赵冬梅，2004. 信息技术基础教程[M]. 北京：北京理工大学出版社.
冯博文，2003. 操作系统概论[M]. 北京：学苑出版社.
高万萍，2019. 计算机应用基础教程[M]. 北京：清华大学出版社.
龚沛曾，杨志强，2009. 大学计算机基础[M]. 北京：高等教育出版社.
黄丹，2020. Microsoft Office 办公软件在办公自动化中的应用技巧[J]. 电脑知识与技术(15)：220-221.
教育部考试中心，2022. 全国计算机等级考试二级教程——MS Office 高级应用与设计[M]. 北京：高等教育出版社.
教育部考试中心，2019. 全国计算机等级考试一级教程——计算机基础及 MS Office 应用上机指导(2019 年版)[M]. 北京：高等教育出版社.
赖薇，吴秀英，2019. Excel 在函数教学中的应用[J]. 湖北农机化(24)：124.
李东勤，2017. 计算机组成原理课程教学改革的研究和探索[J]. 电脑知识与技术(5)：66-67.
李云峰，2000. 多媒体技术及其应用与研究[J]. 湖南广播电视大学学报(1)：68-69.
廉侃超，2017. 计算机发展对学生创新能力的影响探析[J]. 现代计算机(6)：78-80.
梁赵娣，2019. 用数学思维理解 Excel 的单元格引用[J]. 广东职业技术教育与研究(6)：54-56.
林凌，2019. 计算机系统维护的策略和技巧[J]. 科技风(35)：90-91.
林子雨，2021. 大数据技术原理与应用——概念、存储、处理、分析与应用[M]. 3 版. 北京：人民邮电出版社.
刘春燕，2015. 计算机基础应用教程[M]. 北京：机械工业出版社.
刘省贤，2006. 综合布线技术教程与实训[M]. 北京：北京大学出版社.
吕云翔，李沛伦，2015. 计算机导论[M]. 北京：清华大学出版社.
邱占芬，1999. 计算机网络与现代化管理[J]. 科研管理，20(2)：109-112.
任芳，2020. 从生活实际看计算机中的进制[J]. 电脑知识与技术(5)：56-57.
桑娟萍，武文廷，2017. 计算机办公应用技术案例教程[M]. 大连：东软电子出版社.
尚俊杰，秦卫中，2005. 网络程序设计：ASP 案例教程(含盘一张)[M]. 北京：北京交通大学出版社.
矢泽久雄，2015. 计算机是怎样跑起来的[M]. 北京：人民邮电出版社.
宋春伟，2009. 基于光纤传输的矿井水文监测及其分析系统研究与开发[D]. 武汉：武汉理工大学.
唐涛，2013. 青岛普深通讯科技公司成长战略研究[D]. 昆明：云南师范大学.
田玉晶，陈宁，2010. 计算机应用基础[M]. 北京：清华大学出版社.
王爱民，于冬梅，2001. 中文版 AutoCAD 2002 高级应用技巧[M]. 北京：清华大学出版社.

王文发，2019. 大学计算机基础[M]. 北京：清华大学出版社.

王志军，2019. 职场 Excel 实用小技巧两则[J]. 电脑知识与技术（经验技巧）（12）：37.

王志军，2020. 将同类数据合并到一个单元格[J]. 电脑知识与技术（经验技巧）（5）：24-25.

吴世忠，2012. 华为中兴事件对我们的启示[J]. 中国信息安全（11）：2.

谢建梅，2020. Excel 在函数教学中的应用[J]. 电脑知识与技术（13）：119-120.

袁保宗，2000. 互联网及其应用[M]. 长春：吉林大学出版社.

袁春风，余子濠，2018. 计算机系统基础[M]. 北京：机械工业出版社.

袁晓东，鲍业文，2019. "中兴事件"对我国产业发展的启示：基于专利分析[J]. 情报杂志（3）：12-13.

张开宇，2018. 巧用 EXCEL 进行学生成绩分析[J]. 计算机产品与流通（12）：196.

张祖平，2020. Excel 中的身份证号码玄机[J]. 电脑知识与技术（经验技巧）（6）：33-34.

周凌，2014. 计算机应用基础[M]. 北京：电子工业出版社.

周山芙，2002. Visual FoxPro 程序设计（二级）教程[M]. 北京：清华大学出版社.

周希章，2004. 怎样维修电焊机[M]. 北京：机械工业出版社.

Behrouz Forouzan，2015. 计算机科学导论[M]. 北京：机械工业出版社.

Excel Home，2018. Excel 2016 函数与公式应用大全[M]. 北京：北京大学出版社.

Excel Home，2018. Excel 2016 数据透视表应用大全[M]. 北京：北京大学出版社.

IT 新时代教育，2018. Excel 高效办公应用与技巧大全[M]. 北京：中国水利水电出版社.

Nirva Morisseau-Leroy，Ekkehard Rohwedder，2003. Oracle9iAS J2EE 应用程序开发：构建健壮的 J2EE 组件[M]. 周立斌，王福明，译. 北京：清华大学出版社.